Douala et la répartition spatiale des entreprises

Jean-Roger ESSOMBÈ ÉDIMO NYA BONABÉBÉ

Douala et la répartition spatiale des entreprises

Polarisation et fragmentation

Préface de Bernard Pecqueur

L'Harmattan

5-7, rue de l'Ecole-Polytechnique, 75005 Paris

http://www.harmattan.fr
diffusion.harmattan@wanadoo.fr
harmattan1@wanadoo.fr

ISBN : 978-2-343-05701-9
EAN : 9782343057019

à Lady Di. E.
« Labor omnia vincit improbus »

à Pierrick-Michel E.

dont le sourire innocent a, depuis peu,
redonné du sens à nos vies.

Remerciements

Je tiens particulièrement à remercier Monsieur le Professeur Bernard PECQUEUR, Université de Grenoble Joseph Fourier et Directeur de l'*Institut d'Urbanisme de Grenoble*, pour la préface de cet ouvrage. Ce qui pour moi est en soi une grande distinction.

Ma profonde reconnaissance va aussi à l'endroit de tous mes étudiants du cycle doctoral « Économie du Territoire et de la Décentralisation » de l'Université de Yaoundé II- Soa et, plus spécifiquement, à ceux du GREDLOS, ainsi qu'à Monsieur le Directeur régional de l'Institut panafricain pour le développement-Afrique centrale (IPD-AC) de Douala. Mais c'est également l'occasion d'exprimer une gratitude particulière à mes précieux aînés, Abel Nkoungourou Ebonguè et Samuel Lobè.

Préface

Lorsque l'auteur m'a fait l'honneur de me proposer cette préface, j'ai pensé qu'il s'agissait d'un ouvrage assez convenu sur le développement comme on en connaît quelques-uns. J'ai dû, avec grand intérêt, changer de point de vue. Le professeur **Jean-Roger Essombe Edimo Nya Bonabébé** nous offre en effet, dans cet ouvrage, une réflexion originale et puissante, avec un rappel des grandes étapes de la pensée en sciences sociales sur l'analyse spatiale, appliquée à la réalité de la plus importante ville du Cameroun, Douala.

L'ouvrage aurait pu se contenter d'être un manuel à l'usage des étudiants ou des professionnels du développement (agents de développement, responsables administratifs, ou des grands bailleurs, ou encore responsables politiques). Pourtant, le propos va plus loin.

Dans la première partie du livre, l'auteur reprend une fresque de l'analyse spatiale et de la théorie de la localisation. Il débouche assez vite sur la Nouvelle économie géographique (NEG) notamment représentée par Paul Krugman. On comprend d'ailleurs très bien pourquoi un intellectuel camerounais peut avoir un intérêt pour les thèses de Krugman qui reprend les idées européennes sur le développement spatial (notamment celles de François Perroux) et propose une relecture du développement sur des bases qui unissent l'économie et la géographie. L'approche de Krugman est porteuse d'espoirs pour l'Afrique.

Les inspirations de l'auteur ont aussi à voir avec la tradition de l'économie industrielle. On verra donc dans ce texte toute la filiation de l'auteur avec l'économie industrielle. On y retrouvera la genèse des « *Districts Industriels* » issus des travaux des économistes italiens (derrière la figure de Giaccomo Becattini), et qui va renouveler de fond en comble les représentations du rapport entre industrie et espace. Le souci de rendre compte des innovations théoriques de ces trente dernières années se lit avec les apports sur le GREMI (Groupe de recherche européen sur les milieux innovateurs) que l'auteur n'évoque pas clairement, mais qui a constitué autour de l'économiste suisse, Denis Maillat, une véritable école. Au final de la première partie, l'auteur revient à la question de la localisation industrielle en intégrant les derniers apports notamment italiens de l'approche marshallienne. C'est donc la question de la nature de l'espace qui est posée. Nous ne raisonnons plus dans le cadre d'un espace support ou contenu, mais dans l'idée d'un espace *construit social* qui est plus géographique qu'économique, mais qui va enrichir le concept et permettre de comprendre comment peut émerger une ressource territoriale.

La seconde partie se veut plus appliquée sur le cas de Douala. Elle va surtout permettre de donner corps à cette synthèse entre le territoire, comme communauté humaine, l'aménagement urbain et la dynamique entrepreneuriale dans l'industrie.

Bernard Pecqueur

Professeur
Université de Grenoble Joseph Fourier
et Directeur de l'*Institut d'Urbanisme de Grenoble*.

Préambule

Un simple regard jeté sur notre entourage quotidien nous amène à un constat invariable sur la géographie économique : les activités économiques se concentrent dans l'espace. Dans chaque pays, certaines régions regroupent ainsi une large part des activités, et au sein même de ces régions, certains territoires en sont plus pourvus que d'autres, etc. Quels sont donc les déterminants de la localisation des activités ? Pourquoi certains territoires en sont-ils plus dotés que d'autres ? Ou encore pourquoi certains lieux attirent-ils plus d'activités économiques ou même plus de ménages que d'autres ?.... C'est là un ensemble d'interrogations fort intéressantes, parmi d'autres, et auxquelles tente de répondre ce qu'il est convenu d'appeler « l'économie de la localisation[1] ». Branche de l'Économie géographique en effet, elle cherche à la fois à :

- savoir pourquoi les activités humaines s'agglomèrent en certains lieux ;

- expliquer les agencements ou les phénomènes de composition-recomposition spatiale qui en résultent (par exemple, la façon dont les acteurs se comportent dans un espace ou territoire géographique…), de manière à

- proposer des instruments pertinents en vue de l'action sur le territoire ou pour la gestion de ce dernier.

C'est dire qu'une revisitation du cadre fourni par « la théorie de la localisation » s'avère indispensable à plus d'un titre. Elle permet d'approcher la définition des concepts et les outils d'analyse spécifiques ou appropriés. Ce qui, chemin faisant, peut faciliter l'interprétation de cette réalité hautement complexe et qui, la mondialisation aidant, tend à devenir un instrument majeur de politique économique.

Cet ouvrage est le fruit d'une démarche de longue haleine entreprise notamment en la Faculté des sciences économiques et de gestion de l'Université de Yaoundé II-Soa. Et où, avec le groupe de recherche que nous avons l'honneur et le plaisir de diriger depuis plus de dix ans, c'est-à-dire, le « Groupe de recherche sur le développement local et spatial » (ou GREDLOS), nous nous étions modestement fixé un certain nombre d'objectifs et de directions de recherche.

Il nous semblait en effet important que la ville de Douala, avec quelque 35,1% des entreprises du Cameroun[2] et principal centre industriel de la sous-

---

[1] On dit aussi « Théorie de la localisation ».

[2] INS (2010) : Recensement général des entreprises, Yaoundé, p. 13.

région CEMAC, méritait bien que l'on tentât ici une évaluation de la problématique de l'incidence de la territorialité sur ses activités économiques. Ouverte depuis les années 1980/1990 sous d'autres cieux (Fua et Zacchia, 1983 ; Courlet, 1986 et 1994 ; Courlet et al, 1992 ; Garofoli, 1986 ; ADEFI-GRECO, 1984 ; Aydalot, 1985 ; Benko et Lipietz, 1992 ; Krugman, 1991, 1998a et 1998b, entre autres), cette voie nous paraissait féconde par l'enchevêtrement des questions successives et continuelles qu'elle proposait dans une économie alors en proie à la fois, à la crise du fordisme, aux retournements spatiaux de la production, à l'émergence des « nouveaux pays industriels » (NPI), conjuguée à une Afrique dont beaucoup de pays étaient sous plans d'ajustement structurel (PAS) et à l'accélération de la mondialisation.

La première moitié des années 2000 marqua la sortie du Cameroun des ajustements structurels, et la reprise de la croissance économique qui allait confirmer la ville de Douala dans son rôle de « poumon industriel » du pays. Il nous semblait alors intéressant de chercher à caractériser véritablement l'industrialisation de cette ville à l'aune, par exemple, des schémas développés par les théories de l'économie spatiale : quelles sont les dynamiques de *« réseaux »* (formels ou informels) dans la création (ou la localisation) et le développement des entreprises ici ? *Comment* ces firmes s'organisent-elles dans les différentes aires de production où elles s'implantent (*types de gouvernances*) ? En d'autres termes existerait-il une *gouvernance territoriale* propre pour le développement des entreprises dans cette ville ? Quel est le rôle du « territoire » dans le développement des entreprises et dans « *l'attracti-compétitivité* » de Douala à l'heure de l'économie globale ? Ou encore existe-t-il véritablement des mécanismes de mobilisation et de valorisation des synergies (*proximité productive, capital social,...*) pour la coordination des acteurs dans le but de construire la compétitivité territoriale de la ville ? Et bien d'autres interrogations encore.

Comme on peut s'en apercevoir, tout ceci promettait incontestablement de nombreuses perspectives de recherche et, par là même, un vaste champ d'investigations. Conscient de l'importance de la tâche, j'avais alors opté pour trois principales directions de recherche pour le GREDLOS et qu'il me plaît de rappeler brièvement.

La principale direction était, bien sûr, la poursuite de l'analyse du vaste champ de l'économie territoriale [3], notamment, à Douala. Parce que les modalités de localisation des entreprises (effets de structure, effets institutionnels...), tant à l'intérieur des zones industrielles de la ville qu'à l'extérieur de celles-ci, me semblaient importantes à mettre à jour. Nous restions convaincus que comme ailleurs, « la spatialité » lance ici aussi de

[3] Pour reprendre l'expression initiée par C. Courlet (2008), *Économie Territoriale*, PUG, Grenoble.

nombreux défis à l'économiste et aux spécialistes des sciences sociales. Nous pensons aujourd'hui encore qu'il s'agit d'un phénomène empirique qui donne l'occasion de faire la mesure de l'efficacité de l'état de l'art de ces sciences. L'investissement dans l'étude spatiale de la production peut nous apprendre beaucoup sur ce qu'est réellement la ville de Douala, ou encore son « système productif ». C'était donc aussi l'occasion pour nous de revisiter les principales approches qui étudient les rapports entre industrie et territoires, afin d'en tester le pouvoir explicatif dans le cadre d'un pays comme le Cameroun.

Trois principales directions de recherche furent donc privilégiées à cet effet c'est-à-dire :

1)- La production des « *grilles de lecture* » de l'industrialisation par la petite entreprise à Douala, en intégrant les apports des « territorialistes » et ceux des approches d'inspiration « régulationniste » dans le sens amorcé, notamment, par nos différents travaux de 2005 et 2007, dont notre ouvrage intitulé *Spatialité et développement économique à Douala : entre le hasard et la nécessité* (Editions L'Harmattan, 2007), voire ceux commis de 2008 à 2014. L'objectif était d'avancer, entre autres, dans l'analyse des conditions et des contraintes des dynamiques entrepreneuriales (ou économiques) et institutionnelles, et en prenant également en compte la globalisation de l'économie.

Pour y parvenir, il nous semblait impératif de chercher à isoler les variables explicatives des différentes trajectoires vécues ou dessinées par les entreprises, pour élaborer ensuite des indicateurs permettant de les mesurer précisément en vue de produire une typologie de ces différentes trajectoires et de dessiner les contours d'un « canevas » qui pourrait s'apprécier en termes de réponse (***transitoire*** ou ***durable*** **?**) en matière de développement industriel à Douala. L'objectif visé étant, *in fine*, d'arriver à mettre en évidence l'existence ou non d'une gouvernance territoriale entretenant le développement des entreprises dans la ville.

2)- Bien entendu, cela suppose un certain nombre de préalables dans la démarche méthodologique. Par exemple :

- identifier et conceptualiser la manière dont la ville polarise des relations économiques et sociales et qui, avec *les rendements croissants*, sont source du développement industriel dans son sens générique, et

- essayer de mettre en évidence les composantes d'une compétitivité territoriale optimale de la ville à l'heure de l'économie globale.

C'est donc peu de dire que le processus (ou la dynamique) de localisation des entreprises à Douala aura été pour nous un objet privilégié. Nous pensons en effet fermement que, comme mouvement, *le processus* participe d'une approche temporelle de type diachronique. C'est une matrice tout indiquée pour comprendre à la fois les logiques de production, de reproduction ou de transformations spatiales. À travers cette démarche, notre espoir enfoui demeure, en définitive, de contribuer modestement à la constitution d'une « économie spatiale de la croissance » qui allie, en les dépassant, tout à la fois :

- la *« Nouvelle économie géographique »* : qui est en fait à la fois une théorie de la formation des agglomérations (*où* et *comment se localisent les activités économiques ? Comment expliquer leur tendance à la concentration en seulement un petit nombre de points sur un territoire ?*) et, de l'échange international ;

- les *« théories de la croissance endogène »* (ou « modèles de convergence »), dans un cadre qui s'affranchit largement du modèle de Solow-Swan (1956) parce qu'intégrant désormais l'espace-territoire comme une des sources de coordination (donc facteur endogène) des activités et de la croissance.

Car nous suspectons en effet que la prise en compte de l'organisation spatiale des sources de la croissance peut améliorer la compréhension de la croissance endogène, dès lors que l'on considère, par exemple, que l'organisation régionale ou spatiale des activités est un important facteur de la croissance nationale. Dans une démarche qui tend désormais à privilégier l'idée que la manière la plus efficace de stimuler la croissance exige la construction d'institutions d'en bas (*« bottom up »*), plutôt qu'une planification indicative d'en haut (*« top down »*), et doit se focaliser en premier lieu sur les réseaux spécifiquement locaux de relations économiques qui constituent la caractéristique essentielle de l'agglomération. À notre sens, une telle démarche a des résonances théoriques lourdes dans l'analyse de l'économie spatiale, bien sûr, mais également en matière de politique d'aménagement urbain. Notre intuition est d'ailleurs que cette direction sera bientôt également cardinale dans la réflexion économique sur le développement en Afrique.

3)- Dans le cadre de *«l'Observatoire de la Statistique et des Etudes Economiques de Douala »* (O.S.E.E.D.) de la communauté urbaine de cette ville, nous avons pu contribuer à la mise en place d'une méthodologie qui, à travers une grille d'analyse intitulée *« Entreprises et Territoire à Douala »*, se voulait également une démarche empirique destinée à permettre à la fois un audit stratégique et une meilleure compréhension des phénomènes de localisation spatiale des entreprises et l'aménagement/urbanisme dans ce principal foyer industriel de la sous-région CEMAC. Ceci désignait, par ailleurs, le troisième axe de recherche que s'est fixé le GREDLOS, c'est-à-dire le prolongement de l'analyse en termes de *« firme »*, afin de se doter d'un substrat organisationnel lié à la localisation des unités de production dans cette grande ville. En effet, cette problématique, d'abord théorique, appelle à développer la réflexion sur la théorie économique de la firme. Cela nécessite la production obligatoire des outils conceptuels adaptés au contexte camerounais en général, et à celui particulier de la ville de Douala, de manière à proposer des instruments capables de traiter cette question de façon inter-systémique.

Plus largement, l'objectif du GREDLOS reste de pouvoir participer à la réflexion économique sur le rapprochement entre *les théories régulationnistes* et *évolutionnistes,* c'est-à-dire prendre part à un travail de reconstruction analytique qui n'est plus du type moniste (et où, rappelons-le, tout ce qui existe est, malgré les apparences de la diversité, ramené en permanence à une seule vérité ou à une seule réalité). Cette perspective est d'ailleurs aussi celle de « *l'école des Conventions* ». La mobilisation des réseaux, par les acteurs locaux du développement, n'est en effet pas forcément marchande. Thévenot (1989), par exemple, replace justement l'action marchande au sein d'une pluralité d'autres formes d'action justifiable, pour décrire un univers complexe où plusieurs formes de coordination (et donc d'équilibre) sont possibles[4]. Plus qu'une recherche théorique, un tel travail a des résonances empiriques diverses, notamment sur l'interprétation de la globalisation de l'économie et, avec elle, l'identification des stratégies de développement territorial susceptibles de garantir une adaptation réussie des espaces économiques.

Au total, notre travail demeure donc orienté vers l'analyse des modalités de la « *gouvernance territoriale*» de la production à Douala ; la gouvernance territoriale (ou locale) répondant, pour nous, à une acception particulière, c'est-à-dire celle de l'établissement des conditions de régulation des acteurs d'un territoire appropriées au renforcement des dynamiques de production, d'intégration, d'association ou d'innovations portées par les entreprises localisées sur ce territoire (ou sur cet espace de production). C'est donc un processus institutionnel tendant, de manière permanente, à rendre compatibles des compromis entre acteurs géographiquement proches, dans le but de résoudre un problème productif ou de réaliser un projet collectif.

Dans cette perspective, les acteurs déterminants de la gouvernance sur un espace situé sont aussi bien les entreprises que les institutions de formation (recherches...) impliquées dans son fonctionnement et/ou les acteurs institutionnels privés (banques, tontines,…) ou publics (État, collectivités territoriales décentralisées …) et dont l'action influence fortement les interactions productives ainsi que le développement. Car, en effet, ce dernier découle du partenariat entre des acteurs locaux mus par un projet et où le territoire, plus qu'un cadre muet, est un support des relations sociales. Il s'agit donc, en somme, d'étudier les différentes variables de « la proximité » (qu'elle soit *organisée* ou *objectivée*) et celles du « capital social » ou l'ensemble des facteurs locaux qui structurent les relations sociales et qui impactent le développent de la ville de Douala.

---

[4] L. Thevenot (1989), « Équilibre et rationalité dans un univers complexe », in *Revue Economique*, n° 2, mars.

À cet égard, et bien que notre programme de travail soit pour ainsi dire colossal, je m'en voudrais de ne point rendre un hommage mérité à tous mes collègues (locaux ou expatriés), ainsi qu'à tous nos doctorants qui, dans le cadre à la fois du GREDLOS et de notre formation doctorale « Économie du Territoire et de la Décentralisation » de la Faculté des sciences économiques et de gestion de l'Université de Yaoundé II-Soa, participent par leurs différentes contributions, et à des degrés divers, à la réalisation de ces objectifs de recherche. Il va de soi, bien entendu, que je reste entièrement responsable des erreurs et omissions que comporteraient les lignes qui suivent.

Douala, Yaoundé, octobre 2014.

Jean-Roger Essombè Edimo Nya Bonabébé

Introduction

Vulgarisée par le prix Nobel d'économie Paul Krugman en 2008, l'Économie géographique (ou « *Nouvelle économie géographique* ») a ceci de particulier qu'elle présente, à première vue, un corps à la croisée de deux disciplines majeures : *l'économie* et *la géographie*. Or, autant la première étudie les « *trois pas du makossa*[5] *économique* » que sont la production, la répartition et la consommation des biens et/ou des services, autant la seconde qui est généralement considérée comme « *la science des territoires* [6]» étudie, en en proposant une interprétation, l'organisation de la surface terrestre. Le tout signifiant donc, pour autant qu'une traduction puisse être possible, que l'économie géographique est une interprétation de la répartition des activités économiques dans l'espace-territoire[7].

C'est qu'en effet, la science économique standard n'avait pas, à proprement parler, théorisé l'espace. Et ce qu'on appellera pendant longtemps « l'Économie spatiale » poursuivait, à vrai dire, un objectif de mise en place d'une modélisation de l'équilibre spatial dans le cadre de la concurrence pure et parfaite. Ici, l'espace est « *fonctionnel* » (Pecqueur, 1987). Et pas vraiment analysé pour lui-même ou, en tout cas, pas étudié comme un vecteur de la croissance et du développement. Qu'il s'agisse de Von Thünen (1826), avec les activités agricoles, de Weber (1909), pour les activités industrielles, ou encore de Hotelling (1929), qui initiera « la concurrence spatiale », ou de Christaller (1933), avec ses « places centrales », voire Isard (1949) entre autres. L'Économie spatiale va néanmoins proposer une théorisation de la localisation des activités qui demeure, à ce jour, une véritable référence. Celle-ci appuie son explication sur les coûts de transport associés à la distance géographique, et sur les différences de dotation en facteurs entre régions (ou espaces) de localisation des activités. Plus exactement, la distance est appréhendée comme un coût attaché à la résistance au déplacement. Dans le conceptuel ici proposé, la localisation dépend plus généralement d'un principe de minimisation/maximisation des coûts mesurés à partir d'un « centre » ou d'un point, à partir d'une connaissance *a priori* de toutes les solutions possibles.

À la fois emplacement absolu et relatif (notamment par rapport aux autres lieux) d'une activité, la localisation se définit comme le choix d'un lieu pour y

---

[5] Rythme ou danse très répandu au Cameroun et en Afrique.

[6] H. Chamussy, cité par M. Le Berre (1992).

[7] Tout au long du présent ouvrage, le territoire sera entendu, à la manière de A. Frémont (1976) comme « *un espace vécu* » et, plus exactement, comme « *un système complexe, évolutif, qui associe un ensemble d'acteurs d'une part, l'espace géographique que ces acteurs utilisent, aménagent et gèrent d'autre part* » (A. Moine, 2004).

exercer une activité. Et qui dit « choix » dit aussi et surtout *arbitrage* entre plusieurs solutions possibles, compte tenu à la fois d'une fonction objectif (utilité…) et des contraintes diverses (aléas, ressources disponibles…). Ainsi, tel lieu sera-t-il préféré à tel autre, sur la foi de ses attributs intrinsèques, ou encore en fonction de son cadre ou de son capital spatial jugé plus favorable. En tout état de cause, la localisation apparaît bien, *in fine,* comme la résultante de compromis et de stratégies complexes des acteurs en présence, eu égard au contexte socioéconomique, aux intérêts en jeu et en compétition, ou encore compte tenu des moyens mis en œuvre et des contraintes présentes. La mondialisation aidant, par ailleurs, la localisation des entreprises s'effectue aujourd'hui en intégrant toutes ces dimensions et, plus spécifiquement encore, la dimension territoriale, c'est-à-dire les capacités endogènes de territoires potentiels (ressources construites, synergies avec le milieu entrepreneurial local ou savoir-faire locaux, partenariats…).

Comme dans de nombreux pays dans le monde, à Douala aussi, la localisation des firmes se modifie de plus en plus, voire d'année en année. Avec un mouvement tendant à accentuer la concentration des usines dans les arrondissements périphériques de la ville. Toujours perçu comme le lieu par excellence de polarisation des activités humaines parce que générant une maximisation des échanges en même temps qu'il minimise « *les distances parcourues par ceux-ci* » (Decrop, 2003), l'espace urbain demeure le centre d'attractivité et de concentration des activités industrielles. Aujourd'hui en Chine par exemple, la plupart des industries de haute technologie tendent à se concentrer dans les provinces côtières. En Tunisie, les entreprises industrielles sont majoritairement localisées dans les métropoles[8] (Ayadi et Amara, 2009). Au Cameroun, l'essentiel du tissu industriel se trouve dans les régions du Centre et du Littoral, avec une forte implantation des entreprises industrielles dans les villes de Douala et de Yaoundé. D'après le Recensement général des entreprises de 2009 en effet, sur 4064 firmes industrielles dénombrées dans la région du Littoral, 3 882 sont implantées dans la ville de Douala (**Tableau 1**). Mais autant le développement des activités industrielles a, jadis, été accompagné par divers dispositifs macro-institutionnels permettant leur localisation majoritaire dans des zones industrielles (de manière à réconcilier la ville de Douala avec l'industrie), autant la dynamique à l'œuvre aujourd'hui en son sein (et essentiellement faite de ME de PE et de TPE[9]) se décline, le plus souvent, dans un environnement non aménagé au préalable pour recevoir ce type d'activités.

---

[8] Tunis, Ariana, Ben Arous, Manouba.

[9] TPE ou très petites entreprises, PE ou petites entreprises et ME désigne les moyennes entreprises.

Tableau 1: Répartition des entreprises et établissements par région d'enquête et par secteur d'activité.

Région d'enquête	Primaire	Secondaire	Tertiaire	Non déclarés	Total
Douala	67	3882	28408	647	33 004
Yaoundé	25	3248	18872	291	22 436
Adamaoua	17	224	2484	15	2 740
Centre sauf Yaoundé	29	200	2435	31	2 695
Est	10	105	1616	5	1 736
Extrême-Nord	12	194	2347	32	2 585
Littoral sauf Douala	26	182	1445	51	1 704
Nord	39	439	2437	27	2 942
Nord-ouest	17	1083	5342	45	6 487
Ouest	50	1337	6771	169	8 327
Sud	10	220	2206	11	2 447
Sud-ouest	43	1040	5746	37	6 866
Total	345	12 154	80 109	1 361	93 969

Source : INS/RGE 2009.

Même si, de manière générale, la ville est le lieu le plus fréquemment sollicité par les firmes industrielles, leur implantation ne s'effectue cependant pas toujours avec la même intensité dans tous les espaces constituant le périmètre urbain. De ce point de vue donc, le développement industriel est inégal. Certains espaces urbains semblent en effet plus attractifs que d'autres. Ce qui génère une inégalité de répartition résultant du phénomène d'interaction spatiale entretenue par l'existence des forces centripètes et centrifuges (Krugman, 1991, Essombè Edimo, 2014). En effet, parce que « *tout est lié à tout, mais les choses proches le sont davantage* » (Tobler, 2004, *op. cit*), les interdépendances spatiales influencent la localisation des activités économiques et leur répartition au sein d'un territoire. Si bien qu'une forte concentration de ces activités sur un territoire donné peut influencer, soit positivement (afin de tirer avantage de l'existence des économies d'agglomération), soit négativement (phénomène de congestion) la localisation des entreprises industrielles. Et leur répartition dans les différentes communes concernées de Douala n'échappe que peu à la règle. À cet égard, Bonabéri (ou Douala IV), par exemple, a représenté dans les années 60 un espace présentant des conditions favorables pour la déconcentration industrielle de Douala dont la congestion s'accentuait. Toutefois, les problèmes que cette commune était censée résoudre pour la ville se posent désormais à son propre niveau avec acuité. Cet espace, autrefois campagnard et inoccupé, est devenu en quelques années un grand espace industriel et urbain, avec tous les problèmes d'industrialisation et d'urbanisation. Si bien que la pérennité de l'industrialisation en son sein, ainsi que le bien-être des populations riveraines se posent dorénavant ici comme un des gros défis à relever pour la compétitivité territoriale de ce centre de production.

L'ouvrage se structure de la manière suivante : la première partie propose une présentation des théories de la localisation des activités. Ce tremplin nous semble indispensable. Pour rappeler et comprendre à la fois le contexte et la manière dont la science économique a fait sienne cette analyse. Mais aussi pour en saisir les évolutions, voire les raffinements enregistrés au cours du temps. Une large place sera donc concédée aux précurseurs, c'est-à-dire aux initiateurs de l'Économie spatiale (Thünen, Weber, hotelling…), et à divers prolongements auxquels leurs analyses auront donné lieu (Lösch, Palander, Isard, Hoover…).

Mais les nombreux apports de deux principales autres approches sont également visités. Parce qu'ils permettent également de comprendre la décision d'implantation des firmes. Il s'agit des approches béhavioriste et institutionnelle. La première part de deux insuffisances béatement présentées par les théories précédentes. Alors que la seconde propose d'analyser la localisation des firmes comme la résultante d'un processus stratégique. Suivent, enfin, le cadre analytique proposé par l'Économie géographique initiée par Krugman, puis une étude des déterminants de la localisation des entreprises.

Pour sa part, la seconde partie tire les enseignements, tour à tour, de la polarisation des activités à Douala et, notamment, sur les dépendances spatiales induites et entretenues par leur mouvement de localisation dans les différentes communes de la ville. Puis, après avoir mis en évidence les disparités soulevées par la dynamique entrepreneuriale dans ces différents espaces de la ville, ainsi d'ailleurs que le problème de congestion que connaît la commune de Bonabéri (ou de Douala IV), l'on tentera alors d'interroger la réponse institutionnelle envisagée face à la dynamique à l'œuvre dans cette ville qui, en dehors d'être la capitale économique du Cameroun, est aussi le principal foyer industriel de la sous-région CEMAC.

Première partie

La localisation des activités : de quoi parle-t-on ?

Les décisions de localisation d'une activité, quelles qu'elles soient, découlent généralement du choix volontaire d'un espace géographique bien identifié pour son implantation. Et la prise d'une telle décision suppose, au préalable, que le promoteur concerné ait pu différencier l'espace géographique en vue d'établir un ordre de préférence à partir d'un ensemble de lieux à sa disposition. Pour bien appréhender le cheminement de sa démarche, ainsi que la manière dont une telle décision se construit, il est donc indispensable de comprendre comment ce dernier appréhende l'espace géographique. Depuis toujours, la science économique s'est attachée à analyser les variables qui opèrent une forte influence sur le choix de localisation des activités[10].

C'est dire que l'étude de la localisation des activités économiques a bien pour objet principal de répondre à la question primordiale suivante : « *Où et pourquoi les activités économiques se localisent-elles ?* » Et l'on s'accorde ordinairement pour reconnaître que si le « *où* » se réfère fondamentalement à un lieu voire, plus généralement, à un espace géographique, le « *pourquoi* » renvoie pour sa part à des interrogations subsidiaires diverses dont, par exemple, les facteurs du choix de la localisation.

Précisément, la mise en évidence de ceux-ci fait l'objet d'une abondante littérature. Qu'il s'agisse des analyses abstraites ou des contributions issues de l'observation des situations concrètes. Et, bien que ce qu'on appelle communément « l'Économie spatiale » soit apparu au XVIIIe siècle, c'est davantage le processus de concentration spatiale des activités de production industrielle durant le XIXe siècle qui va stimuler l'intérêt des scientifiques, notamment allemands, pour la capitalisation de ces comportements. Il faut en effet reconnaître que la pensée économique dominante avait fini par nier l'espace au point de croire, comme Isard que les activités de l'homme se déroulent dans un « *monde merveilleux et sans dimension* ». Peut-être faut-il d'ailleurs voir dans cette absence de l'espace, l'origine anglo-saxonne de la science économique, comme le suggèrent Gérard-Varet et Thisse (1997)? Toujours est-il que le commerce par voie maritime, fondamental pour une économie anglaise alors insérée dans un empire colonial de plusieurs continents, apparaissait en effet peu coûteux. Ce qui a conduit les économistes anglais à concevoir un commerce international sans coûts de transport. Dans ce contexte, comme le souligne C. Courlet (2008), on comprend aisément que l'analyse spatiale ait plutôt été initiée par les Allemands[11] ; le rôle des transports terrestres

---

[10] Il existe aujourd'hui une panoplie d'ouvrages et autres contributions qui traitent des analyses théoriques de la localisation des entreprises et même des ménages, depuis les travaux « classiques » de V. Thünen ou de Hotelling, en passant par Weber ou Lösch. Nous signalons particulièrement ici, entre autres, Merenne-Schoumaker B. (1996 et 2002) ; A. Belhedi (2010).

[11] Eu égard à ce péché originel, constate encore l'auteur, « *la théorie économique s'est développée sur la base d'une conception implicite de l'espace insuffisante : l'économie nationale a toujours servi de référence depuis les origines de la science économique* » (C. Courlet, 2008, *op. cit*).

ayant été largement plus important dans le processus allemand de constitution d'un marché intérieur. Ce qui aura naturellement amené les économistes de ce pays à se préoccuper davantage de l'impact de l'espace sur les activités économiques.

Les analyses conceptuelles qui en découlent seront largement marquées par la volonté commune de proposer des schémas d'explication du phénomène d'agglomération des activités. Certes, en son temps, Ricardo (1817) montrait déjà que l'existence de dotations factorielles hétérogènes est à l'origine des échanges entre régions et, par la même, conduit à la spécialisation desdites régions. Signifiant ainsi que *les avantages comparatifs* sont sources de localisation différenciée des activités au niveau macroéconomique. Et comme le suggère Larue (2009), dans ce cadre ricardien, la spécialisation est alors l'aptitude d'un pays à concentrer sa capacité de production sur un type de bien pour lequel sa compétence est la meilleure. Le rééquilibrage entre les biens s'opère au travers du commerce entre les pays. Le processus suppose l'existence d'une hétérogénéité spatiale exogène qui amène les agents ayant des préférences identiques à se localiser au même endroit. Néanmoins, l'on doit véritablement la première théorie de la localisation à Von Thünen[12] (1826) dans son ouvrage intitulé « *Der Isolierte Staat* » (ou « l'État isolé »), et dans lequel l'auteur traite plus spécifiquement du cas des activités agricoles, de nombreux autres travaux seront cependant produits par la suite sur le sujet. Les différentes contributions peuvent aujourd'hui être regroupées, grosso modo, en deux catégories, c'est-à-dire d'un côté, les approches relevant de « l'économie spatiale » (ou « classique ») et, de l'autre, une seconde catégorie d'analyses plus récentes qui s'appuient davantage sur la notion d'économie d'agglomération, jadis développée par Marshall (1890) et pour lesquelles Hoover (1937 et 1954), prolongeant l'analyse de Weber (1909), proposera une catégorisation.

[12] Pour le spécialiste incontesté des sciences régionales qu'est W. Isard (1956, p.27), par exemple, Von Thünen est d'ailleurs considéré comme « *le père de la théorie de la localisation*». Ajoutons que dès les travaux de ce dernier, une sorte d'hégémonie allemande s'est installée dans la théorie de la localisation, notamment avec le livre « *Die zentralen Orte in Süddeutschland* » de W. Christaller en 1933, lequel a formulé une grande partie de ce que l'on connaît aujourd'hui sous l'appellation de « théorie des lieux centraux ». On peut tout aussi bien signaler une contribution notable proposée par A.Weber, sous le titre « *Über den Standort der Industrien* » en 1909.

Chapitre 1

LES APPROCHES DE « L'ÉCONOMIE SPATIALE »

Cette catégorie d'approches a souvent été qualifiée de « classique » par la littérature. Parce qu'elle appuie essentiellement son explication de la localisation des activités à la fois sur l'existence de coûts de transport associés à la distance[13] géographique et sur les différences de dotation de facteurs entre régions (ou espaces) de localisation des activités. La distance est généralement définie comme un coût attaché à la résistance au déplacement, au rapprochement. C'est en fait la peur de l'espace qui, économiquement et financièrement, va être exprimée en coûts de transport. Au sein d'une théorie de l'allocation des ressources, la localisation va alors dépendre d'un principe de minimisation/maximisation de ces coûts mesurés à partir d'un « centre » ou d'un point, à partir d'une connaissance *a priori* de toutes les solutions possibles.

Plus prosaïquement, l'intégration de l'espace dans l'analyse économique ici donnera lieu à « *quatre paradigmes* » (Ponsard, 1988). Il faut d'ailleurs noter que celle-ci s'effectue dans le cadre d'une démarche générale de la théorie économique néoclassique.

De fait, toutes les approches de « l'économie spatiale » sont basées sur des principes communs selon lesquels la localisation des activités sur un espace, plutôt que sur un autre s'explique par :

- les différences des coûts de production (main-d'œuvre, transport…) et/ ou du profit ;

- la nécessité pour une entreprise de se localiser dans un endroit lui permettant de générer des revenus capables, soit de couvrir, soit de dépasser ses coûts de production ;

- étant entendu, par ailleurs, que la concurrence entre les producteurs est le moteur de la régulation des comportements économiques et, donc, des comportements en matière de localisation.

D'une manière générale d'ailleurs, les théories économiques néoclassiques se sont d'abord intéressées à la localisation des productions agricoles avant d'aborder ensuite les facteurs d'implantation des industries et des services.

---

[13] Principal facteur de l'interaction spatiale, la distance est généralement considérée dans les approches « classiques » comme un élément de friction ou de limitation de la mobilité. Puisqu'en effet, les échanges, par exemple, diminuent avec l'augmentation de la distance. Sur ce sujet, comme sur l'analyse plus globale de la notion de distance, on peut aussi se référer à Belhedi (2010, *op. cit.*).

Comme le note Merenne-Schoumaker (2002, *op. cit.*), l'approche néoclassique ici sera animée par deux « écoles », c'est-à-dire :

- celle de la « *minimisation des coûts* » : elle fondera ses analyses sur les coûts de transport et l'impact des conditions de localisation sur les variations spatiales des structures de coûts (on pointe ici le rôle important des économies externes). De manière générale, cette « école » concerne principalement la localisation des activités industrielles, et

- celle de « *la maximisation du profit* » : elle s'est beaucoup plus spécifiquement construite autour de l'analyse des coûts de distribution des produits vers les marchés, ainsi que sur celle des effets de la concurrence entre les entreprises (perte de la clientèle...). Cette seconde « école » étudiera plus principalement les activités de services et le commerce.

I- LA LOCALISATION RÉSULTE DU COMPORTEMENT DE MINIMISATION DES COÛTS

L'on doit à cette conception générale deux célèbres théories, et qui vont d'ailleurs constituer les deux premiers « paradigmes » de Ponsard (1988, *op. cit*). Il s'agit des contributions de Von Thünen (1826), considéré comme « *le père de la théorie de la localisation* », et d'Alfred Weber (1909), le pionnier en matière de théorie de la localisation des activités industrielles.

I.1- J.H. VON THÜNEN ET LA LOCALISATION DES ACTIVITÉS AGRICOLES

Von Thünen (1826) fut en effet le premier à « introduire » *l'espace* dans la théorie économique et à développer une théorie de la localisation des activités agricoles autour d'une ville considérée comme le lieu central d'échanges (et qu'il appelait alors « *la ville-marché* »). En fait, l'auteur essaye de comprendre comment vont se localiser les activités agricoles par rapport au marché. En référence à la théorie ricardienne, chaque parcelle est affectée à une production selon une logique de maximisation de la rente foncière[14] nette des coûts de transport des biens vers le centre. Pour lui, la production d'un bien ne vaut la peine que si elle se fait à une distance raisonnable du marché. En dehors de cette distance, soit les coûts fixes sont très élevés, soit la production d'un autre bien devient rentable. De sorte que le zonage des activités se fait selon un arbitrage qui se conçoit entre rente et distance du marché.

[14] À cet égard, on peut dire que le développement de l'économie urbaine aura été freiné par les travaux de Ricardo (1817, *Idem*) qui, en construisant sa théorie de la rente foncière sur les différences de fertilité des sols, et en substituant les coûts comparés de production aux coûts de transport en tant que facteurs de spécialisation des territoires, a évacué toute considération d'ordre spatial de son analyse.

Il faut dire que l'auteur est un important propriétaire terrien dans l'Allemagne du XVIIIe Siècle, c'est-à-dire, une époque où les États, relativement isolés du reste, sont en fait organisés autour d'une « ville-marché ». Von Thünen constate que les activités agricoles (qui sont, il faut le souligner, la principale activité économique de l'époque) se répartissent généralement de manière concentrique autour de la « ville-marché » (**Graphique 1**).

Comment l'auteur explique-t-il en effet cette répartition concentrique des cultures ou des activités agricoles **?**

En fait, celui-ci part de la « *théorie de la rente*[15] », jadis, initiée par D. Ricardo (1817). Puis, considérant que la plaine (ou l'espace cultivable) est homogène, il formule ensuite quatre principales hypothèses qui sont :

- il n'y a pas de différence de fertilité dans les divers champs cultivés (et c'est la principale différence avec Ricardo) ;
- les coûts de transport sont fixes (ils sont proportionnels à la distance par rapport à la « ville-marché ») ;
- les prix des biens agricoles sont donnés, et
- il n'y a qu'un marché unique, c'est-à-dire la « ville-marché ».

À la suite de ces hypothèses, V. Thünen propose alors une théorie des facteurs qui entraînent la répartition concentrique des activités agricoles.

Graphique 1 : Von Thünen : la localisation concentrique des activités agricoles.

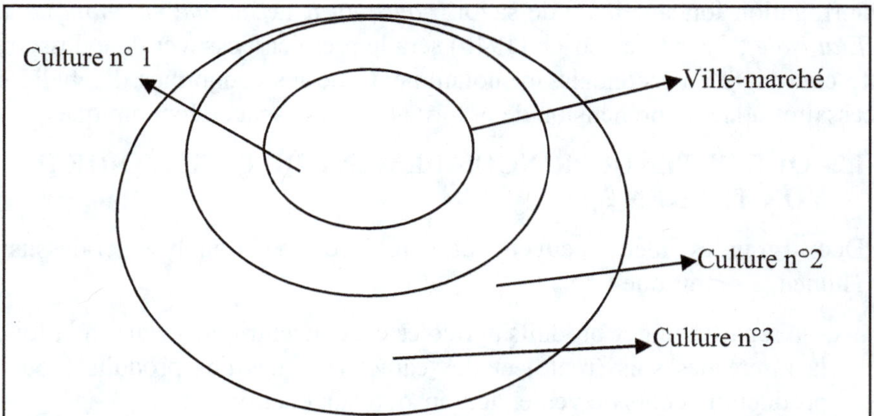

[15] La rente est aussi d'ailleurs, faut-il le rappeler, ce qu'en microéconomie l'on appelle couramment « *la productivité marginale*».

Quels sont donc les facteurs de la concentration des activités agricoles autour de la ville ?

Selon V. Thünen, quatre éléments principaux déterminent la répartition des cultures autour de la « ville-marché », ce sont :

- le prix de vente de chaque produit agricole : et ce prix est unique pour chacun des produits ;
- les coûts de production des biens agricoles ;
- les coûts de transport liés à chaque bien agricole ;
- la distance par rapport au marché.

Le mot est « lâché », à savoir « la distance ». Dans l'économie spatiale en effet, l'**espace** est toujours appréhendé sous l'angle de **la distance** et, donc, comme *un coût.* De même, l'existence des coûts de transport positifs provient de ce que les localisations sont hétérogènes. Et ces coûts de transport sont perçus comme un frein à la concurrence[16]. C'est que la distance constituant la métrique spatiale par excellence, elle est alors mesurée par ce qui la maîtrise le mieux c'est-à-dire, *le coût de transport.*

De sorte que les lieux sont différenciés non par ce qu'ils recèlent, mais bien par la distance qui les sépare. Deux espaces (ou territoires) seront donc différents à travers les coûts qu'ils engendrent pour le franchissement de la distance qui les sépare. Indépendamment même de ces observations, il reste également reconnu au modèle de Thünen de nombreuses autres limites comme, par exemple, le fait de postuler l'existence de la ville-marché (ou centrale) sans en expliquer l'origine. Ce qui revient à dire que l'auteur n'a pu répondre à l'interrogation fondamentale de savoir *pourquoi il existe une ville unique dans un État isolé ?* Plus tard, Lösch (1940) sera le premier à essayer de « desserrer » cette contrainte en reconnaissant notamment que les économies d'échelle sont nécessaires à la compréhension de la formation des espaces économiques.

I.2- QUE RETENIR PRINCIPALEMENT DE LA THÉORIE DE VON THÜNEN ?

Deux grandes idées peuvent être relevées de l'analyse ci-dessus de V. Thünen, à savoir que :

- la répartition des produits agricoles est concentrique à cause à la fois, de la rareté des sols (rente) et des caractéristiques des produits (coûts de production, coûts de vente, de transport…), et enfin,

- les biens dont les coûts de transport sont les plus élevés sont situés près du marché. En d'autres termes, ce sont les coûts de transport (et donc, la

[16] Nous verrons plus loin aussi que tout cela est assez réducteur.

distance) qui structurent les activités dans l'espace. Se localiseront par conséquent au centre, les produits qui peuvent payer la plus forte rente.

Selon Von Thünen donc, la localisation agricole se fait de façon concentrique : car plus on s'éloigne de la ville, plus le coût des marchandises est élevé. L'auteur détermine les principes de la localisation en fonction des aires de marché et des cultures. L'espace est davantage perçu comme un support des activités agricoles. Le résultat de son analyse décrit des cercles concentriques (*isolignes*) constitués autour des aires de marché (les villes) en fonction du coût décroissant du transport pour signifier, *in fine,* que le coût du transport dépend de la distance et du produit.

Après avoir été ignorés pendant plus d'un siècle (Fujita et Thisse, 1997), les développements de Thünen vont connaître leur heure de gloire dès le milieu du XXe siècle avec, notamment, les travaux de Dunn (1954) qui, en intégrant la notion de « *bien intermédiaire* » dans le modèle de Thünen, vont montrer que plusieurs biens peuvent simultanément être produits en une même localisation et non plus en des places distinctes. Mais les travaux de Thünen seront largement utilisés, non seulement par les économistes et agronomes, mais aussi par les spécialistes de l'économie urbaine, à l'instar d'Alonso (1964)[17]. L'on s'en servira en effet pour expliquer notamment les localisations intra-urbaines et pour analyser les zones suburbaines de transition de l'usage urbain du sol vers son exploitation agricole. Comme l'expliquent encore avec pertinence Fujita et Thisse (1997, *idem*), le modèle de Thünen contenait également, mais présentées de façon différenciée, les idées de base de la théorie du commerce international développée par d'autres.

C'est que ce modèle s'offre en effet à des déclinaisons diverses, du fait essentiellement de sa compatibilité avec le paradigme concurrentiel et, surtout, parce que la production est réputée être à rendements constants. Toutefois, comme l'observe par exemple Fujita (2012), bien qu'abordant le lien entre les mécanismes d'agglomération industrielle et la formation des villes, l'analyse de Von Thünen ne s'est pas trop appesantie sur la question des localisations industrielles, notamment sur les facteurs qui peuvent influencer la localisation des unités de production sur un espace. C'est également cette réflexion qui va constituer, plus tard, la substance des travaux d'A. Weber (1909).

[17] Comme on le verra plus loin en effet, ce dernier a étendu la rente foncière de Thünen au cas d'une économe urbaine, avec l'échange qui se produit, cette fois, sur un marché qui est aussi un centre d'emploi (le « *Central Business District* » ou CBD). Ce qui a considérablement fait progressé la théorie urbaine et lui a permis de donner naissance à ce qui est aujourd'hui connu sous l'appellation de la *Nouvelle économie urbaine.*

II- LE MOINDRE COÛT COMME FACTEUR DE LOCALISATION OPTIMALE DES ENTREPRISES : L'ANALYSE D'ALFRED WEBER

Il faut dire qu'avant « la révolution industrielle », la population active travaillait dans ou autour de l'agriculture. Ce qui générait une répartition relativement homogène de cette population dans l'espace, et une importante dispersion de la demande. Une situation qui correspondait parfaitement à la description finalement modélisée par Thünen. Mais, avec « la révolution industrielle » apparaît également le processus de mécanisation de la production manufacturière. L'industrialisation diffuse, comme de nombreuses zones rurales, disparaît. Et la production se concentre désormais autour d'un nombre plus réduit de pôles. Cette situation va générer une réduction des coûts de transport entre les zones de production et les zones de consommation. Les préoccupations économiques essentielles ayant désormais évolué du milieu agricole vers le milieu industriel, c'est Weber (1909) qui va donc proposer le premier modèle de localisation industrielle.

Alfred Weber (1909), frère du célèbre sociologue Max Weber (père de la « *violence légitime*[18] » notamment), est l'initiateur de la première théorie générale de la localisation industrielle[19]. Pour cet auteur, la localisation optimale correspond à celle qui minimise les coûts de production. Il faut reconnaître que l'auteur élabore sa théorie à un moment où l'industrie était axée sur l'acier en Allemagne. De sorte que sa finalité était de démontrer que la localisation optimale était celle qui minimisait les coûts de transport. Sur la base de certains postulats[20], l'espace wébérien est implicitement uniforme (culturellement,

---

[18] Dans son opus, faisant suite à des conférences données à Munich en 1917 et 1919, intitulé *Le savant et le Politique* et, plus exactement dans la partie consacrée à ce que l'auteur appelle « la vocation de politique », Max Weber traite à la fois de l'action politique, de sa légitimation, avant de proposer ensuite sa célèbre définition de l'État qui est l'unique dépositaire de « la violence légitime ».

[19] Bénéficiant en cela des travaux de C. F. Wilhelm Launhardt (1872 et 1882) et qui fut aussi l'un des fondateurs de l'économie mathématique. Il faut dire que celui-ci va en effet poser les bases d'une analyse scientifique de la localisation en appliquant à ce problème la méthode déductive. Dans son célèbre *Théorème des pôles*, il formule les conditions de l'équilibre spatial de l'entreprise (la localisation des lieux de production des matières premières et du marché de consommation étant donnée et le coût du transport étant considéré comme une variable indépendante). Le tout, résolu suivant les procédés de la mécanique rationnelle, permet alors de déterminer *le point du minimum des frais de transport* et, par la même occasion, *la localisation optimale* de la firme.

[20] La théorie de Weber repose en effet sur trois grands postulats :

- de nombreuses matières premières ont une localisation spécifique, c'est-à-dire ne se trouvent pas partout sauf pour ce qui est de quelques matériaux « ubiquistes » comme l'air et l'eau ;
- les marchés des produits finis sont localisés en certains points et la concurrence est parfaite, c'est-à-dire qu'il existe un grand nombre d'acheteurs et de vendeurs et qu'aucun d'eux ne peut influencer le prix par son action ;

politiquement et spatialement). Trois principaux facteurs influencent la localisation industrielle dans ce monde simplifié :

- deux facteurs régionaux (les coûts de transport et les coûts de la main-d'œuvre), et

- un facteur local (les forces d'agglomération ou de désagglomération).

L'auteur résout le problème en trois étapes, chacune d'elles correspondant à l'un des trois facteurs. Il faut dire que le théoricien cherche à expliquer le processus d'industrialisation que connaît l'Allemagne au cours du XXe siècle. Il s'intéresse, en particulier, à la production de la fonte, qui nécessite d'importantes quantités de matières premières (charbon à coke, fer et calcaire entre autres). C'est dans ce contexte bien précis que l'auteur va donc proposer des hypothèses qui, par la suite, vont sous-tendre sa théorie de la localisation des activités industrielles sur un espace.

II.1- DES HYPOTHÈSES FORT SIMPLES...

Depuis toujours, l'on admet qu'une hypothèse est la formulation *pro forma* des conclusions que l'on compte tirer et que l'on va ensuite s'efforcer de justifier et de démontrer méthodiquement et systématiquement. Pour développer sa célèbre théorie de la localisation, l'auteur propose trois hypothèses, à savoir que :

- *la fonction de production des firmes est à coefficients fixes :* les proportions de chaque facteur, dans un procès de production de l'entreprise, sont données. Ainsi, la production d'une tonne de fonte nécessitera, par exemple, 500 kg de charbon, 300 kg de fer, et 200 kg de calcaire ;

- *la plaine est homogène* : c'est-à-dire, isotrope[21] de sorte que l'on peut se rendre à « vol d'oiseau » d'un point à l'autre de la plaine, et

- *les coûts de transport sont fixes :* c'est-à-dire proportionnels à la distance parcourue.

À noter d'ailleurs que pour bien illustrer l'impact des coûts de transport, l'auteur va recourir au concept d'*isodapanes*[22], ou lignes formées par des points supportant un même supplément de frais de transport par rapport à l'optimum.

- les bassins de main-d'œuvre sont localisés et peuvent fournir un nombre illimité de travailleurs à un certain taux de salaire.

[21] Rappelons en effet que dans un espace isotrope ou homogène dans toutes dimensions et en toutes échelles, la ligne droite est le chemin le plus court.

[22] «Dapanè», c'est-à-dire dépense. Il s'agit en fait de la Ligne d'égal coût global de transport aux différents lieux. De la même manière, l'*isodapane critique* est celle où le supplément de coût de transport est annulé par les économies de main-d'œuvre. De la même manière, du reste, T. Palander (1935) montrera qu'on peut assimiler ces *isodapanes* aux *isotims* (« *timè* » ou « valeur »), c'est-à-dire des lignes de même coût des matières premières et des produits finis.

De même, pour expliquer le degré de liaison d'une industrie aux matières premières ou au marché, il introduit l'indice matériel qui est le rapport en poids des matières premières aux produits finis[23].

II.2- … POUR UNE THÉORIE CÉLÈBRE DE LA LOCALISATION

Son principe de base est simple, voire simpliste : *pour pouvoir produire le plus possible et le moins cher possible, l'entreprise doit chercher à minimiser ses coûts de transport*. En clair, la meilleure localisation (ou la localisation optimale) correspond à celle qui minimise les coûts de production. Cela conduit donc l'auteur à décliner deux cas de figure, à savoir que :

- *la firme se localisera à côté des sources des matières premières si leur coût de transport est élevé ;*

- par contre, *elle s'implantera près du marché si et seulement si le coût d'acheminement du produit qu'elle fabrique est élevé.*

La démonstration que fournira ensuite l'auteur de manière formelle (avec recours à l'optimisation, à la géométrie ou à l'algorithme…) permettra d'ailleurs de proposer un raisonnement mathématique. Il faut dire que pour Weber les coûts de transport représentent le facteur primordial, et ces derniers sont considérés comme une fonction du poids à transporter et de la distance à parcourir. Pour déterminer le moindre coût de transport possible, l'auteur recourt à la même construction que celle, naguère proposée par Launhardt (1872 et 1882, *op. cit*), à savoir «la figure ou *triangle de localisation* » (« *Standorts-Figur* ») et qui relie les points des localisations données et à partir de laquelle se construit le point minimum de transport (**Graphique 2**). Toutefois, Weber va dépasser le cadre initial d'analyse de Launhardt en y introduisant deux autres facteurs de localisation, c'est-à-dire :

- l'attraction de localisation du facteur travail sur celle de la firme et qui peut conduire à une « déviation » de cette dernière par rapport au point minimum de transport ;

- puis, l'apparition d'une nouvelle « déviation » dès lors que la localisation de la firme est finalement orientée vers un point où celle-ci bénéficie des économies résultant de la concentration.

[23] Ainsi, un indice supérieur à 1 traduit une industrie liée aux matières premières alors qu'un indice inférieur à 1 est typique d'une industrie orientée vers le marché.

Graphique 2 : Le triangle de localisation de A. Weber.

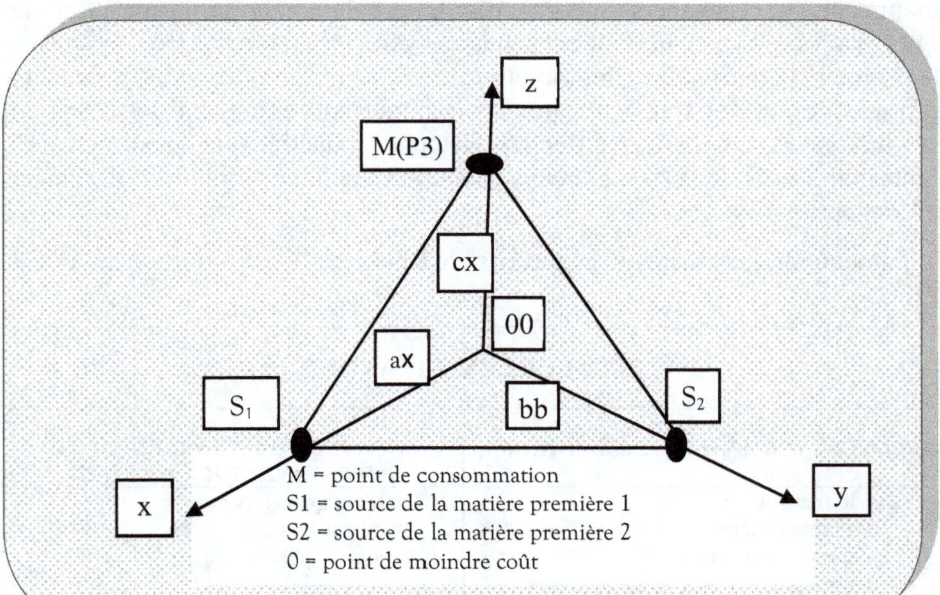

Source : tiré de D.M. Smith (1981)

Soit un point du marché (M) et deux sources les plus avantageuses de matières premières (S_1 et S_2). Le point du moindre coût (0) est celui qui minimise les déplacements. Si une unité de production nécessite *x* tonnes de S_1 et *y* tonnes de S_2 et que le produit fini de poids *z* doit être transporté au point (M), le point (0) est celui qui minimise xa + yb + zc (a, b et c étant les distances S_1 0, S_2 0 et M 0).

Pour une compréhension simplifiée admettons, par exemple, une industrie qui a besoin de deux facteurs de production (inputs) pour obtenir un produit final (output). Selon Weber, la localisation optimale de cette industrie se détermine par la résolution du problème suivant :

$$Min\ C = (d_1X_1 + D_2X_2 + D_3X_3) \qquad \textbf{(1.1)}$$

Et où, cette fois, C, X_i et D_i sont, respectivement, le coût total de transport, la quantité du bien i nécessaire, et la distance entre le lieu de localisation et le site de fourniture du bien i.

Dans l'ensemble, il faut bien le relever aussi, les variables économiques du modèle proposé par Weber (**Tableau 1**, *supra*) se réduisent à des unités de poids et de longueur, c'est-à-dire à des caractéristiques techniques qui contribuent à renforcer l'aspect mécanique de sa théorie qui, *in fine,* apparaît comme une simple projection de l'économie pure dans le domaine spatial. On retrouve ici les effets de l'influence de Walras et de Cassel sur toute la pensée économique allemande et qui, à travers les travaux de Fredohl (1928) notamment, va également subordonner le problème de la localisation de l'entreprise à l'analyse de l'interdépendance générale des prix et des marchés. Dans un tel cadre d'analyse, les variations dans les rapports de prix des facteurs de production et des frais comparés de leur transport entraînent des effets de substitution. Et, comme les différents facteurs productifs sont localisés à des points déterminés de l'espace, toute substitution implique alors un déplacement de l'entreprise.

Tableau 2: Les facteurs explicatifs du choix de localisation chez Alfred Weber.

FACTEURS EXPLICATIFS	
INCLUS DANS L'ANALYSE DE L'AUTEUR	***NON INCLUSE L'ANALYSE, MAIS IMPORTANTS POUR L'AUTEUR***
1- Coûts de transport : - des intrants depuis les sources d'approvisionnement, - des produits finis jusqu'aux marchés	**1- Facteurs généraux :** - climat - topographie
2- Différentiels de coûts de main-d'œuvre entre localisation alternatives	**2- Facteurs institutionnels (taux d'intérêt, niveau des impôts, qualité du management...)**
3- Économies et déséconomies d'agglomération	

Source *:* Mark Blaug (1996).

Toutefois, l'on convient généralement que la théorie de Weber (voir également **Encadré 1**) ne résout le problème de la localisation qu'à l'échelle moyenne. Avec une méthode d'analyse qui s'articule autour de la fixité de la technique de production (en supposant qu'une transition continue, par doses marginales, d'une combinaison de facteurs à une autre soit toujours possible quel que soit le lieu de production), son caractère de généralité et la justesse de l'intuition centrale, comme le note C. Ponsard (1956, p. 104), devaient cependant lui permettre de survivre aux critiques de Palander (1935) ou de Hoover (1948), ou encore de Lösch (1940), jusqu'à ce que la formulation plus rigoureuse d'Isard permette de l'intégrer dans le cadre d'une théorie plus moderne.

En effet, des auteurs comme Palander et Hoover vont l'élargir en s'intéressant, plus spécifiquement, à la demande et à l'interdépendance des firmes. Ainsi en est-il du premier, qui y introduira l'étude du marché et la compétition entre les entreprises. Comme du second et qui, pour sa part, enrichira la théorie wébérienne en ajoutant dans l'analyse les problèmes liés à la fois au commerce international, à l'extérieur des frontières et à l'intervention des États, tout en affirmant l'importance du facteur temps et l'ampleur des réajustements dans la dynamique de l'équilibre spatial.

C'est qu'incontestablement, l'analyse wébérienne va avoir une influence considérable sur les approches conceptuelles de la localisation industrielle. Elle constituera même pendant longtemps la trame de départ que les travaux théoriques ultérieurs s'efforceront uniquement de compléter. Elle sera donc *le modèle de base* pour toutes théorisations sur la localisation des firmes industrielles. La prise en compte de l'espace géographique (en tant que distance) au travers des coûts de transport, représente un outil de modélisation des comportements de choix de localisation des entreprises. Car il permet de donner de manière simple un sens économique c'est-à-dire, mesurable (en termes monétaires) à la distance physique. Néanmoins les modèles de la localisation industrielle des firmes, d'abord microéconomiques, vont progressivement revêtir une démarche macroéconomique, notamment à partir de 1939, à l'instar de Lösch (1940). La plupart des auteurs postérieurs ne retiendront du « modèle » de Weber que son analyse fondée sur les coûts de transport, au point de réduire le comportement spatial de la firme à un simple problème d'optimisation logistique.

Or, comme on l'a dit plus haut, Weber avait pourtant complété son travail sur l'importance des coûts de transport en intégrant des différentiels de coûts de main-d'œuvre entre localisations alternatives. Comme le souligne Aydalot (1985), par exemple, ces différentiels sont liés au fait que la main-d'œuvre est supposée être regroupée en certains points de l'espace, au lieu d'être dispersée de manière régulière. Et la prise en compte des différentiels dans l'espace va, précisément, modifier le comportement de l'entreprise en ce sens qu'elle va amener celle-ci à choisir une localisation différente de celle susceptible de minimiser ses coûts de transport totaux. Ce qui, *in fine*, permet de conclure qu'en réalité le problème de l'identification de la localisation optimale se présente bien comme la recherche du meilleur compromis des coûts de transport et celle des coûts de main-d'œuvre[24].

Il reste que dans ce « modèle de base » wébérien, comme dans l'ensemble de la théorie classique de la localisation, l'implantation de la firme industrielle s'appréhende et s'analyse encore avec une logique à ressources données et localisées de manière fixe. Son approche des coûts de transport sera d'ailleurs bientôt intégrée dans l'analyse économique néoclassique du commerce international, à l'instar du modèle Hecksher-Ohlin-Samuelson, et va façonner une interprétation selon laquelle la concentration des entreprises en un lieu est fonction des dotations en facteurs de celui-ci. Ce qui, par ailleurs, va initier la

[24] Merenne-Schoumaker (1991), *op. cit.*

vision de « *l'espace produit des fonctions*[25]» et dans laquelle également, les entreprises d'un secteur d'activité donné sont réputées se concentrer dans une région précise parce que celle-ci dispose de la meilleure dotation du ou des facteurs immobiles dont elles ont le plus besoin (main-d'œuvre, matières premières...). Ce pullulement local des facteurs présente alors un double avantage comparatif, à savoir :

- qu'il permet aux firmes ainsi concentrées de bénéficier des prix les plus avantageux (ou les plus bas) pour lesdits facteurs, et par rapport aux autres régions ;
- qu'il diminue le coût de transport desdits facteurs[26].

Toutefois, et comme dans tous modèles de concurrence où la subsistance des profits génère l'entrée additionnelle des producteurs, l'implantation de nouvelles firmes dans la région considérée va avoir pour conséquence une augmentation du prix de ces facteurs. De sorte que, dans le cadre de cette analyse à ressources données et localisées de manière fixe, l'agglomération des producteurs tendra à générer une baisse des avantages comparatifs de la région de concentration et, plus globalement, une diminution de son attractivité pour les entreprises industrielles[27].

D'une manière générale, pionnière dans l'analyse des facteurs de la localisation des activités industrielles et simple dans sa formulation et sa représentation (géométrique…), la théorie de Weber a néanmoins aussi suscité un certain nombre de critiques.

---

[25] On peut voir les développements proposés à cet effet à la fois, par J.R. Essombè Edimo Nya Bonabébé (2007), *Spatialité et développement économique à Douala : entre le hasard et la nécessité*, L'Harmattan, p. 29, ou encore B. Pecqueur (1986), « Crise économique : crise du discours sur l'espace », in *Revue Economie et Humanisme*, n° 289, *Idem*, pp. 13/21.

[26] On peut aussi reconnaître ici des éléments qui vont également sous-tendre les analyses ultérieurement proposées à la fois, par F. Perroux (1955) et, par G. de Bernis (1966), respectivement en termes de « *Pôles de croissance* » et « *d'industries industrialisantes* » et qui auront été développées pour l'Afrique entre autres par Gérard B. (1963).

[27] B. Sergot (2005).

Encadré 1 : Que retenir principalement de la théorie de Weber ?

En fait, le modèle de Weber repose sur un certain nombre de postulats dont on peut tirer :

- la localisation spécifique des matières premières qui ne sont pas présentes partout. D'où la tendance, pour l'établissement industriel, à s'en rapprocher le plus possible pour réduire les coûts de production et, plus particulièrement, ceux de transport ;
- les localisations précises des marchés des produits finis : ces derniers sont ponctuels, uniques et assurent l'écoulement des produits ;
- la concurrence est parfaite c'est-à-dire, que personne ne peut influencer les prix de par sa propre action ;
- les bassins de la main-d'œuvre sont localisés et peuvent fournir la main-d'œuvre à un certain taux de salaire ;
- l'espace est homogène sur tous les plans.

Dans ce modèle wébérien, il s'agit de trouver la localisation optimale d'une usine (produisant un bien unique à coûts constants) et qui se trouve confrontée à un marché localisé en certains points donnés et à des sources de matières premières à localisation fixée. Les hypothèses de concurrence parfaite et de comportement de maximisation du profit de la part des entreprises restent essentielles. Enfin, les coûts de transport sont supposés varier proportionnellement à la distance géographique parcourue. Tenant compte de ces hypothèses, il s'ensuit que *la localisation optimale sera celle qui minimise les coûts de transport globaux* (c'est-à-dire la somme des coûts de transport des intrants et les coûts de transport des produits finis jusqu'au marché) par unité de produit fini.

Pour étudier sa localisation industrielle, Weber procède à des simplifications qui lui permettront de trouver une solution au problème qu'il se pose alors. Ainsi :

- pour avoir une fonction de production simplifiée, l'auteur va réduire l'activité de la firme : elle ne produit qu'un seul bien et n'a besoin que de deux types de matières premières ;
- en admettant, à sa suite, que le lieu de consommation de l'output est donné, ainsi que les lieux d'approvisionnement, la localisation se présente alors sous la dénomination de "*triangle de localisation de weber*".

Dans la seconde simplification de son modèle, il fait ensuite interagir trois facteurs qui, pour lui, influencent largement la localisation industrielle. Il s'agit de deux facteurs régionaux (le coût de transport et le coût de la main-d'œuvre) et d'un facteur local (les forces d'agglomération).

III- L'UTILISATION STRATÉGIQUE DE LA DISTANCE GÉOGRAPHIQUE : LA CONCURRENCE SPATIALE DE H. HOTELLING

Harold Hotelling (1929) est un économiste et statisticien américain. Passé de « l'école allemande » à « l'école américaine », c'est en fait un acteur majeur de la pensée parétienne [28] et de ce courant de l'analyse qu'en sciences économiques, l'on appelle « *l'approche marginaliste ou néo-classique* ». Auteur du « troisième paradigme » de l'économie spatiale en la matière,

[28] Ou, plus exactement de la pensée néoclassique qui, avec Léon Walras, avait substitué le principe de l'utilité ordinale à celui, plus classique, de l'utilité cardinale. Avec Pareto, en effet, l'individu rationnel est réputé susceptible de hiérarchiser des préférences et de choisir entre un produit A et un produit B, et inversement.

Hotelling s'intéresse à la localisation de deux entreprises (ou de deux vendeurs de glace) sur un marché. Au sujet de ces deux acteurs, sa préoccupation principale se formule de la manière suivante : « *Quelle stratégie adopter pour maximiser leur profit* [29]» ?

III.1- LA LOCALISATION GÉNÈRE UNE DIFFÉRENCIATION DES BIENS

Son principal apport tient en effet dans l'introduction de l'idée selon laquelle *la localisation induit une différence entre les biens.* Puisqu'en effet, pour un consommateur qui supporte des coûts de transport, deux biens homogènes sont différents s'ils ne sont pas proposés au même endroit ou en un même lieu. C'est aussi pour cela que l'auteur est considéré comme l'initiateur de la « *concurrence spatiale* ».

Les hypothèses utilisées sont au nombre de quatre, c'est-à-dire :

- le marché est linéaire ;

- le choix de la localisation concerne deux vendeurs (deux firmes ou marché de duopole) ;

- les produits sont vendus au même prix par les deux entreprises. De plus, ils ont une qualité identique (les biens sont donc aussi homogènes). Et le prix se détermine en termes de position de marché ;

- pour le consommateur, le seul critère de choix est la distance à parcourir jusqu'au vendeur le plus proche.

On le voit, la distance apparaît ici aussi comme l'élément structurant ou le facteur majeur de la localisation des activités sur un espace. Mais, il faut bien le relever, la notion de distance dépend de la culture, de la politique spatiale et du niveau de développement. La distance est un écart spatial, elle exprime la *séparation spatiale* entre les phénomènes dans un espace donné et recouvre plusieurs formes selon le type d'espace considéré. L'espace géographique est un espace *bidirectionnel* ponctué d'objets. C'est la géométrie euclidienne qui est souvent utilisée pour mesurer la distance entre les unités géographiques. La dimension de l'espace réel est multiple. Elle peut être physique (longueur, largeur, hauteur ou profondeur), terrestre (altitude, longitude, latitude), temporelle. Tout comme elle peut s'exprimer en termes de coût, de temps...

---

[29] Il est à remarquer que ce problème est d'ailleurs aussi à l'origine du développement des travaux sur « la théorie des jeux » en sciences économiques. Sur le plan théorique, Hotelling (1929) est à l'origine du modèle le plus connu de concurrence spatiale au travers de l'exemple des marchands de glace. Il se propose ainsi d'étudier les décisions de localisation et de prix de deux vendeurs de glace sur une plage (représentée sous la forme d'un segment de droite) en supposant que la répartition des consommateurs sur la plage est donnée et uniforme.

C'est qu'avant Hotelling, les théories traditionnellement proposées en matière de localisation étaient non stratégiques. En ce sens qu'elles ne considéraient pas que la distance géographique (et, donc, les coûts de transport) pouvait être utilisée par les firmes comme une arme concurrentielle. De ce point de vue, Weber, par exemple, suggère que la localisation d'une entreprise ne génère pas de changement dans le système des prix ni de modification, par ses concurrents, de leurs propres localisations. Dans ce cadre, les entreprises n'auront pas seulement un comportement concurrentiel, mais aussi stratégique. Dès lors, le modèle de la concurrence pure et parfaite n'est donc plus apte à intégrer la dimension spatiale, puisque cette dernière constitue en elle-même un facteur d'imperfection de la concurrence. De fait, l'émergence du modèle de concurrence imparfaite[30] se fait ici en considérant la différenciation spatiale introduite par la distance comme une des sources du pouvoir de monopole des entreprises. Dans le cas du modèle proposé par Hotelling en supposant d'une part que la répartition des consommateurs sur le marché linéaire (ici la plage de baignade proposée par l'auteur) est donnée et uniforme et, d'autre part que les acheteurs se répartissent entre les deux vendeurs en comparant les prix totaux (c'est-à-dire la somme des prix du produit vendu (la glace) et du coût de transport), et qu'ils se situent de manière proportionnelle à la distance les séparant du vendeur, le résultat de ce modèle de duopole est, dans le cadre des hypothèses posées par l'auteur, un équilibre où les deux firmes se localisent au centre du marché.

Le modèle de Hotelling a donc un double objectif : d'une part il met en évidence les interactions existant entre concurrents sur un marché et qui conditionnent leurs choix de localisation et, d'autre part il explique la tendance des entreprises à se concentrer. Partant d'une répartition homogène de la clientèle le long d'un segment de droite, l'auteur essayera non seulement de déterminer l'emplacement optimal de deux entreprises (offrant des produits homogènes et gérés par deux responsables qui prennent leurs décisions sans se consulter), mais aussi de définir quelle sera la clientèle de chaque offreur. Comme, par ailleurs, la clientèle a un comportement de minimisation des coûts de transport, l'aire de chalandise de chaque vendeur sera donc représentée par la partie du segment de droite où les clients trouvent qu'ils supporteront des coûts moins élevés en achetant chez lui plutôt que chez son concurrent. Dès lors que l'on suppose que chaque vendeur se situe à l'une des extrémités du segment de droite, la tentation qu'ils ont à augmenter leurs aires de marché va les pousser à se rapprocher l'un de l'autre. Ce qui réduit d'autant la distance qui les sépare et rend, de ce fait, leurs biens de moins en moins différenciés.

Selon Hotelling, l'optimalité est atteinte lorsque les deux vendeurs sont situés l'un près de l'autre au milieu du segment de droite : c'est « le principe de

[30] Et qui a été initiée, notamment, par E. H. Chamberlin (1933) : The theory of monopolistic competition, Cambridge, Harvard University Press.

différenciation minimale », encore connu sous l'appellation de « *loi de Hotelling* » et que l'on pourrait énoncer assez aisément de la manière suivante : les entreprises qui offrent des produits homogènes ont tendance à se concentrer géographiquement. Le résultat ainsi obtenu permet de comprendre non seulement la relation qui existe entre la formation des prix d'un bien homogène, la taille du marché et la localisation de deux biens, mais aussi les raisons qui amènent les entreprises à se concentrer. Toutefois, cette « loi » demeure, aujourd'hui encore, au centre des discussions en matière de concurrence spatiale. Car si l'auteur montre bien que la concentration des localisations pouvait être, sous certaines conditions, une situation d'équilibre, il reste néanmoins un problème d'optimalité de telles localisations. Puisque les acheteurs les plus éloignés du centre, par exemple, sont pénalisés par rapport aux autres, *toutes choses restant égales par ailleurs*. C'est dire que, comme celui de Weber avant lui, le modèle de Hotelling va essuyer un certain nombre de critiques, et qu'il convient également de présenter.

III.2- QUELQUES LIMITES DES MODÈLES DE WEBER ET DE HOTELLING

L'approche de la localisation industrielle proposée par Weber, simple et limitée à un nombre très réduit de facteurs et de lieux, permet en effet de déterminer la localisation optimale de la firme industrielle et de comprendre les raisons du choix. C'est un modèle facile à comprendre et à manipuler. Il fera toutefois l'objet de nombreuses critiques.

C'est que l'auteur a en effet utilisé trois points distincts (**Graphique 2**, *supra*). Ce qui a conduit à la présentation de son modèle par *un schéma triangulaire* avec trois principaux axes c'est-à-dire le marché, l'énergie et la matière première. Toutefois, la réalité est souvent plus complexe et fait appel parfois à plusieurs autres points ou variables dont la demande et ses variations (Lösch, 1940). Tout ceci a permis de mettre en évidence un certain nombre de limites et que Belhedi (2010, *op. cit.* pp. 90/91), par exemple, a pu résumer en quelques points essentiels. Ainsi, la firme recourt souvent à des matières premières et autres produits semi-finis qui peuvent être d'origines diverses. À partir de là, le problème devient beaucoup plus complexe qu'une simple combinaison de deux produits ou d'un simple triangle. Par ailleurs, la main-d'œuvre devrait être prise en compte en matière de localisation. Son influence est d'autant plus élevée qu'elle est peu mobile et les salaires sont très variables. Le choix de localisation optimale peut se faire à partir d'une carte isodapane à partir du marché, des lieux de production minière et des ports d'importation… et, sur cette carte, devraient également figurer les coûts de main-d'œuvre. Autrement dit, en proposant son modèle sur la base de ces trois facteurs il rend l'analyse des choix de localisation beaucoup plus simple qu'elle ne l'est dans la réalité. Car non seulement il omet plusieurs autres éléments qui rentrent dans le processus de production et qui y jouent un rôle important (la main-d'œuvre, les consommations intermédiaires…), mais il néglige également le fait que la localisation à des endroits différents des matières premières et des consommations intermédiaires donne lieu à une localisation ayant une forme différente de la forme triangulaire.

De plus, pour Weber, la localisation est surtout fonction des coûts de transport ; les autres facteurs engendrant plutôt des localisations alternatives qui corrigent ou qui compensent les coûts élevés de transport. Selon l'auteur, un seul facteur intervient après le transport, c'est *l'indice matériel du produit utilisé* dont l'effet s'annule par ailleurs lorsque les produits utilisés ont le même indice. On aura donc ainsi des industries liées au marché ou à la matière première (*market-oriented ou materiel-oriented)* selon le rapport entre les différents types de coûts : output/input (intrant/extrant, entrée/sortie, approvisionnement/distribution). Or, constate encore Belhedi (2010, *idem*), les progrès dans le transport de l'énergie, la première transformation des métaux et dans les transports d'une manière générale font qu'une mobilité plus grande s'opère au niveau des facteurs de production. Si bien que ce sont les facilités d'approvisionnement et de desserte qui fixent les localisations beaucoup plus que le coût de transport lui-même.

Enfin, l'analyse de Weber est pionnière, notamment lorsqu'on la situe dans son cadre historique du début du XXe siècle. L'on admet cependant qu'elle ne résout le problème de la localisation qu'à l'échelle moyenne et rend peu compte de la souplesse de l'approvisionnement, ou encore de la multiplicité des sources qui rendent parfois la localisation indifférente. De la même manière, et comme le note avec pertinence Perreur (2003), le résultat obtenu avec les travaux de Hotelling a été contesté par plusieurs auteurs s'appuyant sur la non-existence, en théorie des jeux, d'un équilibre en stratégie pure dans un jeu non coopératif. En reformulant l'analyse pour la rendre conforme à ce constat, ces auteurs trouvent que les entreprises vendant des produits homogènes ont tendance à s'implanter en des lieux géographiques éloignés pour échapper à la concurrence par les prix qui est d'autant plus vive que les concurrents sont géographiquement proches. Même à supposer que le résultat obtenu par Hotelling soit conceptuellement correct, le contexte actuel de baisse tendancielle des coûts de transport remet en cause le pouvoir de monopole local des entreprises et, du même coup, les fondations sur lesquelles repose son modèle.

IV- DES PROLONGEMENTS DE L'ANALYSE DE WEBER

Il est indéniable qu'Alfred Weber ouvre en effet la « *boîte de Pandore* » de l'analyse de la localisation des entreprises industrielles. Et comme nous l'avons souligné précédemment, son « modèle » va servir de référence à de nombreux travaux ultérieurement effectués dans le domaine. Rentrant plus généralement dans le cadre du « quatrième paradigme » de l'Économie spatiale de localisation, ces différents travaux essaieront, pour la plupart, de dépasser les limites de l'analyse wébérienne tout en tentant de l'élargir à d'autres secteurs d'activités. Nous retiendrons plus particulièrement les apports de Palander (1935), de Hoover (1948), puis ceux de Lösch (1938 et 1940, *op. cit.*) et, enfin, les travaux de Smith (1981).

IV.1- TORD PALANDER ET L'INTÉGRATION DU COÛT GLOBAL ET DES ÉLÉMENTS DE LA COMPÉTITIVITÉ

L'approche proposée par Tord Palander (1935) part de l'analyse de l'effet de la variation des prix sur l'aire de marché. En prenant deux firmes (situation de duopole), il arrive ainsi à déterminer la limite de l'aire de marché en fonction du coût de production. Puis l'auteur montre ensuite l'effet d'une baisse de prix sur le partage du marché. Analysant, par ailleurs, les coûts de transport en termes de coûts de mouvement, il étudie l'impact des tarifs de transport sur les isodapanes, et distingue ainsi les tarifs proportionnels et les tarifs dégressifs. Pour ainsi dire, l'auteur prolonge donc bien les travaux de Weber en introduisant le concept de *compétition.* Et ses principales conclusions peuvent se résumer ainsi qu'il suit :

- le producteur est plutôt sensible au *profit global* et pas seulement au coût de transport ;

- il suffit, par ailleurs, que le coût de production baisse pour qu'à la fois, l'aire du marché et le profit augmentent.

On reconnaît ainsi à l'auteur d'avoir proposé, dans une démarche qui apparaît à la fois comme une première synthèse et comme un dépassement, un exposé général en matière de localisation de l'entreprise. Néanmoins, sa réflexion visant à comprendre la répartition spatiale de la production et des marchés, dans le cadre du système capitaliste, est conduite avec la méthodologie et des outils microéconomiques. Aussi l'auteur privilégie-t-il le comportement de l'entrepreneur. Bien que son œuvre n'ait été diffusée que partiellement à l'époque[31], l'auteur y recherche en fait une classification des relations spatiales de l'activité économique. Ceci l'amène, tout d'abord, à observer une multiplicité de comportements (ou de calculs) économiques de l'entrepreneur en fonction de la nature de la production que celui-ci fournit. Dans un tel contexte, si le processus productif est, par exemple, attaché à un centre de consommation, le problème du choix de localisation se limite dès lors à celui de la sélection des intrants à utiliser. Pour ainsi dire « *La production des biens finaux étant liée à la localisation de la consommation, il semble à Palander que le problème de la*

[31] Notamment parce qu'elle est écrite en suédois sous le titre « Seitrâge sur standortstheorie, Uppsala » Chez Almqvist und Wiksells Boktryckeri A.B.

localisation de la production ne concerne que les stades antérieurs du processus »[32].

Et si l'on admet comme lui qu'une telle dépendance rigide demeure aussi longtemps que le produit semi-fini sera intransportable, le problème du choix exclut logiquement toute question de localisation. Et il est alors simplement question de voir si ce facteur naturel (ou ressource) qui attire la localisation est susceptible d'une ou de multiples utilisations. Dans l'affirmative, au problème de la sélection des facteurs s'ajoute ensuite celui de la méthode de production à utiliser. Et si, par ailleurs, le facteur fixe donne lieu à une multitude d'utilisations, s'ajoute également le problème du choix du produit devant être fabriqué. Et, dans le cas d'une production indépendante de la localisation des facteurs, il se pose en plus, selon l'auteur, la double question de savoir quelle fabrication effectuer et, surtout, avec quelle méthode. Ce n'est qu'après avoir livré cette problématique générale de la localisation de l'entreprise qui, on le voit, influence largement l'interdépendance et la dichotomisation spatiale des activités économiques, que l'auteur sera ensuite amené à conclure logiquement à l'existence des comportements différenciés de l'entrepreneur en fonction des localisations.

En intégrant la réalité d'une mobilité des facteurs, ou encore celle de l'existence des modifications techniques et celle des variations de la demande, Palander va ensuite procéder à un inventaire des facteurs dynamiques qui influencent la localisation de l'entreprise. Dans cet exercice, l'auteur propose de partir de la situation de départ de l'évolution, puis d'intégrer l'adaptation de l'entreprise dans le temps, les modifications de la technique et des institutions, ou encore divers mouvements susceptibles d'affecter les facteurs de production. Toutefois, l'auteur privilégiera les mouvements qui affectent les facteurs. Ce qui va l'amener à s'attarder sur le comportement de l'entrepreneur en fonction de la connaissance qu'il a des conditions du marché tout autant que la façon dont les conditions de transport, où les différences locales des coûts et autres facteurs spatiaux influent sur son choix de localisation. Mais à la réalité, après moult simplifications, Palander se résout finalement à considérer, comme nous le disions précédemment, que deux principaux facteurs déterminent la localisation de la firme, à savoir :

- *les coûts de transport* : pour la démonstration, l'auteur utilise la technique des isodapanes et généralise l'approche Wébérienne du « *point minimum* » des coûts de transport ;

- *l'influence décisive de la stratégie des marchés* à la fois, sur la détermination des prix pour l'entrepreneur et, donc, sur la localisation de ses activités. Puisqu'en effet recherchant non plus seulement la

[32] Comme l'observe C. Ponsard (1955), *op. cit*, p.105.

minimisation des frais de transport, mais la maximisation des gains, notamment compte tenu de la fonction de réaction du concurrent dans un marché de duopole, selon que la firme pratique une stratégie de conquête ou de partage du marché elle cherchera, plus ou moins, à se rapprocher de son concurrent. Dans un tel contexte, sa localisation précise dépendra alors des relations entre ses propres prix de vente, ses coûts de production, ses frais de transport, ceux de son concurrent et sa fonction de réaction supposée.

Toutefois, quelque riche qu'elle soit, l'analyse de Palander demeure somme toute statique. Bien que l'auteur ait insisté préalablement sur la nécessité d'une approche dynamique du problème de la localisation[33]. De même, il reste également que des déterminants importants, comme la demande et son comportement *lato sensu*, ainsi d'ailleurs que l'interdépendance des firmes, par exemple, n'ont pas été véritablement appréhendés jusqu'ici. Tout cela va donc faire l'objet de la démarche d'Auguste Lösch.

IV.2- L'APPROCHE PAR LE MARCHÉ ET LE POINT DU PROFIT MAXIMUM D'AUGUSTE LÖSCH

Pour ainsi dire, la recherche concernant les principes généraux de la localisation, avec un peu plus de succès, va véritablement être son œuvre. Elle part d'une des critiques majeures adressées à l'approche de Weber, à savoir qu'elle ne prend pas en compte la demande ni davantage les variations de celle-ci. Lösch (1938 et 1940) propose alors une théorie en réponse à cette critique. Et, en intégrant l'interdépendance des entreprises dans le modèle, il rejette *le point du moindre coût*, jadis initié par Weber comme étant le fondement de la localisation optimale et suggère plutôt *le point du profit maximum*. Contrairement à Weber qui pense en effet que la localisation optimale se situe au point de minimisation des coûts, Lösch démontre que celle-ci se situe *au point de profit maximum*, et considère que c'est la demande qui constitue la variable-clé dans les décisions de localisation. Tenant compte en sus à la fois, de deux facteurs locaux (les forces d'agglomération et la demande) et du problème de l'interdépendance des firmes, il détermine les étapes de la construction d'un système de localisation. Selon lui, cette construction se fait en trois étapes caractérisées respectivement par l'implantation d'une firme unique, par l'installation de plusieurs autres firmes et, enfin, par la formation d'un pavage hexagonal régulier du fait de l'implantation d'un grand nombre de firmes attirées par les profits énormes réalisés par les autres firmes déjà installées.

C'est qu'en réalité, il faut bien l'admettre, le problème de Lösch n'est pas tant d'expliquer la localisation d'une activité économique que de montrer

[33] Les seules véritables éléments « dynamiques » de l'analyse apparaissent avec la mise en situation des alternatives de localisations subodorées par la compétition dans le cadre du duopole.

comment se met en place un système de localisation des activités économiques (**Schémas 1, 2 et 3**, *infra*)[34]. Pour ce faire, il intègre la théorie de l'équilibre partiel et celle de l'équilibre général pour montrer que, dans le premier cas, toutes les localisations sont données, sauf une qui reste à déterminer par le calcul du profit maximum. Cependant que, dans le second cas, les conséquences de toute localisation particulière sur les autres induisent leur interdépendance générale. Avec Lösch, l'étude de la localisation de l'entreprise industrielle est, d'emblée, située dans le cadre d'une analyse des problèmes typiques de localisation. Et après une mise en évidence des divers facteurs qui conditionnent la localisation, ainsi que celle des relations qui influencent leur agencement, l'auteur identifie ensuite les conséquences du calcul de maximisation du profit par l'entrepreneur. À ce sujet, tout en livrant une sorte de synthèse des travaux antérieurs, l'analyse de Lösch en propose également un dépassement. Ainsi, pour ce qui est du profit nominal (c'est-à-dire, la différence entre les coûts et les recettes), par exemple, il devient possible d'étudier l'effet de tous les éléments de coûts et de recettes, considérés individuellement, sur la localisation de l'entreprise.

Il advient qu'en vérité, l'analyse des coûts amène nécessairement à isoler à la fois les frais de transport, les frais de production et les rapports qui s'établissent entre eux. Comment ? La démonstration de l'auteur s'opère par l'intégration du traditionnel calcul du *point minimum* de transport[35] dans le calcul économique général. Comme le souligne encore avec pertinence Ponsard (1956, *op. cit*, p. 108) de leur côté : « *les prix des facteurs productifs à leur lieu d'obtention peuvent à eux seuls orienter la localisation du processus de transformation, indépendamment des hypothèses habituelles de localisations-limites qui constituent des cas particuliers dans lesquels la situation de la firme est soit liée économiquement à celle d'un facteur, d'un marché ou d'un concurrent, soit liée techniquement à l'emploi d'un facteur fixe ou en combinaison fixe. Mais les relations des frais de transport et des coûts de production sont telles que l'influence des seconds ne peut être indépendante de celle des premiers* ». De ce point de vue, il est clair que le choix d'un gisement de matières premières, par exemple, génère également des coûts de transport. Cependant que les coûts de production déterminent le choix entre plusieurs points minima possibles.

De la même manière, les recettes deviennent un facteur de localisation des firmes. Que celle-ci soit considérée *stricto sensu* ou *lato sensu,* c'est-à-dire avec ses différentes déclinaisons : lieu du chiffre d'affaires maximum, le nombre de clients potentiels ou réels, le pouvoir d'achat de la clientèle visée, localisation de la clientèle la plus nombreuse, ou encore la plus riche… L'analyse de la

---

[34] Les **schémas 1, 2 et 3**, permettent ainsi de voir, tout à tour, le cône de la demande, la portée limite et le pavage hexagonal proposés par l'auteur.
[35] Voir Weber et Palander, *infra*.

recette permet d'ailleurs la détermination de la « *localisation-limite* » dès lors que le débouché se trouve être techniquement lié à l'acheteur et que la clientèle demeure fixe. En tout état de cause, l'analyse de Lösch montre qu'on ne peut expliquer véritablement, et de manière pertinente, la localisation de l'entreprise en partant du bénéfice de celle-ci qu'à la condition de prendre en compte les relations avec les prix et la demande. Même si, pour arriver à cette conclusion, l'auteur use d'un degré d'abstraction qui a pu générer des développements dont certains ont pu conduire à des difficultés méthodologiques[36].

Schéma 1: Les étapes de mise en place d'un système de localisation d'après A. Lösch.

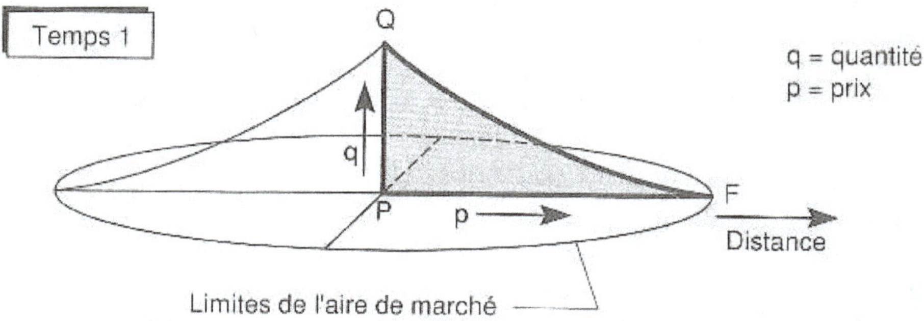

Source : D.M. Smith (1981), p. 88.

Soit un producteur qui s'installe dans un premier temps au point A. La courbe de la demande est QF ; le prix (p) du produit augmente avec les coûts de transport le long d'AF et la distance verticale entre AF et AQ indique la quantité demandée (q) en fonction du prix. En F, le produit ne peut plus se vendre. Parce que son prix est trop élevé. Le montant total des ventes est donné par le volume du cône produit par la rotation d'AQF.

L'implantation de certaines entreprises, dans un second temps, ne permet pas de desservir pour autant tout le marché potentiel. L'espace laissé libre entre les producteurs attire d'autres frimes. Dès lors, les aires de marché se restreignent,

[36] En effet, dans le raisonnement proposé par l'auteur, une solution géométrique doit être écartée. Puisqu'une analyse de l'ensemble des facteurs de localisation génère la prise en considération d'un nombre de variables supérieur à trois. De même, une solution analytique conduirait à des équations de degré insoluble, la demande pouvant être maxima en plusieurs points entre lesquels elle ne fait pas l'objet d'une fonction simple. Au bout du compte, l'auteur se trouve obligé de proposer une analyse où la demande potentielle et l'échelle de production optimale en fonction du coût sont rapportées, séparément, à toute localisation possible. La localisation optimum dépend donc d'une étude du marché et des coûts. Pour sa part, enfin, la recherche du profit net conduit, à son tour, à une localisation-limite lorsqu'un facteur ou un marché, ou la combinaison des deux, sont fixes et non substituables.

ainsi que les profits anormaux, jusqu'à la formation d'une grille régulière d'hexagones. Tout comme dans les travaux de W. Christaller (1933) d'ailleurs, la superposition des systèmes d'hexagones correspondant à chacune des branches industrielles que propose ensuite l'auteur va faire apparaître des coïncidences entre certains centres de production.

Schéma 2 : Les étapes de mise en place d'un système de localisation d'après A. Lösch : l'étape n°2.

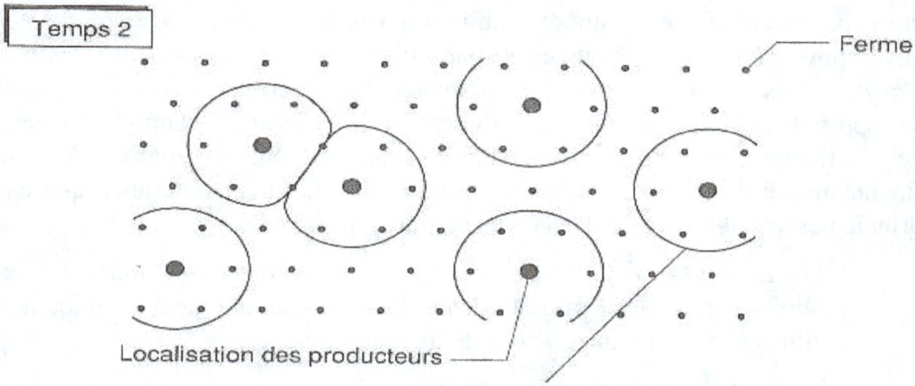

Limites des aires du marché.

Source : Extrait de A. Belhedi (2010, *op. cit.*), p. 98.

Schéma 3 : Les étapes de mise en place d'un système de localisation d'après A. Lösch : l'étape n°3.

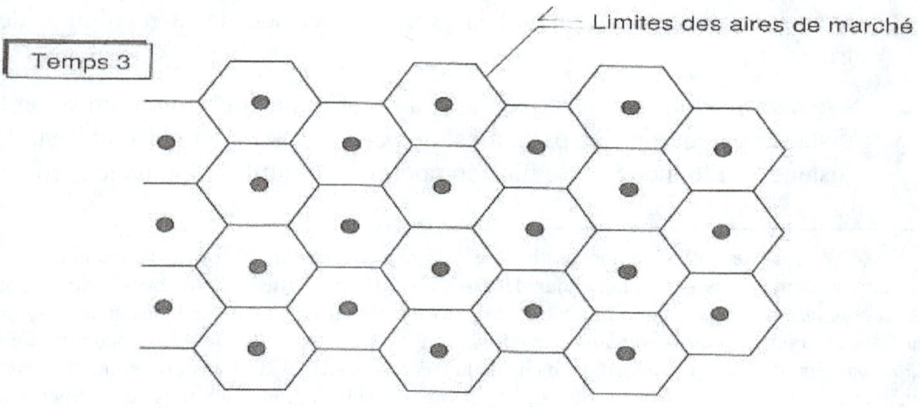

Source : Extrait de A. Belhedi (2010, *op. cit.*), p. 98.

Même si l'on reconnaît que l'analyse de Lösch ignore, dans l'ensemble, les variations spatiales des coûts de production et leurs implications, il n'en demeure pas moins cependant qu'à la suite de ses travaux les divers apports ultérieurs s'insèreront plus dans le cadre des raffinements de détails que dans celui des innovations véritables. Ce fut le cas, notamment avec Isard (1949, *op.*

cit.) qui va mettre au point, en même temps qu'il la généralise, l'analyse en termes de substitution de Fredohl (1928, *op. cit.*)[37]. Ou encore avec Hoover (1937 et 1948), et à qui l'on doit des prémisses d'une dynamisation de l'analyse.

IV.3- LES TRANSFERTS ET POINTS DE RUPTURE DE CHARGE DE EDGAR M. HOOVER

Partant d'une étude sur les industries du cuir et de la chaussure et, surtout, dans un ouvrage de synthèse publié en 1948, Hoover va explicitement développer les idées de Palander et, particulièrement, celles liées aux *coûts de transfert.* Ces derniers sont définis comme englobant, tout à la fois, les coûts de transport et les coûts supportés par un produit de la sortie de celui-ci de l'atelier de fabrication jusqu'à son utilisateur (manutention, assurances, charges financières, frais commerciaux de distribution...). L'auteur note ainsi que cinq principales variables fondent les coûts de transfert, à savoir :

- *la nature du produit et son aptitude à supporter des coûts élevés* : produits périssables, produits dangereux, conditionnement et emballage, facilités plus ou moins grandes de manutention... ;

- *la quantité :* dans la mesure où le coût baisse pour les grosses quantités en utilisant des techniques appropriées (trains complets, transport spécialisé...) ou une tarification adaptée au profit des grands fournisseurs et des industries (grosses consommatrices) ;

- *la distance :* là aussi, le tarif est souvent dégressif et n'est pas linéaire avec la distance, sauf durant la première période de la révolution des transports ;

- *le transport utilisé* : chaque mode a en effet un coût minimum selon la distance parcourue. On parle ainsi de *portée modale,* et qui représente la distance où le mode est le plus compétitif[38]. En utilisant ainsi le mode de

---

[37] Chez W. Isard en effet, la localisation de la firme intègre la théorie mathématique de la production comme cas particulier. Pour dépasser les difficultés (méthodologiques?) de Fredohl (1928, *op. cit.),* l'auteur introduit la notion de « *distance-inputs* » (inputs de la distance exprimés en frais de transport) et *la combinaison optimale* des divers types de facteurs productifs. Cette « *distance-inputs* » est mathématiquement déduite de la fonction de transformation. Il advient ainsi que la localisation dépend du taux marginal de substitution pour tous les éléments de dépenses, y compris les coûts de transport. L'auteur peut, dès lors, généraliser les conclusions de Weber en procédant tout simplement au remplacement des données ponctiformes du modèle original par la considération d'aires d'offre des facteurs et d'écoulement des produits. Son travail aura surtout plus spécifiquement montré que le transport constitue un des éléments nécessaires à l'équilibre spatial de la firme au même titre que les coûts de production, la demande, ou les économies externes.

[38] On trouve par ordre décroissant la route, la voie ferrée, la voie aérienne et la voie maritime. La distance appropriée va en s'accroissant avec respectivement 150 km pour la route, 400-500 pour le transport ferroviaire, 500-1000 et plus pour la navigation aérienne et maritime.

transport approprié, on contribue à réduire considérablement le coût de transport ;

- enfin, la possibilité de fret de retour, qui intervient pour le choix du mode ou de l'itinéraire et contribue à réduire les coûts de transfert (**Graphique 3**).

Selon l'auteur, en outre, les points de rupture de charge constituent les sites optima de localisation parce que le coût de transport y est le plus bas (**Graphique 4**). Cette situation explique d'ailleurs la *maritimisation et la littoralisation des localisations* industrielles autour des ports, ainsi que la focalisation des activités dans les nœuds et têtes de lignes et de réseaux qui deviennent des lieux privilégiés de localisation[39].

Cependant, Hoover intègre aussi des éléments de dynamisation dans l'analyse (notamment avec la prise en compte de la compétition entre firmes), en construisant les lignes marginales des marchés et en les faisant reculer jusqu'à ce que le coût de livraison (production + transfert) soit inférieur au prix concurrent. Tout comme l'auteur a aussi introduit de nombreux autres facteurs comme les problèmes liés au commerce international, les frontières, ainsi que l'intervention de l'État tout en montrant l'effet du temps dans les réajustements de l'équilibre spatial. Mais en vérité, il reprend à son compte les développements antérieurs de Lösch. Son principal apport s'effectue dans l'introduction de la dynamisation qu'il propose. Toutefois, en élargissant son champ d'observation il sort, peu à peu, du strict cadre d'analyse de la firme. De sorte qu'en suivant son raisonnement, on se rend rapidement compte que l'effet des processus dynamiques sur la localisation, par exemple, doit être recherché à travers leur incidence sur une multitude de variables comme les coûts, le facteur travail et les divers matériaux utilisés.

Graphique 3 : Coûts de transport selon le mode utilisé d'après Hoover.

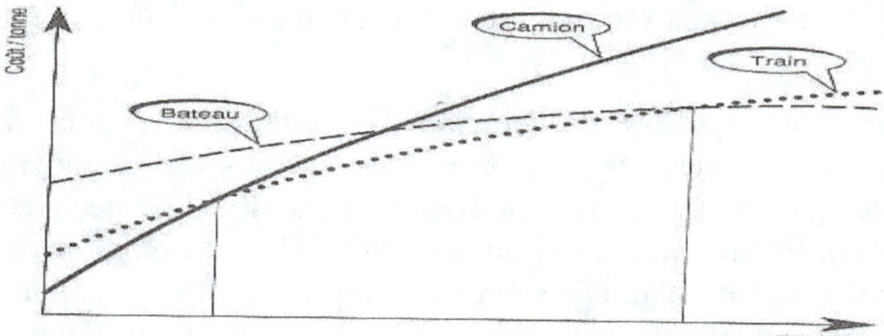

Source : A. Belhedi (2010, *op. cit.*), p. 95.

[39] Il faut préciser que les travaux de Hoover se situent à une période où l'industrie commence à jouer un rôle important, tout comme les progrès de transport devenaient de plus en plus indéniables.

Graphique 4 : La localisation optimale par le transbordement selon Hoover.

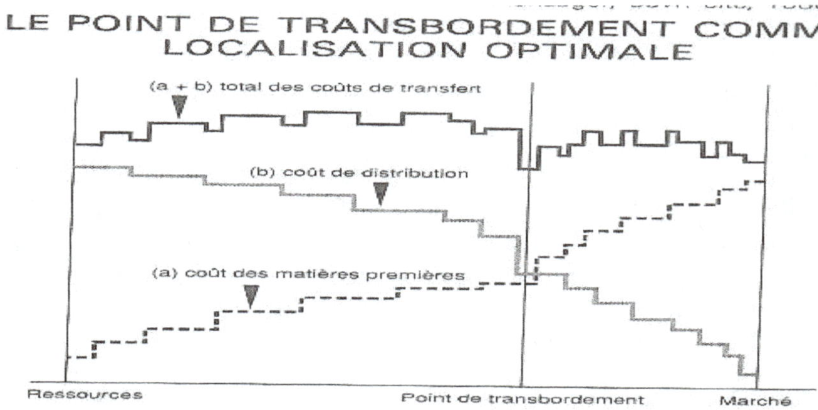

Source : A. Belhedi (2010, *op. cit.*), p. 95.

Bien entendu, au titre des nombreux raffinements qui se font à la suite de Lösch, on peut aussi ajouter, entre autres apports, ceux de Greenhut (1956) et pour qui les économies externes sont un des éléments majeurs de l'équilibre spatial des entreprises. Tout comme, du reste, les recherches en termes de « *surfaces de profit* » de Pred (1967, 1969 et 1977). Selon cet auteur, toute localisation s'effectue dans des aires de marché où l'entreprise peut réaliser des profits. Et ces aires sont délimitées par des marges spatiales de rentabilité. Lesquelles se font et se défont en fonction à la fois, des surfaces des coûts et des revenus. C'est Pred d'ailleurs qui va permettre le glissement de l'analyse vers l'approche behavioriste de la localisation.

Il est désormais admis, somme toute, que ces «quatre paradigmes » qui constituent l'économie spatiale de la localisation[40] vont aussi générer quatre grands champs de recherche c'est-à-dire, les modèles d'interaction spatiale, la théorie de l'équilibre général spatial de l'économie, la théorie de l'économie spatiale publique et l'analyse des espaces économiques flous (LET, 2008, p. 12).

D'un côté, ***les modèles d'interaction spatiale*** *:* ils se sont largement développés, dès les années 50, avec des travaux de démographes et d'économistes (notamment dans la deuxième moitié du XIXe siècle et le début du XXe siècle). Ils tirent leur inspiration de *la loi de gravitation universelle* de Newton (1680). Ici, les théoriciens ont tout simplement tenté d'appliquer la loi de Newton dans laquelle deux corps s'attirent l'un à l'autre avec une force qui est proportionnelle au produit de leurs masses et inversement proportionnelle au carré de la distance qui les sépare à la démographie et à l'économie.

[40] En gros, les analyses de Thünen, Weber, Hotelling, Lösch et Christaller (sur les lieux centraux). Dans le même ordre d'idées enfin, ajoutons que le modèle de V. Thünen va être à l'origine de nombreux autres modèles. Les plus connus sont les modèles ***d'économie urbaine***.

De l'autre, ***la théorie de l'équilibre général spatial de l'économie :*** présente deux principaux axes de recherche qui sont d'une part l'analyse des conditions d'existence d'un équilibre de toutes les activités économiques considérées dans leur interdépendance et, d'autre part l'étude des propriétés d'unicité, de stabilité et d'optimalité d'un tel équilibre.

Pour ce qui est de ***la théorie de l'économie spatiale publique***, il s'agit d'une démarche dans laquelle l'on considère que la non-neutralité économique de l'espace suppose que les préceptes de l'économie classique ne sont plus valides. La prise en compte de l'espace remet en cause, par exemple, le contenu habituel du concept du bien collectif pur. Puisque la disponibilité d'un tel bien pour les usagers peut dépendre de leur proximité par rapport aux points d'offre et être donc inégale selon leur résidence.

Enfin, ***l'analyse des espaces économiques flous et des comportements spatiaux imprécis :*** dans un espace économique précis (à l'inverse des espaces flous), l'espace présente ou peut ne pas présenter certaines caractéristiques constitutives, et les agents économiques situés peuvent préférer ou ne pas préférer une action possible à une autre. Toutefois, il faut reconnaître que le monde réel est souvent imprécis. Les espaces économiques (comme les régions économiques, les aires d'influence, des surfaces de marché, etc.) possèdent plus ou moins des caractéristiques données. Souvent, ils ne sont pas forcément délimités par des frontières nettes. Ils se recouvrent partiellement, et il est difficile de les diviser. De la même manière, le comportement des individus n'est pas toujours clair.

V- HEURS ET MALHEURS DE « L'ÉCONOMIE SPATIALE » PAR TEMPS DE MONDIALISATION ET DU RETOUR DU « LOCAL »

Les « quatre paradigmes », pour reprendre le concept de Ponsard (1988, *op. cit*), qui viennent d'être présentés ont le mérite de la primeur de l'analyse de la localisation des activités. De ce point de vue, ils ont débroussaillé un champ qui, aujourd'hui encore, reste très fécond. Ils continuent même à être des références incontournables dans de nombreuses recherches. Et, comme toutes les démarches pionnières, ils sont liés à leur contexte historique. Plus encore, ne tenant compte que du comportement rationnel de l'entrepreneur en l'absence, par ailleurs, du coût de l'information ces travaux demeurent aussi marqués par une caractéristique majeure, à savoir l'absence d'intégration réelle de l'espace dans leurs différentes formulations.

À cet égard, les limites théoriques qui sont généralement opposées à ces modèles constitutifs de « l'économie spatiale » sont désormais largement connues. Tout autant que les nombreux dépassements dont ils ont fait l'objet. Reste que, malgré tout, ils présentent comme « un dénominateur commun » de n'avoir pas pu intégrer l'espace-territoire dans l'analyse. Celui-ci y est constamment considéré comme « fonctionnel » (Pecqueur, 1986, *idem* ; Essombè Edimo, 2007, *Idem*). On eût pu même dire, *in fine*, que l'espace y est absent. La localisation théorisée renvoie à une démarche d'implantation qui se fait ***sur pilotis***. Quand il est un tant soit peu pris en compte, il demeure assimilé à un plaine homogène et isotrope (Thünen, 1826 ; Weber, 1909 ;...), à quelques irrégularités près (rivières, mines...). L'espace n'est, ni plus ni moins, qu'un simple « récipient», dans lequel viendraient s'implanter les activités des unités économiques. Comme le soulignent avec pertinence les auteurs tels que Krugman (1991), Benko (1998) entre autres, dans ce modèle classique grâce aux seules forces du marché (coûts de transport, économies externes d'agglomération...), les activités s'implanteraient par un hasard initial puis la logique oligopolistique aidant, chercheraient soit à s'agglutiner (Hotelling, 1929), soit à s'écarter les unes des autres (Lösh, 1940), formant ainsi des réseaux de « lieux centraux » (Christaller, 1933, entre autres). Le tout laisse transparaître au passage une « neutralité » générale de l'espace fort gênante.

Pourtant « espace vécu » (Frémont, 1976) parce que, d'une part socialement construit dans leurs relations de proximité par les acteurs et, d'autre part doté d'un espace géographique physique que ces mêmes acteurs gèrent, aménagent et administrent au quotidien, le territoire est « *un système complexe et actif* » (Courlet, 2008, *op. Cit*). Ainsi, quelque imprécise ou plastique que puisse apparaître la forme spatiale individualisée par une cristallisation territoriale, elle n'en possède pas moins une matérialité suggérée et modulée par la façon dont les acteurs situés se sont approprié et ont transformé (par leurs proximités multiformes,...) les périmètres du milieu. L'espace existe parce que les acteurs situés l'ont constitué. Or, ce lien génétique pèche terriblement par son absence dans les différents travaux de « l'économie spatiale » ci-dessus. Au point que l'absence de la dimension sociale, qui en est pourtant le substrat, rend l'espace neutre dans le processus qui conduit à sa structuration.

Comme on l'a maintes fois soulevé précédemment, le seul facteur spatial pris en compte dans cette « économie spatiale » est le coût de transport. Ce dernier apparaissait commode dans la mesure où il pouvait en effet être considéré comme *un input* comme les autres. Ce qui permettait, chemin faisant, de conserver le raisonnement en termes de substitution et d'équilibre de l'analyse néoclassique standard de l'époque (Colletis et Wahl, 1996, *Idem*).

En dehors de cette analyse classique toutefois, l'on peut aussi considérer un certain nombre d'autres cadres conceptuels qui, même s'ils ne fondent pas à proprement parler une théorie de la localisation, proposent néanmoins des champs analytiques pertinents ayant permis des avancées intéressantes dans la compréhension des décisions de localisations des firmes. Dans la plupart des cas, on privilégie l'analyse du comportement des industriels dans leurs choix d'implantation. La localisation apparaît alors, soit comme la résultante d'une prise de décision (courant behavioriste), soit comme celle d'un processus stratégique (courant institutionnel).

Chapitre 2

LES APPROCHES BÉHAVIORISTE ET INSTITUTIONNELLE DE LA LOCALISATION

Même si elles ne proposent pas, à proprement parler, une « théorie » de la localisation, ces approches font néanmoins largement évoluer la compréhension des décisions des firmes en matière d'implantation. La première part de deux principales insuffisances béatement présentées par les théories précédentes. Alors que la seconde propose d'analyser la localisation des firmes comme la résultante d'un comportement ou, plus exactement, d'un processus stratégique.

I- PRÉSENTATION SIMPLIFIÉE DE L'ANALYSE BÉHAVIORISTE

Constatant deux failles majeures dans les théories précédentes de la localisation, à savoir que l'entrepreneur est considéré comme parfaitement rationnel, de même que l'information a un coût négligeable, l'analyse béhavioriste va se développer (dès la fin des années 60) en étudiant le comportement des entrepreneurs à la fois, en matière d'information et dans les étapes du processus de décision. Si bien que l'on doit à cette analyse trois apports majeurs dans la théorie de la localisation, c'est-à-dire :

- la rationalité limitée de l'entrepreneur et le rôle majeur de l'information en matière de localisation ;

- l'existence d'un choix de localisation satisfaisant, et

- l'influence des caractéristiques propres de l'entrepreneur sur sa décision de localisation.

I.1- L'ENTREPRENEUR A UNE RATIONALITÉ LIMITÉE ET L'INFORMATION JOUE UN RÔLE IMPORTANT DANS SON CHOIX DE LOCALISATION

Il faut reconnaître d'emblée que dans l'ensemble, cette démarche sera très largement influencée par les analyses de Simon (1955 et 1957) notamment, et qui passaient au crible le sacro-saint principe de « l'homme rationnel » initié par l'analyse néoclassique. En fait, s'il est bien vrai que des considérations économiques diverses déterminent le choix de localisation de l'entrepreneur, il n'en demeure pas moins qu'afin de s'assurer un choix rationnel, celui-ci doit aussi avoir une connaissance parfaite de toutes les alternatives possibles, notamment avec ce que ces dernières pourraient comporter comme conséquences. Il se trouve, justement, que si certains de ces effets peuvent être appréhendés avec certitude, d'autres, au contraire, peuvent n'être que probables (risque), et d'autres encore peuvent n'être que possibles (incertitude). Il en découle logiquement que même lorsque la localisation est précédée d'une étude bien fournie (faisabilité…), la rationalité de l'entrepreneur reste, malgré tout, limitée (à l'information dont il dispose et du fait de sa propre intervention dans le processus de décision).

L'information joue donc un rôle de premier plan dans la décision de localisation de l'entrepreneur. Comme le note Pred (1967 et 1969, *op. cit*) en effet, la localisation optimale dépend de deux facteurs majeurs, à savoir la disponibilité de l'information et la capacité de l'entrepreneur à décider. L'auteur propose d'ailleurs la représentation de ce double effet à travers une matrice (**Graphique 5**) dans laquelle l'axe vertical représente l'information, tandis que l'axe horizontal exprime l'aptitude de décision. La diagonale se trouve concernée avec progression dans le temps vers le bas à droite (amélioration de l'information et aptitude accrue de décision) et la solution idéale n'est qu'un cas particulier. On peut donc convenir avec Mérenne-Schoumaker (2002, *op. cit,* p. 185) que « *seuls les entrepreneurs bien informés et aptes à bien utiliser les informations peuvent choisir une localisation rentable c'est-à-dire, située dans une aire délimitée par les marges spatiales de rentabilité. Or, l'information est toujours limitée et toute recherche de données complémentaires consomme temps et argent* ».

Graphique 5 : La matrice de comportement de Pred.

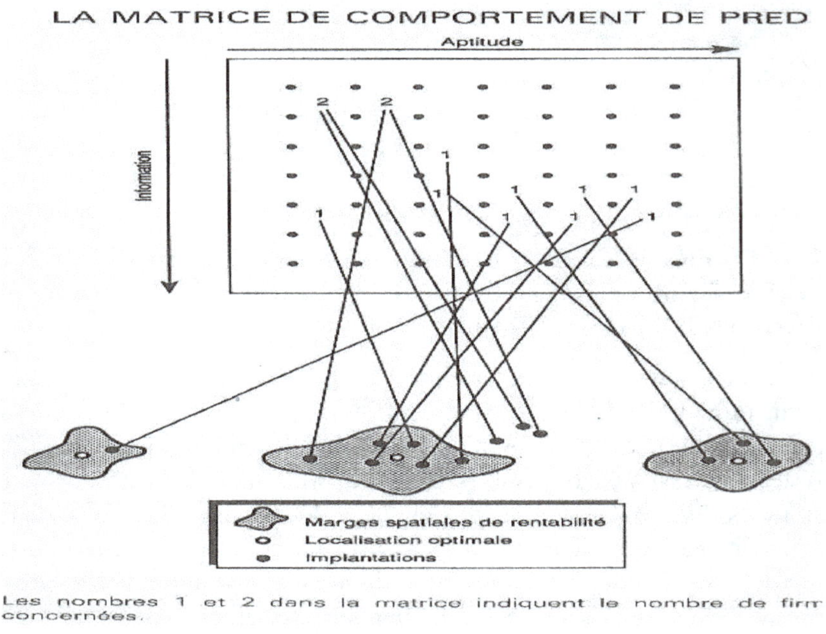

Source : B. Mérenne--Schoumaker (2002), *idem*, p. 184.

I.2- IL EXISTE UN CHOIX DE LOCALISATION SATISFAISANT

Les analyses précédentes[41] ont en effet mis l'accent sur l'existence d'une « localisation optimale » (minimisation des coûts de production, point de rupture de charge…). On peut retenir avec l'approche béhavioriste que le choix optimal n'est en fait qu'un choix *satisfaisant et acceptable,* dès le moment qu'un certain nombre de critères fixés au préalable se trouvent atteints, par exemple :

- augmenter la part du marché ;
- accroître le profit...

Car en réalité, la localisation est influencée par la dimension psychologique du décideur, ses facultés d'adaptation et ses modes de réaction aux stimuli (habitudes, adaptation, réaction, personnalité…). D'un point de vue théorique désormais donc, à « *l'homo-oeconomicus* » se substitue « *l'homo-stochasticus* » qui choisit entre des possibilités, prend des risques : d'où une démarche plus probabiliste.

On le sait également, le degré d'optimisation est lié à la fois, à l'information disponible, à l'aptitude de décision de l'entrepreneur et à ses préférences. Seuls les dirigeants informés et aptes à bien utiliser cette information peuvent choisir une localisation rentable. D'autant que, par ailleurs, l'espace est chargé symboliquement et un biais peut très bien intervenir. La perception que l'on a d'un endroit est issue des informations que l'on en reçoit. Or, celles-ci sont filtrées, classées en fonction de nos goûts et préférences, ou encore de notre vécu ou parcours propre (Bailly, 1977). Si bien qu'au total, les connaissances territoriales sont fragmentaires et les images sont souvent déformées (positives ou négatives). Dès lors, la distance n'est plus seulement kilométrique. Elle est aussi psychologique et, plus réellement, liée au vécu. Il en découle une influence déterminante des préférences personnelles de l'entrepreneur dans son choix de localisation.

I.3- LES CARACTÉRISTIQUES PROPRES À L'ENTREPRENEUR INFLUENCENT SA DÉCISION DE LOCALISATION

C'est que le choix de localisation intervient généralement dans le cas d'extension ou de transfert d'activités, avec les coûts de satisfaction exprimant des facteurs subjectifs (voisinage, tradition, syndicalisation…). Le mécanisme de décision est très complexe et les facteurs traditionnellement invoqués sont des contraintes ou des éléments de comparaison. Et ces remarques sont valables pour l'ensemble des activités économiques.

La recherche de localisation répond à des stimuli (Llyod et Dicken, 1972). Ceux-ci peuvent être internes (survie, croissance), ou externes (changement d'input ou d'output, problème de sites et de locaux, intervention des pouvoirs

[41] *Cf.* Chapitre 1, *supra.*

publics). Ordinairement, les principales contraintes que l'on rencontre sont : le manque d'espace, les problèmes de main-d'œuvre, les contraintes techniques et les problèmes de marché. L'importance de ces problèmes varie selon le type et la taille des entreprises : pour les PME, par exemple, l'espace et la main-d'œuvre sont les plus déterminants. Tandis que pour les grandes entreprises, la croissance et la rentabilité sont plus importantes. Et le choix de localisation intervenant surtout en cas de transfert et d'extension, il se fait bien souvent sur la base de critères qualitatifs que Saunier (1969), par exemple, appelle les *coûts de satisfaction* ou *d'insatisfaction* en refusant parfois des coûts plus élevés ou en refusant des coûts plus réduits.

Selon l'approche béhavioriste donc, toute recherche de la localisation répond à un ou plusieurs stimuli plus ou moins identifiés par l'entrepreneur. En règle générale, la recherche d'une localisation potentielle est précédée par la définition du projet, c'est-à-dire un relevé ou une étude des caractéristiques techniques du projet (terrain, bâtiments….). Par ailleurs, la connaissance des besoins de la future localisation est nécessaire. Car elle permet aussi de sélectionner des alternatives possibles. Le choix s'effectue d'ailleurs, très souvent, en deux temps :

- tout d'abord, on sélectionne les quelques zones favorables (pays, régions, villes…) ;

- puis, on recherche un ou plusieurs sites favorables.

Bien entendu, le processus peut aussi être plus rapide. Auquel cas le promoteur choisit directement un ou plusieurs emplacements qui lui conviennent.

II- L'APPORT DE « L'ÉCOLE » INSTITUTIONNELLE

Comme l'approche précédente, celle-ci ne fonde pas, à proprement parler, une « théorie » de la localisation. Mais le facteur remarquable dans cette analyse comportementale des entreprises réside dans la considération que la localisation des firmes peut aussi être perçue comme *un processus stratégique*. Elle présente néanmoins un caractère « restreint ». Dans la mesure même où l'approche stratégique de la localisation des entreprises qui en découle s'intéresse plus aux firmes globales et multi-établissements. De ce fait, elle ignore donc les petites entreprises.

Elle essaie, à partir des variables déductives et inductives, de comprendre les comportements comme les choix de localisation et les modalités adoptées par ces firmes pour réaliser leur croissance (création d'unités nouvelles, fusions-acquisitions, joint-ventures…), et qui sont la résultante de motivations « internes » à l'entreprise autant que celle de son organisation et de stratégies

« externes »[42]. Ces dernières peuvent être influencées tout à la fois par les concurrents et par les institutions sociales et politiques qui régulent l'économie ou l'environnement des entreprises. Vulgarisée depuis les années 80, l'approche institutionnelle est en fait traversée par de nombreux courants de recherches interdisciplinaires sur les organisations. Elle est principalement basée sur quatre nouvelles théories économiques de l'entreprise, c'est-à-dire la théorie des contrats, la théorie des coûts de transaction, la théorie évolutionniste et la théorie de la firme japonaise, mais aussi sur quelques autres travaux émanant des écoles françaises de « la régulation » (Granou et *al.*, 1979, Boyer, 1986, Boyer et Saillard, 1995 ; Lipietz,1977 et 1985, *Op. Cit* ; Lipietz et Leborgne, 2002 ; Billaudot, 2000, *op. Cit*) et des « conventions »[43] (Faverau et *alii*, 1989, *idem* ; Thévenot et al, 1989, *ibidem…*).

Il demeure toutefois important de préciser, d'abord, les principaux résultats des recherches sur l'approche stratégique des firmes, avant de décliner ensuite leurs apports en matière de localisation et qui sont d'ailleurs proposés en deux temps, à savoir le choix de localisation au sein de la grande entreprise et les rapports de force entre les firmes et les territoires.

II.1- LES RÉSULTATS MAJEURS DES RECHERCHES STRATÉGIQUES SUR L'ORGANISATION ET LA LOCALISATION DES FIRMES

Les différents travaux coordonnés par Cabin (1999, *idem,* et 2000, *idem*) offrent une synthèse des résultats des recherches interdisciplinaires entreprises sur les *organisations.* Il en découle que les divers courants ont en commun de se focaliser à la fois, sur l'influence des faits socioculturels et politiques, sur la réalité économique et, surtout, de chercher à pénétrer véritablement les organisations en vue d'en mieux comprendre le fonctionnement (**Tableau 1**).

1- L'entreprise est à la fois organisation et institution

Plus généralement, tant pour ce qui est de sa version de la « *Théorie des transactions* » (***coûts des transactions***), que celle de *la microéconomie d'une composition optimale des intérêts individuels,* l'approche institutionnelle se présente comme une analyse de la coordination et qui reste compréhensible au seul monde marchand. Pour elle, les institutions sont des rigidités dont on peut se passer en l'absence des coûts de transaction. De sorte que celles économes en

[42] Mérenne-Schoumaker (2002), *Idem*, pp. 193/202.

[43] Principalement fondée sur une réflexion portant sur la rationalité des individus qui rejette une approche strictement holiste, « l'école des Conventions » analyse les contrats passés entre individus et montre qu'ils ne peuvent se dérouler sans l'existence de conventions constitutives. Ici, les comportements des individus relèvent d'une rationalité interactive, procédurale et située. On peut aussi voir, pour une synthèse des travaux de cette « école » et celle régulationniste, B. Billaudot (2000), ou encore P. Cabin (1999 et 2000, *op. cit*).

coûts de transaction ont pour fonction de créer de l'ordre et de réduire l'incertitude.

Dans l'analyse institutionnelle, par ailleurs, l'entreprise est plus spécialement considérée à la fois, comme *une organisation* et comme *une institution.* Une *organisation* peut être entendue comme un regroupement d'acteurs qui se rassemblent sur la base de plusieurs objectifs comme la résolution de leurs problèmes productifs. Elle apparaît ainsi comme « *la mise à l'équerre* [44]» des compromis de ces acteurs en vue de la résolution de leurs problèmes de production... Ce qui implique un agencement de moyens. Et, en distinguant à la fois, les « *règles du jeu* » et les « organisations », plusieurs définitions des *institutions* ont également été proposées [45]. Ainsi, comme contraintes politiques, économiques ou sociales acceptées par l'homme, on peut les considérer à la manière de North (1991, p. 98), c'est-à-dire comme cet ensemble de *« contraintes informelles 'tabous, sanctions, coutumes, codes de comportement, traditions,....) et de règles formelles (les lois...) et qui fournissent une structure d'incitations dans une économie.... »*. Ou encore comme une série de « *contraintes qui gouvernent les relations et les comportements entre les individus* » (Nabli et Nugent, 1989).

Allant plus loin d'ailleurs la théorie néo-institutionnelle permettra, de son côté, la mise en évidence du rôle allocatif majeur des institutions (Hé Young, 1994, Essombé Edimo, 1998). Ce dernier pouvait alors se justifier par au moins trois raisons principales. Tout d'abord, parce que les institutions déterminent la dotation initiale des ressources des individus. Ensuite, parce qu'elles établissent des règles d'agrégation et de pondération des intérêts individuels et, enfin, parce qu'elles découragent et punissent sévèrement des comportements qui tendent à violer les règles. Leur évolution reste néanmoins profondément déterminée par celle des coûts de transaction. Il s'agit là d'une remarque hautement importante. Puisqu'elle permet alors de mettre en lumière au moins deux autres conséquences majeures. La première, c'est que la survie de toute institution dépendra de ses coûts de transaction. Quant à la seconde, elle apparaît irrémédiablement comme la voie induisant une étude endogène des institutions. Une voie qui sera d'ailleurs bientôt suivie par l'approche néo-institutionnelle.

---

[44] L'expression est d'A. Bagnasco (2010), « Les sociétés locales dans la nouvelle économie », in A. Bagnasco, C. Courlet et G. Navarina (2010), *Sociétés urbaines et nouvelles économie*, L'Harmattan, Paris. Selon l'auteur, mettre à l'équerre « signifie disposer des éléments parallèlement ou perpendiculairement à un même axe », (p. 21).

[45] Rappelons d'ailleurs que dans le cadre de la théorie dite « néo-institutionnelle », l'important rôle allocatif des institutions aura également été mis en évidence. Issu de ce qu'on appelle le « théorème » de R. Coase (1960), lorsque ce dernier tentait d'élucider le problème du coût social, ce rôle allocatif des institutions va en effet être mis en lumière à travers la notion très importante de « ***coût de transaction*** ». On sait ainsi, depuis, qu'une structure qui présente des coûts de transaction suffisamment bas aura également une allocation des ressources plus efficiente. De même qu'elle perdurera davantage qu'une autre.

Tableau 3 : Comparaison des quatre nouvelles théories de l'entreprise.

	Théorie des contrats (théorie des droits de propriété et théorie de l'agence)	**Théorie des coûts de transaction**	**Théorie évolutionniste**	**Théorie de la firme japonaise**
Auteurs majeurs	E. Fama et M. Jensen	R. H. COASE et O.E. WILLIAMSON	S. WINTER et R. NELSON	M. AOKI
Idées principales	- La définition des formes d'organisation dépend de la manière dont sont délimités les « droits de propriété » - Comme les intérêts des différents acteurs divergent au sein d'une organisation, des contrats sont noués entre le ou les mandants et ses « agents ». - L'entreprise devient ainsi un « nœud de contrats » passés entre des individus propriétaires de facteurs de production salariés, actionnaires et fournisseurs;	- L'entreprise est une entité de gouvernance qui cherche à réduire ses coûts de transaction (c'est-à-dire coûts du temps et de l'information supportés par les parties prenantes d'une négociation). - À cette fin, trois solutions possibles : 1°) intégrer un grand nombre de fonctions au sein d'une organisation ; 2°) laisser faire les lois du marché ; 3°) développer des formes intermédiaires (ex : sous-traitance, partenariat …) consacrées par des relations contractuelles.	-La préoccupation principale de l'entreprise est de survivre. - Son évolution est largement liée à ses facultés d'adaptation au milieu et d'apprentissage en termes organisationnels et technologiques, c'est-à-dire aux compétences qu'elle est capable de développer.	- L'entreprise japonaise se différencie de l'entreprise américaine principalement par la structure des échanges d'information. - Une structure souple et horizontale de l'information est plus efficace et mieux adaptée au monde contemporain qu'une structure hiérarchique et autoritaire. - Cette efficacité découle des mécanismes d'incitation touchant tout autant les relations salariés-direction que les relations entre ménagers, actionnaires et banquiers.

Source : Compilé à partir de P. Cabin (1999 et 2000, *op. cit*).

Celle-ci considère en effet que dans l'analyse néoclassique standard[46], et pour peu qu'elles soient approchées, les institutions sont présentées comme un environnement passif, voire une donnée exogène. Or, dans la mesure où l'existence des coûts de transaction amène les agents économiques à choisir librement (et suivant les circonstances) entre différents types d'institutions (le marché, l'Etat...), ceci inaugure indiscutablement aussi un nouveau champ de réflexion pour la science économique, à savoir *l'étude des institutions telles qu'en elles-mêmes*. À cet égard, R. Coase (1960, *op. Cit.*), par exemple, montrera que l'institution peut être analysée comme un produit quelconque (avec l'évolution de son marché, son prix...), ou encore la combinaison optimale des facteurs, leur rentabilité... De plus, les institutions se font concurrence. Et celles qui subsistent sont aussi celles qui répondent le mieux à l'évolution des marchés. Toutes ces évolutions n'étant, en fin de compte, que le résultat d'une recherche permanente des coûts de transaction qui soient les plus compétitifs

[46] Et dont on sait qu'elle ignore les institutions.

possible [47]. On retrouve donc ici aussi, cette transposition à la science économique de l'interprétation toute particulière du rapport entre l'individu et l'environnement. Comme ce fut le cas, jadis, avec Smith ou Hayek, en passant par Walras ou Friedman. L'on se retrouve bien également ici en présence des vertus économiques de la sélection par le marché. Même si, au demeurant, ces vertus empruntent à la biologie son caractère normatif et finaliste : *le jeu de la concurrence sélectionne en priorité l'efficience* (Essombè Edimo, 2007a, *Idem*). On peut d'ailleurs comprendre que Bardham (1989), notamment, ait pu reprocher à la théorie néo-institutionnelle son caractère darwinien et dont, dans un autre domaine, Monod (1970) fait l'éloge à travers l'évolution qui trie, parmi une multitude de formes fournies par le hasard, celles qui doivent rester dans le « projet » du vivant.

Par rapport à la firme néanmoins, il découle de l'analyse institutionnelle une double approche de l'entreprise qui va également permettre aux auteurs d'en mieux cerner la double réalité, à savoir d'une part, que la firme est un système complexe et qui dispose d'un système spécifique de fonctionnement. Lequel est, d'autre part, largement en liaison étroite avec le contexte politique et social dans lequel la firme se meut. Ce qui, par la même occasion, met en lumière les relations indiscutables qui existent entre l'industrie et l'espace géographique.

Là encore, observe Marenne-Schoumaker (2002, *idem*, pp. 195/200), afin de comprendre le fonctionnement de l'entreprise qui influence ses choix, et notamment ses choix spatiaux, deux aspects sont étudiés. Il s'agit de *la prise de décision* et de *la cohérence interne de l'organisation.* Ainsi, la prise de décision est liée aux modalités par lesquelles s'effectuent les compromis entre protagonistes[48]. Alors que, pour sa part, la cohérence interne de l'organisation peut reposer sur des rapports d'autorité, sur des compromis ou accords[49] et sur des procédures spécifiques d'incitation dirigées vers l'individu ou le groupe qui peuvent prendre des formes monétaires (primes), se fonder sur le prestige, l'offre de formation qualifiante, de responsabilités, etc. On sait par exemple que dans une entreprise, la convergence des motivations de tous les salariés peut provenir de l'adhésion de tous à une « *culture d'organisation* » ou d'entreprise dans laquelle on fait jouer indifféremment « *les mythes fondateurs (histoire de*

---

[47] Même si, l'on doit également le reconnaître, plusieurs critiques ont aussi été émises à l'encontre de l'économie néo-institutionnelle. Ce qui n'a pas pour autant altéré son caractère novateur en ce qui concerne la place et le rôle que cette théorie accorde aux institutions dans le processus de développement. Ces critiques ont, pour la plupart, porté à la fois sur la méthodologie individualiste de cette analyse et, sur sa tentative d'endogénéiser les institutions. On peut se référer, notamment, à Hayami Y. et Ruttan V.W. (1984), ou encore à Essombè Edimo (1998, *op. cit*).

[48] On distingue la prise de décision associée à des compétences et des pouvoirs de contrainte et de commandement (typique d'une structure hiérarchique), la prise de décision par vote majoritaire et la prise de décision résultant de négociations.

[49] *Cf.* Travaux de l'école des conventions, *infra.*

l'organisation), les rites ou évènements programmés (nomination, remises de médailles...), et les symboles (slogans, logo, drapeau...)...»[50].

Il faut dire que la pensée de Coase a profondément influencé l'analyse moderne de l'entreprise[51]. Les adaptations proposées ensuite par Williamson (1994), permettront d'ailleurs de définir la nature de ces coûts de transaction[52]. Au-delà des coûts directs (la négociation des échanges par exemple), cette notion de coûts englobe tous les facteurs qui limitent les parties dans leur capacité d'améliorer l'efficacité des échanges. Une des sources d'inefficacité mises en avant par Herbert Simon (1976) provient des limites aux capacités cognitives des individus, la rationalité limitée des acteurs. Une deuxième limitation provient de ce que Williamson appelle *l'opportunisme* de ces mêmes acteurs. De sorte qu'une entreprise est une organisation mettant en présence des individus aux intérêts multiples et parfois contradictoires. Les objectifs des cadres dirigeants, des propriétaires et des employés sont différents. Dans un tel contexte, les divers acteurs ne sont enclins à révéler l'information dont ils disposent et à agir dans le sens de l'intérêt général que si cela sert leur objectif propre. La bonne marche de la coopération nécessite donc la mise en place de mécanismes visant à limiter les comportements opportunistes, c'est-à-dire à fournir de bonnes incitations.

De même, le fonctionnement de l'entreprise dépend également de sa forme organisationnelle. Pour les grandes firmes, on note ainsi la structure par fonction, la structure par produit et celle par région. À ces trois formes, on peut ajouter la structure hiérarchique (actuellement en recul pour des raisons diverses) et des formes nouvelles comme *l'adhocratie* ou organisation innovatrice[53]. Par rapport aux petites entreprises, les grandes firmes analysées par l'approche organisationnelle se distinguent également en matière de

[50] Mérenne-Schoumaker (2002) : *op. cit.* p. 197.

[51] L'auteur obtiendra d'ailleurs le prix Nobel d'Economie en 1991, "pour la découverte et la clarification du rôle des coûts de transaction et des droits de propriété dans la structure institutionnelle et le fonctionnement de l'économie". Une distinction qui vint couronner une démarche scientifique débutée en 1937 avec la rédaction de "The Nature of The Firm" (1937, réédité en 1993), où il utilise l'expression de "cost of using the price mechanism" ("coût d'utilisation du mécanisme des prix"), et "marketing costs" (1993, p. 29 ; traduit "hâtivement", en 1987, p.155, par "les coûts de transaction du marché"). Ce n'est qu'en 1960, que Coase emploie pour la première fois l'expression consacrée de "coûts de transaction", dans son article "The Problem of Social Cost".

[52] Oliver E. Williamson va en effet approfondir l'économie des transactions de Coase dans deux directions précises : tout d'abord, en rendant opérationnelle cette notion de coût de transaction (en fonction de ces divers types de coûts, et des caractéristiques de la transaction : spécificité des actifs, incertitude, fréquence) et, ensuite, en étudiant la répartition des transactions entre le marché et la hiérarchie selon les éléments comportementaux (rationalité limitée et opportunisme).

[53] Et que H. Mintzberg (1982) qualifie de structure fluide où la coordination s'opère par ajustement mutuel au moyen de communication informelle (règles *ad hoc* en fonction des questions à résoudre).

localisation à la fois, par leur pouvoir (eu égard au monde politique et social et, même, par rapport au territoire d'implantation) et par leur aptitude à développer une stratégie. L'objectif principal du choix de la localisation étant ici l'augmentation de la croissance, la sécurité et l'accroissement du profit de la firme, il en découle qu'abordée selon l'approche stratégique, la localisation est d'abord un des choix opérés par les (grandes) entreprises pour se développer. Et ces choix sont à rapporter aux modes de fonctionnement des firmes. Lesquelles doivent être essentiellement considérées à la fois, comme des institutions et des organisations[54].

Un peu à la manière de Hayek en son temps avec son rejet du constructivisme et du holisme, l'approche institutionnelle, comme d'ailleurs celle néo-institutionnelle, peut également à peu de choses près se retrouver dans les théories de *l'auto-organisation* et dans lesquelles, de façon générale, l'on considère que les systèmes stables (comme les institutions) qui apparaissent dans l'histoire économique et sociale (c'est-à-dire, *les ordres sociaux*) sont *auto-organisés*. L'auto-organisation n'est d'ailleurs pas un concept unique (Essombé Edimo, 2007a, *ibidem*). Elle est production de sens par interaction entre le code et le contexte[55]. Elle est émergence de l'entité autonome par clôture opérationnelle[56], et récupération de choc (intérieur et extérieur) aléatoire comme facteur d'organisation, selon les principes d'ordre par le bruit[57], d'ordre par fluctuation et de complexité par le bruit[58].

2- Le processus stratégique de localisation ou les rapports de force entre firmes et territoires

Comme le note Pecqueur (2007) : « *Dans le monde actuel, ce qui est bon pour la firme ne l'est plus forcément pour le territoire et réciproquement. Les territoires s'autonomisent par rapport au diktat de l'implantation des entreprises. Cette dichotomie entre les entreprises et le territoire constitue clairement une nouveauté et ouvre des perspectives aux politiques locales de*

---

[54] Pour les autres apports de cet important courant de pensée, on peut encore se référer à Mérenne-Schouamker (2002, *op. cit.*, p. 199), notamment, pour les critères qui guident le choix de localisation au sein d'une grande entreprise. Pour notre part, nous avons choisi de privilégier ici les rapports de force dans le processus stratégique de localisation entre les firmes et les territoires.
[55] Expression empruntée à H. Atlan (1979), *Entre le cristal et la fumée*, Ed. Du Seuil, Paris, *op. cit.*
[56] F. Varela (1979), *Principles of biological autonomy*, New York, Oxford., voir aussi Y. Barel (1979), *Le paradoxe et le système*, Presses Universitaires de Grenoble.
[57] H. Von Foster (1974), « Notes pour une épistémologie des objets vivants », in E. Morin et M. Piatelli-Palmarini (1974), *L'unité l'homme*, Ed. Du Seuil, Paris.
[58] H. Atlan (1979), *op. cit.,* mais aussi J.P. Dupuy (1982), *Ordres et désordres : enquête sur un nouveau paradigme*, Ed. Du Seuil, Paris. Ajoutons, enfin, que cette réflexion sur la rationalité des individus qui rejette une approche strictement holiste, va également être à l'origine de ce qu'on appelle « l'Ecole des Conventions » (On peut voir à ce sujet : O. Favereau et *allii*, 1989, *op. cit.*). Analysant les contrats passés entre individus, ces auteurs montrent qu'ils ne peuvent se dérouler sans l'existence de conventions constitutives.

développement territorial. Un rôle nouveau échoit aux collectivités territoriales, mais aussi aux nouveaux acteurs des territoires. De ce point de vue, la gestion de la globalisation laisse ouvertes les formes modernes de gouvernance qui présideront aux mutations à venir »[59].

Plusieurs travaux ont, en outre, montré l'influence majeure du contexte politique et économique sur les choix de localisation des firmes. L'un d'eux est, sans conteste, celui de P. Dicken (1998) qui a mis en relation des modes opératoires des firmes (investissements directs, alliances stratégiques, recherche de sous-traitants…) et les caractéristiques spécifiques des contextes qui ont influencé leur choix. Mais en réalité, on remarque que l'approche institutionnelle ne s'arrête pas à la mesure des influences : elle s'intéresse également aux rapports de force entre les firmes et les territoires d'accueil, partant du principe que le choix de localisation n'est pas seulement la résultante d'un processus rationnel et logique, et qu'il est aussi le résultat de discussions, de marchandages, voire de compromis avec les institutions des pays ou des régions d'implantation.

Trois principales composantes affectent les rapports de force entre les firmes et les États, c'est-à-dire la demande relative de chaque organisation en termes de ressources que l'autre contrôle, les contraintes rencontrées par chaque organisation qui affectent leur pouvoir dans l'échange et leur habilité à négocier. Si la puissance des firmes reste liée à certains facteurs caractérisant leur production et leur mode d'organisation, tout en demeurant cependant réduite par les autres compétiteurs et l'importance relative du pays comme marché ou ressource, la puissance des gouvernements des pays d'accueil dépend pour sa part de leurs ressources. Celle-ci reste toutefois aussi contrainte par des facteurs comme le haut degré de concentration de l'industrie locale, la compétition avec les régions rivales, le degré de dépendance de l'économie aux IDE et les problèmes financiers et politiques auxquels font face ces mêmes pays. De sorte qu'*in fine*, les rapports de force dépendent de la capacité de chacun à négocier. Une aptitude qui avantage les firmes, en raison de leur expérience passée. De même, comme le note encore Mérenne-Schoumaker (2002, *op. cit*), ces rapports de force se retrouvent également entre les firmes et d'autres acteurs, notamment les mandataires politiques régionaux ou locaux, les responsables d'institutions de développement, les centrales syndicales, des opérateurs publics en formation. Et ces rapports aboutissent à l'obtention d'avantages complémentaires en même temps qu'ils influencent les relations au niveau national et régional.

Au total, selon l'approche organisationnelle, la localisation d'une firme va donc dépendre de facteurs aussi bien économiques (calculs de rentabilité…) que

[59] B. Pecqueur (2007), « Des pôles de croissance aux pôles de compétitivité : un nouveau partage des ressources cognitives », dans *Revue Réalités Industrielles*, mai, p. 43.

de diverses autres variables comme les informations dont disposent les décideurs ou le staff de la firme, la représentation imagée que ces derniers se font de leur entreprise, de l'existence de la concurrence ou non et, enfin, des territoires pour lesquels il est envisagé une décision d'implantation. Il reste, somme toute, que la localisation (son choix, comme sa décision) demeure une fonction largement influencée par l'organisation.

Chapitre 3

LA LOCALISATION DES ACTIVITÉS SELON L'ÉCONOMIE GÉOGRAPHIQUE

Nous l'avons souligné précédemment, ce qui avait véritablement fait office de « théorie générale de la localisation » est en réalité issu de ce que nous appelons « l'économie spatiale [60]» (ou analyse classique). Celle-ci était plus spécifiquement caractérisée par son déni de l'espace. Hantée qu'elle était alors de rechercher, avant tout, un équilibre général spatial. Or, la géographie humaine, régionale, économique, ou écologique, considère au contraire que l'espace est une dimension matérielle des rapports sociaux. C'est l'activité humaine, ou encore les rapports humains de toute nature, qui constituent même la substance de l'espace, un peu comme dans la littérature einsteinienne où l'espace n'existe que comme champ de force, comme variation de potentiel, structuré par son contenu de matière et d'énergie. L'espace régional est tissé par des rapports sociaux passés, il est remodelé par les multiples initiatives des acteurs (les administrations, les entreprises…) qui cherchent à « tirer parti » d'un espace humain « toujours déjà donné », mais, ce faisant, transforment cet espace et modifient le champ des forces.

C'est cette absence d'aspects territoriaux dans l'analyse classique qui implique, disions-nous, une non-prise en compte des spécificités territoriales dans le développement, et pourrait justifier notamment l'homogénéité des effets du transport dans le développement postulé dans les différentes théories. De ce fait, l'analyse des effets du transport se résume en l'étude directe du lien transport/développement, obscurcissant de ce fait le rôle de l'espace. Dans ce contexte, le transport est érigé en « porte d'entrée » du développement. Et ses effets sont postulés d'avance et sont quasi automatiques et positifs.

Tels que ces modèles ont été conçus, ils ne peuvent rendre compte des agglomérations, phénomène caractéristique des économies modernes. On le sait, par ailleurs, depuis les années 80 et l'essoufflement du modèle fordiste, de nombreux bouleversements spatiaux caractérisent le monde actuel, notamment avec les retournements spatiaux infranationaux, puis la création de nouvelles centralités en dehors de celles existant précédemment. Et ces bouleversements ne peuvent trouver une explication crédible dans les thèses traditionnelles (Essombè Edimo, 2007a, *op. cit*). L'Économie géographique [61] est cette

[60] *Cf.* Chapitre I, *Supra.*
[61] Ou « Nouvelle Economie Géographique ». Nous emploierons également le sigle NEG pour désigner la même chose.

démarche de la science économique vulgarisée par Paul Krugman (1991, 1998a et 1998b), prix Nobel d'économie en 2008. Sous son impulsion, la NEG va marquer une rupture notoire avec l'économie spatiale traditionnelle. Elle se construit et se développe dans le cadre de la concurrence imparfaite, notamment monopolistique, et les rendements croissants. Elle explique les phénomènes d'agglomération caractéristiques des économies modernes, s'appuyant sur le concept de « *causalité circulaire* » pour montrer comment, par un processus cumulatif, certaines régions « centres » constituent le choix privilégié des firmes en délaissant d'autres régions dites « périphériques ».

En fait, on sait depuis Hotelling qu'en matière de concentration, la concurrence pour la clientèle est une force centripète qui pousse les firmes à se concentrer. Néanmoins, celle-ci est loin d'être le seul facteur d'agglomération des activités économiques. Les toutes premières études portant sur la concentration des activités économiques remontent aux travaux de Marshall (1890, *op.cit),* qui avaient pour objet l'explication de la concentration industrielle dans certaines localités présentant des caractéristiques particulières et qu'il désignait par le terme « d'industrie localisée »[62]. Ses travaux ont permis de mettre en évidence les raisons de la concentration d'entreprises industrielles qui est, d'après l'auteur, la conséquence de l'existence d'externalités dont peuvent bénéficier des entreprises situées dans des espaces précis, et qu'il qualifie de « *districts industriels* ». Ceci deviendra par la suite l'une des hypothèses fortes du modèle de Krugman et dont, de ce point de vue, les travaux effectués dans le cadre de la NEG[63] représenteront le prolongement de ceux de Marshall. Toutefois, l'économie urbaine a également traité de la concentration des activités. Et cette dernière recherchera, en plus des raisons de l'agglomération des entreprises, la manière dont l'espace est réparti pour des besoins résidentiels. Ses théoriciens élaboreront alors plusieurs modèles de localisation résidentielle parmi lesquels celui d'Alonso (1964), et dans lequel sont proposées les modalités de répartition des activités économiques autour d'un centre urbain qualifié de « *Central Business District* » (ou CBD).

Mais, pour mieux appréhender l'entièreté de toutes ces analyses, il convient d'expliquer au préalable l'objectif des théories de la localisation, et de proposer un bref rappel des fondements des modèles dits de la concurrence spatiale.

I- COMPRENDRE LES THÉORIES DE LA LOCALISATION

Le but général des théories de la localisation des activités est d'une part, d'expliquer *pourquoi* certaines activités économiques se localisent à certains

62 Le terme « industrie localisée » apparaît dans A. Marshall, *Principes d'économie politique* (1890), traduction française 1906 : livres I et II.
63 Nouvelle économie géographique.

endroits particuliers et, d'autre part, *d'analyser le résultat* obtenu de la sommation des décisions individuelles de localisation.

Il s'agit alors de fournir des réponses reliées aux comportements rationnels des consommateurs et des producteurs qui cherchent à maximiser, respectivement, leur utilité et leur profit face aux différentes questions suivantes :

1- Pourquoi y a-t-il des forces qui poussent à l'agglomération ou à la dispersion des activités économiques ?

2- Pourquoi y a-t-il des regroupements composés d'agents différents ?

3- Ou encore, pourquoi les régions (ou des villes) se spécialisent-elles dans des activités différentes ?

Compte tenu des préoccupations légitimes diverses (la gestion des espaces nationaux, celle de l'équilibre géographique des territoires et des revenus, ou encore d'efficacité de la production, voire de l'aménagement du territoire…), le moins que l'on puisse dire c'est qu'il n'existe pas de modèle universel permettant de s'appuyer sur une « loi des processus de localisation ». Cependant, l'on distingue bien des approches théoriques dont le dénominateur commun est la remise en cause des hypothèses qui, jadis, basaient la localisation des activités sur le modèle de la concurrence pure et parfaite. Comme ce fut le cas avec ce que nous appelions précédemment « l'Economie Spatiale [64]». *Quelles sont donc ces approches différenciées ?*

II- LES MODÈLES DE LA CONCURRENCE SPATIALE

En vérité, ceux-ci sont issus de la généralisation de l'analyse de Hotelling (1939, *idem*). On y distingue les « modèles de la concurrence spatiale » selon la nature des prix des produits, c'est-à-dire les modèles de « shopping » et de « livraison ». Mais, au demeurant, il faut aussi analyser au préalable le cas des modèles de l'Economie urbaine.

II.1- LE MODÈLE DE L'ÉCONOMIE URBAINE D'ALONSO

On doit véritablement la naissance de l'économie urbaine aux travaux de Wingo (1961), Alonso (1964) et Muth (1961 et 1969). Mais, comme nous l'avons vu précédemment, ces modèles trouvent plutôt leurs origines dans les analyses, jadis, proposées par V. Thünen (1826, *idem*) sur l'occupation du sol, avant de constituer par la suite la base de la Nouvelle économie urbaine (NEU)[65]. Les analyses qui en sont issues constitueront d'ailleurs par la suite les modèles standards de l'économie urbaine.

---

[64] *Cf.* Chapitre II *infra.*
[65] *Cf.* Chapitre 1, *supra.*

Alonso a ceci de particulier qu'il sera pratiquement le seul à tenter (à l'époque) une approche générale d'affectation du sol. Il le fit par le truchement d'une transposition du système de Von Thünen à la localisation résidentielle et à celle des firmes urbaines. Selon l'auteur, la rente d'enchère est ce qu'un individu accepte de payer au maximum en chaque lieu. C'est le coût qu'il supporte pour se localiser dans un espace donné. C'est d'ailleurs ce qui détermine l'utilisation du sol. Dans le cadre de cette analyse la ville, par exemple, est organisée autour d'un centre qui peut évoluer vers d'autres lieux, ou alors, éclater et donner naissance à plusieurs polarisations qui rendent complexe le schéma classique sur l'accessibilité mono centrale. Elle sera donc construite de la manière suivante : dans les grands centres, on retrouve une mixité bureaux-commerces. Tandis qu'en annexe, on aura une mixité commerce-résidence.

De manière plus exacte, il faut dire que le modèle mono centrique, et qui constitue généralement le centre de l'analyse intra-urbaine, est en effet le résultat d'une transposition du modèle de V. Thünen (1826, *op. cit*) à l'espace urbain. Transposition qui aura été élaborée par Alonso (1964, *op. cit*). Même si, il faut le reconnaître également, l'on doit en réalité l'introduction de ce type de modèle à Muth (1961). Toujours est-il qu'avec ce modèle donc, la ville représente une plaine homogène dans laquelle tous les emplois sont situés au centre. Ce dernier est lui-même considéré comme le centre des affaires (ou « *Central Busines District* »). La ville est absente de toute construction, et l'accessibilité au centre représente le principal déterminant de l'affectation intra-urbaine du sol : c'est *le principe de centralité.* Mais, ce modèle suggère également que chaque agent répartit son revenu entre un bien composite, le sol de résidence et le transport vers le centre. Chaque ménage y cherchera alors une localisation optimale en maximisant son utilité sous contrainte (Baudelle et Ducom, 2009).

Alonso va d'ailleurs proposer le concept de « *rente d'enchère* », et qui correspond au prix du sol unitaire maximum qu'un agent est prêt à payer pour occuper chaque parcelle de la ville. L'auteur montre que ce dernier décroît au fur et à mesure que l'on s'éloigne du centre des affaires. Le modèle obtenu, *in fine,* montre une ville construite autour d'un centre organisé de telle manière que les agents qui possèdent le pouvoir d'achat le plus élevé se localisent autour du centre. C'est, par exemple, le cas des administrations, des commerces, des sociétés d'assurance, car leur localisation les uns à proximité des autres facilite des flux de communications entre elles et génère des externalités spatiales qui incitent d'autres entreprises désireuses d'en bénéficier à se localiser autour du centre. Une fois que les entreprises se sont ainsi concentrées, le souci de proximité du lieu de service va également amener les ménages à se regrouper autour de celles-ci. Tout ceci générant alors une répartition concentrique autour du centre. Mais, selon Alonso, seuls les ménages les plus nantis pourront bénéficier d'une localisation dans le CBD. Les moins nantis n'auront, quant à eux, que des localisations plus éloignées.

On le voit, la rente et la densité urbaine sont à l'origine de la théorie des localisations intra-urbaines. On se déplace au centre pour travailler ou pour vendre (ou acheter) des biens et des services à moindre coût. Centralité, besoin d'espace, et rente spatiale sont de ce fait des facteurs centraux. Au centre, on a le tertiaire supérieur, seul capable de payer le loyer à des prix élevés. Et, plus loin, on a une zone de transition et de contrat avec l'habitat aisé, l'habitat moyen, l'industrie et l'habitat pauvre. Pour ainsi dire, Alonso montre que l'occupation de l'espace urbain ne relève pas du hasard, et qu'elle est ordonnée et fonction de quatre paramètres majeurs, à savoir le besoin d'espace, les charges supportées, le besoin de centralité et le rayon d'influence. Par exemple, plus le besoin d'espace est grand, plus le site est périphérique pour minimiser les charges foncières : c'est le cas des industries lourdes et des équipements socio-collectifs.

La localisation urbaine reste fondamentalement fonction du revenu. Si le revenu augmente, les besoins en foncier augmentent également. Le seul jeu de la compétitivité introduit une dynamique de relocalisation urbaine, déplaçant ainsi les acteurs du centre vers les zones périphériques. Il en découle que c'est bien le marché du foncier qui détermine l'occupation spatiale. En somme, les analyses d'Alonso présentent un modèle selon lequel la ville est construite autour d'un centre et organisée de manière à ce que les acteurs ayant un pouvoir d'achat élevé se localisent autour du centre (tertiaire supérieur). Ce qui est le cas pour les administrations et le commerce. Ensuite, l'on retrouve des logements aisés, puis les logements moyens, les usines et, enfin, les logements modestes (**Graphique 5**). Autrement dit, les riches sont proches du centre et les pauvres se localisent en périphérie. Néanmoins, le modèle d'Alonso va aboutir à une juxtaposition de modèles partiels. Le plus connu d'entre eux est celui de l'équilibre spatial du consommateur et qui est vulgarisé sous l'appellation de « ***modèle de localisation résidentielle*** ».

Dans la définition des choix de localisation, l'auteur se servira plus généralement d'un outil précis, à savoir la distance au centre [66] de l'agglomération. Tout en faisant, par ailleurs, l'hypothèse que tous les emplois sont au centre. De sorte que plus la localisation est proche du centre, plus le prix du foncier est élevé, cependant que les déplacements seront minimisés. Il découle du « modèle » d'Alonso que les entreprises cherchent à maximiser leur profit tout comme, de leur côté, les ménages cherchent à maximiser leur satisfaction sous contrainte budgétaire. Plus on s'éloigne du centre-ville, et plus les coûts de transport s'accroissent et le prix du terrain s'avère faible. Ménages et entreprises rechercheront donc le meilleur compromis entre ces deux

---

[66] Rappel : c'est-à-dire, *Central Business District* (ou CBD).

dépenses. Les modifications dans les infrastructures de transports peuvent néanmoins avoir un impact sur le coût de transport. Puisqu'en effet, une meilleure accessibilité peut se traduire par une diminution du coût de transport.

Graphique 6 : Structure de l'espace urbain et prix du sol selon Alonso.

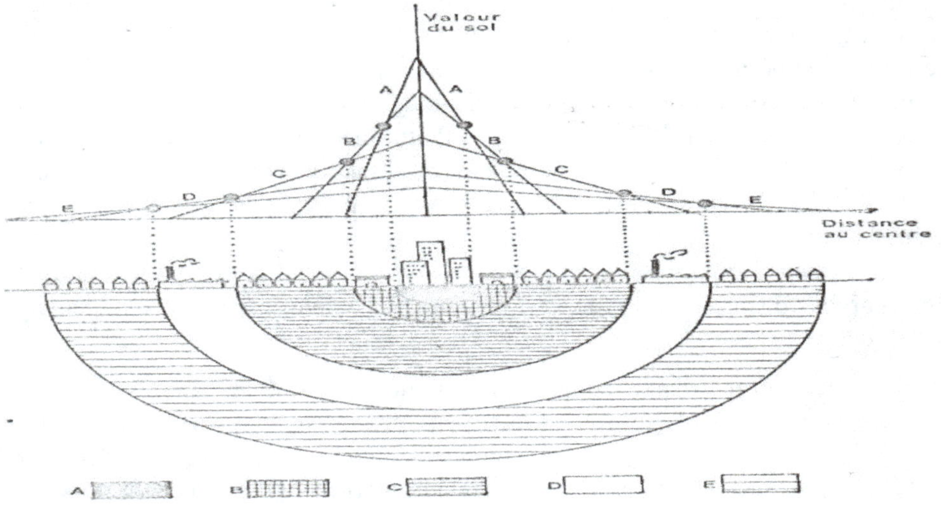

Légende : À : Tertiaire supérieur, administration et commerce. B : Logements aisés. C : Logements moyens. D : Usines. E : Logements modestes.

Source : P. Claval (1981).

Cependant, si l'approche théorique d'Alonso a été appliquée et validée, en particulier sur les localisations de l'habitat résidentiel, pour ce qui est des localisations des activités, par contre, elle sera confrontée à un certain nombre de difficultés liées à la détermination du prix. Comme le rappelle encore le L.E.T. (2008, p. 13, *op. cit*), on sait ainsi que :

1- Le prix de la localisation n'est qu'un élément d'un coût global de la localisation ;

2- Une autre limite du modèle d'Alonso vient de l'hypothèse de la localisation des emplois au centre ;

3- Enfin, plus récemment, l'économie géographique a tenté de relâcher certaines hypothèses du modèle standard de l'économie urbaine, jugées trop fortes et restrictives.

III- LES MODÈLES DE L'ÉCONOMIE GÉOGRAPHIQUE

L'économie géographique a pour objectif, disions-nous, d'apporter une réponse à la question suivante : « *qui (ou quoi) se localise où* » ? « *Qui* » (ou « *quoi* ») fait référence aux agents économiques (ou équipements) tels qu'entreprises ou ménages (ou les infrastructures publiques). Pour sa part, le « *Où* » fait référence à des zones géographiques variées allant de la ville au marché regroupant plusieurs pays, en passant par les collectivités territoriales et les régions. L'on convient alors avec Fujita et Thisse (1997, *op. cit*) que l'objectif est donc d'expliquer pourquoi certaines activités économiques choisissent de se localiser dans des endroits particuliers, ainsi que l'impact que ces multiples décisions ont sur l'organisation territoriale de l'économie. Autrement dit également, il s'agit de mettre en évidence les principaux facteurs ou mécanismes permettant d'expliquer les phénomènes d'agglomération spatiale des activités économiques.

À partir de là, plusieurs modèles ont été développés[67] pour répondre à différentes questions *(par exemple, « pourquoi existe-t-il des forces poussant à l'agglomération ou à la dispersion des activités économiques ? Pourquoi observe-t-on des regroupements constitués d'agents différents ? Et pourquoi les régions et les villes se spécialisent-elles dans des activités différentes ? »),* mais également pour dépasser les limites des modèles d'économie standard urbaine (notamment les hypothèses de rendements d'échelle non croissants, une homogénéité des acteurs économiques et de l'espace productif, les externalités et la concurrence spatiale). Les modèles proposés par l'économie géographique impulsée par Krugman se différencient par leurs principes dominants qui sont : concurrence monopolistique, rendements croissants, externalités et économies d'agglomération.

1- Les économies d'agglomération

Toutes les configurations spatiales d'activités économiques peuvent en effet être vues comme le résultat d'un processus impliquant deux types de forces opposées, *les forces d'agglomération* (ou forces centripètes) et *les forces de dispersion* (ou forces centrifuges). Une force centripète majeure réside dans les externalités qui apparaissent dans le système productif. La concentration géographique des activités économiques en certains lieux donne naissance à un effet « boule de neige »[68].

De plus en plus de producteurs veulent se localiser au même endroit en raison des facteurs multiples qui permettent une spécialisation plus poussée du processus de production. De même, l'installation de nouvelles entreprises incite de nouveaux travailleurs à émigrer. Car alors ils espèrent trouver un emploi leur convenant mieux avec un salaire supposé plus élevé. Et plus généralement, observe C. Courlet (2007, *idem*), ces externalités dites « marshalliennes »

---

[67]Dans le présent ouvrage, nous nous attacherons plus au modèle de localisation avec externalités. Car c'est celui qui a été le plus développé dans la théorie et les externalités sont une force centripète (ou force d'agglomération) majeure.

[68] Lecoq (1995) cité dans Fujita et Thisse (1997, *idem*).

(Marshall 1890, *op. cit*) trouvent leur origine dans quatre principaux facteurs qui sont :

- la production de masse (elles sont alors similaires aux économies d'échelle) ;

- la formation de la main-d'œuvre hautement qualifiée provenant de l'accumulation du capital humain et de la communication directe ;

- une plus grande disponibilité d'inputs spécialisés, et

- l'existence d'infrastructures modernes.

Comme nous l'avons vu précédemment d'ailleurs, Edgar M. Hoover (1937, *idem*) en se fondant sur des travaux de Weber (1909, *op. cit*) avait initié une classification des économies d'agglomération[69]. La typologie ainsi proposée est aujourd'hui devenue standard en économie de la localisation. On y distingue ainsi :

1. Les ***économies d'échelle*** existant à l'intérieur de l'entreprise, et dépendant du volume de production de celle-ci ;

2. **Les *économies de localisation*** *:* qui sont associées aux entreprises appartenant au même secteur et implantées au même endroit. Elles dépendent de la taille de l'output de l'industrie en ce lieu;

3. **Les *économies d'urbanisation :*** qui, elles, sont associées à la proximité de tous les producteurs installés à un même lieu. Elles dépendent du niveau général d'activité en ce lieu.

Si les économies de localisation correspondent aux externalités dites marshalliennes de type 2, les économies d'urbanisation renvoient, quant à elles, aux externalités des types 3 et 4. Puisqu'elles dépendent de la présence d'équipements collectifs et de la taille de l'agglomération. D'ailleurs, les économies de localisation expliquent pour une large part la croissance et le succès des « *districts industriels* », c'est-à-dire des sites qui accueillent un nombre important de firmes de petite taille, produisant des biens similaires et qui tirent profit de l'accumulation localisée de compétences associées aux travailleurs résidant en ces lieux. Et cette forme d'organisation industrielle sur la base d'une colocalisation de petites entreprises fonctionne de manière efficace, et prospère à côté de la production à grande échelle. Elle a donné lieu à des versions modernes aujourd'hui appréhendées sous des appellations diverses en tenant compte des caractéristiques intrinsèquement présentées : *Systèmes productifs localisés (SPL), systèmes agro-industriels localisés (SYAL), technopoles, technopôles, agglomérations polyvalentes, agglomérations spécialisées, pôles de compétitivité, clusters...* En effet, certains districts

[69] *Cf.* Chapitre I, *infra.*

industriels se sont spécialisés dans les secteurs de haute technologie. Alors que d'autres se sont orientés vers des productions plus traditionnelles, intensives en travail (Fujita et Thisse, 2003 ; C. Courlet, 2007, *op. cit*, et 2008).

2- Les modèles de shopping

Ces derniers se caractérisent essentiellement par le fait qu'ici, ce sont les consommateurs qui supportent les coûts de transport en se déplaçant vers l'entreprise productrice du bien qu'ils désirent acquérir. Depuis Hotelling (1929, *op. cit*) en effet, l'on admet que la concurrence pour la clientèle constitue une force centripète qui pousse les vendeurs à se concentrer. Le principe connu de cette analyse (en Économie industrielle et en Économie spatiale) est celui du « *principe de différenciation minimale* ». Celui-ci a d'ailleurs été à l'origine de nombreuses controverses sur l'inefficacité de la libre circulation (des facteurs ou des biens) ou de la concurrence. Puisqu'il suggère l'idée selon laquelle les consommateurs sont confrontés à des producteurs identiques du point de vue de leur localisation. Selon ce principe, deux entreprises cherchant à maximiser leur clientèle choisiront de s'implanter au centre du marché et minimisent ainsi leur différenciation spatiale et ce, quelle que soit la forme des coûts de transport lorsque les prix sont fixés.

Or, tout se complique dès lors que l'on introduit, précisément, le prix. On se doute bien, se faisant, que ce principe a fait l'objet de nombreuses critiques. Et la principale tient au fait que tous ces modèles supposent un bien parfaitement homogène. Alors que la réalité montre que les agglomérations d'entreprises sont, le plus souvent, composées de firmes ou de commerçants produisant ou vendant des biens parfaitement différenciés[70].

3- Les modèles de livraison

Contrairement au modèle précédent, ce sont les entreprises qui assument les coûts de transport qui, par conséquent, devient une variable de leur processus de production.

Les modèles de livraison trouvent leur origine dans les analyses de discrimination spatiale par les prix dans un environnement oligopolistique. Dans ce cas, lorsque les produits sont livrés, les localisations des consommateurs sont observables et les entreprises peuvent discriminer par les prix entre les différentes localisations spatiales des consommateurs. On peut donc également supposer, contrairement au modèle précédemment étudié, que la demande de chaque consommateur varie en fonction du prix du produit net des coûts de transport.

---

[70] Pour l'essentiel de ces critiques aussi, on peut aussi se référer à Essombè Edimo (2007a, *op. cit*).

De manière générale, les résultats obtenus avec application de ces modèles révèlent un certain nombre de réalités. Ainsi :

- lorsque les coûts de transport sont faibles : quelle qu'en soit la forme et le bien restant homogène, l'agglomération des entreprises au centre du marché est le seul équilibre possible. Les effets de la concurrence en prix sont balancés par la taille de l'aire du marché ;

- quand, par contre, les différents coûts de transport augmentent au-delà d'un certain seuil, cela génère une force centripète qui oblige les firmes à se séparer géographiquement jusqu'à se situer aux extrémités du marché, enfin

- si par ailleurs, l'on suppose une différenciation des biens, les modèles de shopping débouchent sur la préférence des entreprises à se séparer lorsque la différenciation est faible ou, tout au moins, à se regrouper lorsque les produits sont sensiblement différents.

4- Les modèles des externalités spatiales

Qu'il nous plaise de rappeler d'abord quelques fondamentaux sur cette importante notion « d'externalité », avant d'approcher les hypothèses des modèles de localisation qui en sont issus.

4.1- Sur le concept « d'externalité »

Généralement, les économistes parlent « *d'externalité* » lorsque l'utilité que retire l'agent économique (quel qu'il soit) de la consommation ou de la production d'un bien ou d'un service dépend ou influe sur l'utilité (ou la satisfaction) que peuvent en retirer les autres agents. Ainsi, l'externalité peut donc s'appréhender comme un « *effet de débordement* ». La notion d'externalité aura également été initiée par A. Marshall (1890, *idem*). Un auteur qui sera d'ailleurs considéré comme « *le père de l'Economie Industrielle* ». Elle définit à la fois, les *économies internes* (relevant de l'organisation interne des firmes) et les *économies externes,* c'est-à-dire celles liées à l'environnement industriel. En fait, l'on considère que Marshall parle d'*économies externes* pour « *expliquer que les conditions de l'efficience économique dépendaient non pas de l'organisation de chaque entreprise prise isolément, mais du développement général de l'industrie* » (A. Bagnasco, 2010, *idem*).

En définitive, une *externalité* (ou effet externe) sera plus communément définie comme une interdépendance entre fonctions objectifs qui ne trouve pas de compensation monétaire sur le marché (Percebois, 1999). Cela signifie qu'il y a externalité lorsque les actions d'un agent économique affectent le bien-être d'un autre agent économique d'une façon qui ne se manifeste pas à travers les prix de marché : c'est la raison pour laquelle on parle aussi d'effet de débordement. Il n'empêche que la conception de la notion a donné lieu à de nombreux travaux et raffinements. De sorte que pour Meade (1973), par exemple, une économie (déséconomie) externe est un événement qui offre un bénéfice appréciable (ou inflige un dommage appréciable) à une ou des personnes qui n'étaient pas des parties totalement consentantes dans la prise de la ou des décision(s) qui ont conduit directement ou indirectement à l'événement en question. L'on considère également que la présence d'externalités se traduit généralement par l'apparition d'inefficience au sens du critère de Pareto. Parce qu'il n'existe, *a priori*, ni de récompense, ni de gain pour ceux qui sont à l'origine d'externalités positives, ni de sanctions pour ceux qui engendrent des externalités négatives (Guerrien et al, 2002).

Les externalités peuvent être classées depuis Scitovsky (1954) en deux catégories bien distinctes, c'est-à-dire les « externalités technologiques » et les « externalités pécuniaires ».

- ***Les externalités technologiques*** : qui traitent des effets d'interaction qui se produisent en dehors des marchés, et qui affectent directement les utilités des consommateurs ou les fonctions de production des entreprises ;

- ***les externalités pécuniaires*** qui, quant à elles, renvoient aux bénéfices des interactions économiques qui se concrétisent à travers des mécanismes habituels du marché ou le système des prix.

Notons enfin que les externalités marshalliennes incluent à la fois des externalités pécuniaires et technologiques. Par conséquent, chaque type d'externalité est susceptible de conduire à l'agglomération d'activités économiques. Autrement dit, une agglomération économique est créée aussi bien au travers d'externalités technologiques que pécuniaires, par ailleurs souvent imbriquées.

4.2- La localisation avec les modèles des externalités spatiales

Une hypothèse de base fonde généralement les modèles des externalités spatiales, à savoir que :

« *L'utilité d'un individu dépend de la distance moyenne à l'ensemble des autres individus et de la quantité de sols qu'il acquiert sur le foncier* ».

Cette hypothèse a très tôt permis de montrer que l'arbitrage entre recherche de proximité et minimisation des coûts fonciers pouvait induire une répartition des agents qui prend la forme *d'une fonction de densité* sous forme de cloche, et qui est soutenue par une courbe de rente foncière dont la forme est paradoxalement similaire.

L'idée qui sous-tend l'émergence d'une telle configuration spatiale est simple. Elle stipule que « *la fonction d'agglomération réside dans l'existence de communication entre entreprises autorisant l'échange d'informations* »

(L.E.T., 2008, *idem*). Il faut savoir qu'une des caractéristiques de *l'information* en économie est qu'il s'agit en effet d'*un bien public,* c'est-à-dire un bien générateur d'externalités. Cela signifie que l'utilisation d'une information par une firme n'en réduit pas le contenu pour les autres entreprises : c'est le principe de « non-rivalité » des biens publics.

Rappelons ici qu'un bien public est un bien qui présente en effet deux caractéristiques essentielles :

- la non-rivalité, et

- la non-exclusion des consommateurs : on ne peut en exclure un consommateur moyennant le paiement d'un prix.

Au vrai, tous les modèles avec externalités (seules les externalités technologiques sont prises en compte) tendent à décrire les équilibres spatiaux résultant des interactions hors marché entre les entreprises et/ou ménages. Les externalités ici peuvent prendre les deux formes, à savoir les externalités de communication et les externalités spatiales.

- ***Les externalités de communication*** décrivent explicitement les relations de communication entre les agents ;

- ***les externalités spatiales,*** par contre, utilisent le concept d'accessibilité pour appréhender de manière indirecte les effets générés par la distance et qui ne sont pas captés par les prix.

Le modèle proposé à cet égard par Fujita et Thisse (1997, *op. cit*), par exemple, permet d'illustrer le mécanisme basique de l'agglomération impliquant à la fois des producteurs et des consommateurs. Selon celui-ci en effet, la force d'agglomération réside dans l'existence de communications entre entreprises autorisant l'échange d'informations. Une caractéristique importante de celle-ci est qu'elle s'apparente à un bien public : l'utilisation d'une partie de l'information par une entreprise ne réduit pas le contenu de cette information pour les autres. Dès lors, l'échange d'informations à travers un processus de communication entre producteurs génère des externalités positives pour chaque entreprise. Si chacune des entreprises dispose d'informations différentes, le bénéfice de la communication augmente généralement avec le nombre de participants. De plus, puisque les communications mettent en jeu des coûts croissant avec la distance, les bénéfices retirés seront d'autant plus élevés que les entreprises sont proches. *Toutes choses restant égales par ailleurs,* les producteurs tendent à se regrouper pour faciliter la transmission de l'information.

Toutefois, le regroupement des entreprises dans une même région entraîne des externalités négatives, la longueur du trajet moyen d'un salarié vers son entreprise augmente. Ce qui, à son tour, génère une hausse des salaires et des rentes foncières. De telles augmentations tendent à décourager l'implantation d'autres producteurs dans la région considérée. Il en découle donc que la distribution d'équilibre des ménages et des entreprises est le résultat de ces deux forces opposées.

Les différents modèles de l'Économie géographique étant à présent mis à jour, on peut tenter d'analyser de manière plus spécifique les facteurs de base desdits modèles.

IV- RENDEMENTS CROISSANTS ET « *CAUSALITÉ CUMULATIVE* » DE KRUGMAN

Tout en intégrant les modèles précédents de l'Économie spatiale, l'Économie géographique initiée par P. Krugman (1991, *op. cit*), ajoute une autre explication à la localisation des activités, c'est-à-dire les « *rendements croissants* ». Autre notion fort significative en économie et qu'il convient de préciser.

1- Que renferme cette importante notion ?

Dans un modèle de fonction de production à rendements décroissants, on suppose qu'au-delà d'un certain seuil de mobilisation des facteurs de capital et du travail, la production croît plus vite que l'utilisation des moyens de production : on dit alors que *la productivité marginale des facteurs de production est décroissante* (**Graphique 6**). L'agrégation des terres agricoles est le meilleur exemple qui illustre la décroissance des rendements du capital. Car plus on exploite les terres en effet, plus leur fertilité (naturelle) diminue.

Par contre, dans un modèle de fonction à rendements de production croissants, l'augmentation de la production est toujours plus que proportionnelle à l'augmentation des facteurs de production, plus particulièrement au niveau agrégé d'un secteur ou d'une région. Et ce, en raison des effets d'apprentissage du capital humain, ou encore d'externalités dues au partage d'infrastructures ou à la diversification de la production qui entraîne un accroissement des recettes…

2- Intégration des rendements croissants dans l'analyse

Il découle des définitions précédentes que le principe général sur lequel se fondent la plupart des modèles spatiaux des rendements croissants s'appuie sur deux aspects :

- d'une part, le fait que la différenciation des produits et/ou des facteurs de production est une « force d'agglomération » ;
- d'autre part, sur le fait que la recherche des rendements croissants de la production, issue d'une meilleure division du travail couplée à la baisse

tendancielle des coûts de transport entraîne une logique cumulative et, parfois, irrésistible de ces effets d'agglomération.

Graphique 7: Productivité marginale du capital classique.

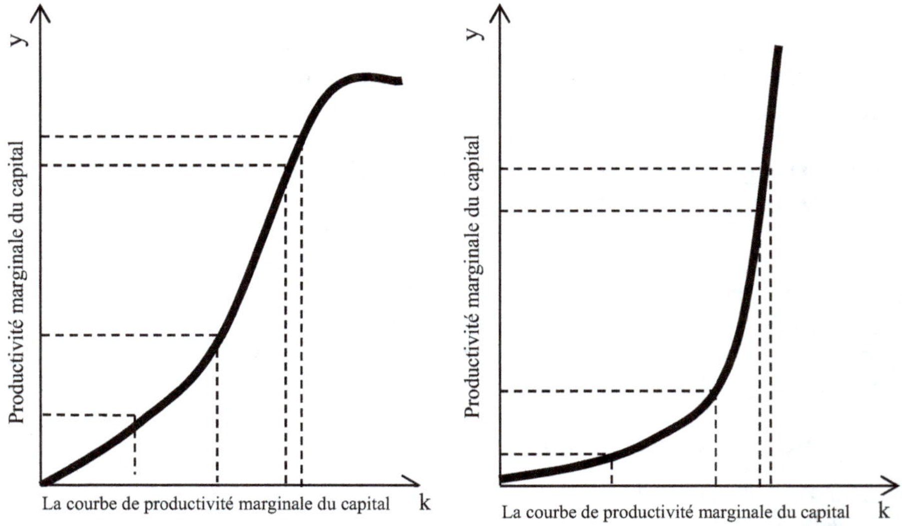

Les premiers modèles considèrent les forces d'agglomération et de dispersion suivantes :

- les producteurs sont attirés par des localisations où les consommateurs sont nombreux parce qu'ils ont un meilleur accès au marché. Par contre, ils sont repoussés par un lieu où le nombre d'entreprises est élevé parce que la concurrence y est plus importante ;

- enfin, les ménages sont attirés par des endroits où les vendeurs sont nombreux (parce qu'ils y bénéficient d'un large choix de biens). Mais ils sont repoussés par des endroits où les ménages sont nombreux et les rentes foncières élevées.

Notons, par ailleurs, que ces modèles avec intégration des rendements croissants montrent également la divergence des niveaux de bien-être entre les régions. Pour ce faire, ils s'appuient sur les mécanismes de la concurrence imparfaite d'après lesquels les liaisons entre offre et demande sont génératrices d'externalités pécuniaires. Ceci peut très bien être illustré par un exemple : prenons le cas des entreprises utilisant, dans leur processus de production de la téléphonie mobile au Cameroun, une même plate-forme logistique. Si une firme supplémentaire se localise auprès des firmes déjà installées, le coût d'utilisation de la plateforme va décroître pour chacune des entreprises. La réduction des coûts individuels va donc entraîner une baisse des prix des communications par le mobile et une augmentation de la demande adressée à chaque entreprise. Si bien que d'autres firmes seront incitées à se localiser à proximité.

3- Le modèle de Krugman : rendements croissants et « causalité cumulative »

L'analyse de P. Krugman est fondée sur des hypothèses précises formulées dans le cadre de sa conception d'un « *modèle à deux régions* ». Ses implications génèrent une « causalité cumulative » qui, tout en donnant l'explication de la localisation des activités, propose également un fondement des mécanismes du développement endogène.

- ***Synthèse des principales hypothèses du « modèle » de Paul Krugman***

Krugman propose en effet la logique d'un modèle à rendements croissants avec externalités pécuniaires. Pour y parvenir, l'auteur suppose deux régions, un secteur agricole et un secteur industriel, puis deux types de travailleurs : les agriculteurs et les ouvriers de l'industrie.

- Du côté du secteur agricole :

Celui-ci produit grâce à des technologies à rendements constants et utilisant seulement la force des agriculteurs. Le bien agricole est vendu sur un marché national concurrentiel et les coûts de transport sont nuls.

- Du côté du secteur industriel ensuite :

Les biens sont des biens différenciés et produits par des usines, puis vendus sur un marché monopolistique avec coûts de transport.

On suppose, par ailleurs, que les agriculteurs sont immobiles. Alors que les ouvriers sont parfaitement mobiles. Enfin, chacun des travailleurs a une préférence pour la variété (notamment des biens).

- ***Quelles implications des hypothèses de ce « modèle » ?***

Pour mettre en évidence le processus de causalité cumulative (ou circulaire) de la concentration, il faut d'abord bien comprendre les implications directes du modèle général proposé par l'auteur. Si l'on s'en tient à la description précédente du « *modèle à deux régions* », de toute évidence, l'immobilité des travailleurs agricoles, par exemple, est *une force centripète.* Puisque ces travailleurs consomment les deux types de biens. Pour sa part, *la force centrifuge* reste néanmoins bien plus difficile à mettre en évidence. Si beaucoup de producteurs sont localisés dans une région, le nombre de produits proposés est en effet plus grand. Et, comme les producteurs suivent une politique de prix de shopping (coûts de transport à la charge du consommateur), les prix d'équilibre sont plus bas dans cette région que dans l'autre : ce qui engendre un effet de revenu réel pour les travailleurs concernés qui sont aussi consommateurs. En contrepartie, cet effet va entraîner un mouvement d'émigration vers cette région. Ce qui, à son tour, génère une croissance de la demande en produits manufacturés en incitant plus d'entreprises à s'y installer et, par la même occasion, cela occasionne un accroissement de la variété des biens proposés aux consommateurs : c'est « la causalité circulaire » (**Schéma 4**, *infra*).

Le mécanisme cumulatif qui vient en effet d'être décrit, et qui s'appréhende en termes de « causalité circulaire », relie le processus d'agglomération (ou de concentration) des producteurs et celui des travailleurs au moyen *d'effets d'entraînement* en amont et en aval (**Schéma 4,** *infra*) et qui peuvent aussi être présentés ainsi qu'il suit :

- ***en aval*** : à cause de la variété des biens industriels (ou manufacturés) en effet, l'on a une augmentation du revenu réel des travailleurs ;
- ***en amont*** ensuite : parce que le nombre élevé de consommateurs attire plus d'entreprises.

De même, la configuration qui, elle, est qualifiée de « centre/périphérie », émerge également lorsque les coûts de transport diminuent et qu'une des deux régions voit son petit avantage initial se transformer en avantage définitif. Au-delà même des appréhensions théoriques toutefois, une série de questions fondamentales peut tarauder l'esprit, à savoir : « *À quoi sert la causalité cumulative ?* et plus encore, *quel est l'apport véritable de la Nouvelle Economie Géographique (NEG) dans la localisation des activités ?*»

- ***Les résultats principaux de la NEG : les équilibres d'équi-répartition et « centre/périphérie »***

Il faut reconnaître que la NEG est bel et bien en rupture, par rapport à l'Économie spatiale classique[71]. Plusieurs raisons objectives permettent en effet de le comprendre :

- tout d'abord, elle met l'accent sur la combinaison des forces d'agglomération et de dispersion ;
- ensuite, elle fait tenir un rôle important aux structures du marché,
- par ailleurs, elle introduit les rendements croissants dans l'analyse ;
- enfin, elle met en évidence la formation de l'espace (même si celui-ci reste indifférencié) et, par la même occasion, autorise une analyse ainsi qu'une approche endogène de développement.

De sorte que grâce à la NEG, il aura été désormais possible de répondre aux questions fondamentales, par exemple :

- *Comment se forme une agglomération ou une concentration d'activités (ou même une agglomération urbaine), et pourquoi peut-elle se développer en dépit des désagréments qu'elle peut générer* ?

---

[71] *cf.* Chapitre, *supra.*

- *Comment se forment et s'organisent les systèmes de villes plus ou moins diversifiées ou plus ou moins hiérarchisées*[72] ?

Finalement, l'analyse de Krugman suggère bien trois explications importantes de la localisation des activités :

- *premièrement*, en s'appuyant sur les modèles de concurrence monopolistique, l'auteur de la NEG montre l'importance de la diversité des biens comme facteur d'agglomération ; en se regroupant en effet, les producteurs créent un marché varié et de grande taille, et l'existence des coûts de transaction génère à son tour un mécanisme de concentration où producteurs et consommateurs se rassemblent pour une offre toujours plus importante et diverse ;
- *deuxièmement*, pour éviter la contrainte, toujours possible, d'un marché étroit les producteurs auront intérêt à se regrouper ;
- *troisièmement* enfin, la concurrence permet aux producteurs d'augmenter la variété des biens intermédiaires, ce qui profite à tous.

L'auteur montre ainsi que la formation d'une agglomération des activités sur un espace repose sur quatre piliers qui sont les rendements croissants, les coûts de transport, la taille du marché, et la différenciation des biens. Il en découle donc que le choix de localisation résulte de l'arbitrage entre deux éléments :

- la proximité des marchés (qui permet d'économiser les coûts de transport, et incite les producteurs à s'installer dans chacune des régions) ;
- le bénéfice des rendements croissants qui les incitent à se localiser dans une seule région.

Mais toutes les firmes sont dans la même situation. Les économies des coûts de transport procurées par la proximité du marché d'une région dépendant de la taille de ce marché. Or, précisément, cette taille est fonction du nombre de travailleurs industriels qui résident dans cette région et, par conséquent, du nombre d'entreprises industrielles qui font le choix de s'y implanter. L'arbitrage de chacune des entreprises tiendra donc compte du choix de toutes les autres firmes par le biais d'un élément « collectif » qui est la taille de marché. Les firmes s'installent là où la demande est importante. Et ce processus cumulatif conduit à deux types d'équilibres, selon les valeurs des paramètres-clés soulignés plus haut, à savoir :

- un équilibre symétrique d'équi-répartition des activités industrielles et,
- un équilibre « centre-périphérie » où le secteur différencié est concentré dans une seule région.

[72] Pour cette seconde interrogation, on peut d'ailleurs aussi voir les développements théoriques et empiriques de la « *Nouvelle microéconomie urbaine* », avec des auteurs comme Fujita et Ogawa (1982 et 1989).

En considérant l'hypothèse d'une immobilité d'une partie de la main-d'œuvre (Krugman, 1991a et 1991b, *idem* ; Martin et Rogers, 1995 ; Martin, 1999), il en découle que les régions centrales, parce qu'offrant déjà des marchés conséquents et solvables, vont attirer de nouvelles firmes qui pourront notamment exploiter les économies d'échelle tout en ayant un accès facile aux marchés des régions périphériques. Dès lors que les infrastructures de transport permettent de diminuer les coûts de transaction à l'intérieur des régions périphériques, que l'on se place sous hypothèse d'immobilité d'une partie de la main-d'œuvre (Martin et Rogers, 1995, *op. Cit*) ou sous l'hypothèse de congestion (Ghio et Van Huffel, 2000). Il s'ensuit un effet de revenu réel pour les agents domestiques et qui, à son tour, va entraîner une augmentation de la demande finale locale. Ce qui peut inciter les firmes à se localiser dans ces régions[73].

Au total, l'on doit ainsi à P. Krugman et, plus spécialement, à « *la Nouvelle économie géographique* » dont il est l'initiateur, une explication de l'inégal développement régional. De sorte qu'à la question de savoir pourquoi les activités économiques ont tendance à se concentrer (ou à s'agglomérer) en un petit nombre d'endroits au lieu de se répartir dans l'espace, l'auteur propose une réponse en termes de « *forces d'agglomération* » et de « *dispersion* ». Cette explication, développée dans le cadre de son approche « centre/périphérie » précédente permet d'aborder à la fois les questions de localisation des activités et celles de développement. Elle amène, par ailleurs, à comprendre la cause de la concentration industrielle au "centre" et la présence de l'inégalité en "périphérique", en faisant apparaître les grandes forces de polarisation et de dispersion urbaine (M. Catin, 2000 ; M. Catin et C. Van Huffel, 2003, *op. cit* ; Essombè Edimo, 2007, *idem*). Deux effets sont ainsi mis en évidence (***l'effet aval***, provoqué par le comportement des consommateurs et ***l'effet amont***, induit par celui des firmes). Tous les deux mettent en évidence la logique d'agglomération et la dynamique d'attraction. Ce qui, *in fine,* permet de comprendre pourquoi les concentrations industrielles s'effectuent au « centre » (et où il existe alors des forces d'agglomération), en ignorant totalement les régions « périphériques ». Outre le fait que la proximité favorise et engendre des interactions individuelles[74], l'importance d'un mouvement de concentration

---

[73] Mais, depuis Ghio et Van Huffel (2000, *idem*), l'on sait également que la chute des coûts de transport interrégionaux peut conduire à une réduction de l'agglomération des agents et des firmes dans les régions centrales, lorsque la congestion y est élevée. Dans ce cas, la baisse des coûts de transport interrégional permet à la main-d'œuvre mobile de se localiser dans les régions périphériques où elle peut consommer les biens produits en région centrale à moindre coût, sans avoir à supporter les problèmes liés à la congestion au centre.

[74] Comme l'expliquent C. Baumont et J.M. Huriot (1999, p. 137), selon la « nouvelle économie géographique », deux conditions centrales sont nécessaires à la formation d'une concentration. Ainsi, pour qu'une agglomération se fasse, il faut d'une part, que les agents économiques sentent un intérêt à être proches les uns des autres et, d'autre part, que cette attraction soit d'une

sur un espace y sera garantie par l'existence de processus cumulatifs ou de « *causalité circulaire* [75]». La présence de processus cumulatifs aidant, une petite agglomération d'activités, même minimale, engendre un mouvement auto-entretenu apte à produire de très fortes concentrations d'activités. Selon l'auteur, ce mouvement peut toutefois aussi générer ses propres limites en développant des *forces de dispersion*. Ce qui aura pour conséquences de freiner le processus, de limiter la taille de la concentration et/ou de favoriser de nouveaux centres de concentration (centres secondaires…) [76].

Schéma 4 : **Illustration des mécanismes de la « *causalité circulaire* » selon P. Krugman (1991)**.

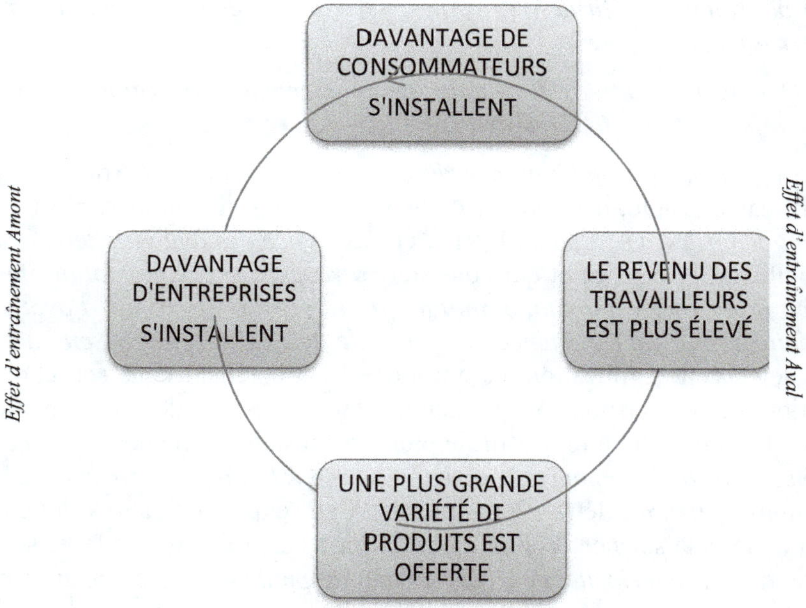

- ***Que retenir de la localisation en Économie géographique ?***

L'agglomération est donc bien un facteur d'attraction. En d'autres termes, *les entreprises attirent les entreprises*. Bien entendu, chaque territoire possède des caractéristiques naturelles et immuables propres qui attirent ou repoussent

« *ampleur suffisante et touche suffisamment d'individus pour générer d'importantes concentrations comme celles qu'on rencontre dans les régions « centre » ou dans les villes* ».

[75] Et que, dans une contribution ultérieure, l'auteur appelle encore les « *processus d'auto-organisation* », voir P. Krugman (1998), *L'économie auto-organisatrice*, Ed. De Boeck, Bruxelles.

[76] Rappelons, par ailleurs, que de nombreuses critiques ont néanmoins été émises sur cette théorie de Krugman, dont la non-prise en compte des comportements stratégiques des firmes, ou encore l'importance des relations sociales,…. On peut aussi voir à ce sujet, entre autres, C. Courlet (2008), *L'Economie Territoriale*, PUG., *op. cit.*

les firmes (ressources naturelles, ouverture sur la mer, climat…). Ces différents facteurs jouent un rôle important dans la concentration des entreprises en un lieu. Par contre, ils n'expliquent pas l'essor de régions que rien ne prédisposait à devenir des centres d'attraction économiques importants ou encore, pour reprendre l'expression de Benko et Lipietz (1992), l'essor des «*régions qui gagnent* ». De ce point de vue, on peut dire qu'en matière de localisation des entreprises, l'Économie géographique apporte ici des réponses à trois interrogations cruciales sous-jacentes, à savoir :

- *comment expliquer le choix de la première entreprise pour un territoire ?*

- *pourquoi les firmes suivantes se concentrent-elles sur le même territoire ?*

- *Quelles peuvent être les limites de ce phénomène d'agglomération des entreprises sur ledit territoire ?*

1)- *S'agissant des motivations de l'entreprise pionnière* (ou le « *first mover* »), par exemple, deux explications théoriques sont fournies, c'est-à-dire *l'accident historique* (Krugman, 1991)[77] et *l'existence des aménités territoriales* (Mucchielli, 1998, p. 166) et qui consiste « *à raccorder l'implantation initiale d'un type d'activité à des atouts initiaux du territoire en termes d'avantages géographiques comme l'existence de mines, de fleuves, de plaines, etc.…* ». En somme, selon cette explication, ce qui guide l'entrepreneur dans son choix de localisation sur un territoire et pas sur un autre c'est finalement son propre « flair ». De sorte qu'une fois la firme pionnière installée, on aboutit « *à ce que la principale attractivité pour une activité donnée est la présence même de cette activité dans ce lieu* » (Métral, 2003, p. 269). Cette explication aura d'ailleurs le mérite d'éviter à la science économique d'avoir à éditer une nouvelle version de l'histoire de « *l'antériorité de l'œuf et de la poule* », en reconnaissant en

---

[77] L'exemple cité par Krugman est aujourd'hui largement connu. Dans son ouvrage, *Geography and Trade,* il explique que dans une petite ville des États-Unis, à Dalton, il y a 70% au moins de l'activité de fabrication de tapis de tous les États-Unis. L'implantation de cette activité dans ce lieu précis s'explique au départ par le fait qu'une jeune fille, au 19e siècle, avait reçu en cadeau un couvre-lit. Ses amis trouvaient ce couvre-lit formidable et elle avait alors commencé elle-même à tricoter un couvre-lit (imitation liée à l'admiration) et elle est devenue le centre d'un cercle d'amies qui ont fait la même chose, puis elles se sont acquis une petite réputation, des gens de l'extérieur sont venus se surajouter jusqu'à constituer ce que l'on appelle aux États-Unis un district industriel. C'est donc un événement anodin -- le cadeau d'un couvre-lit -- qui est dans cet exemple à l'origine de la localisation de la production des tapis à Dalton. Des fabricants sont venus, ils ont commandé des machines, ils ont développé la technologie et puis il y a eu des externalités positives à partir d'une étincelle qui aurait pu se produire ailleurs (et qui peut-être s'est produite ailleurs, mais n'a pas été amplifiée). Rappelons, toutefois, que ce « hasard » représentant « l'accident historique» est aussi, comme on le verra plus loin, une des principales critiques qu'admet l'analyse de Krugman.

l'entrepreneur le seul acteur qui agit et qui choisit, indépendamment de la firme qu'il crée ou qu'il dirige.

2)– Mais alors, comment expliquer ensuite l'agglomération des firmes sur ce territoire ?

Dès lors que le « *first mover* » s'est installé en effet, en principe les « *suiveuses* » arrivent à leur tour. « En principe », parce que les entreprises ne suivent pas toujours de façon mécanique. Néanmoins lorsque cela advient, la question est donc « *pourquoi ont-elles effectivement suivi* » ? Là encore, la théorie propose deux explications dans une description articulée autour de deux étapes :

- dans une première phase : seules quelques firmes vont effectivement suivre, par nécessité de survie ou par simple imitation. En tous les cas, cette phase se construit à travers un processus de suivisme qui se manifeste de manière sporadique, sans pour autant aboutir à une constellation en masse de firmes. De manière générale, l'on observe d'ailleurs que ces premières « suiveuses » s'implantent en vue de fournir des équipements, par exemple, au « *first mover* » ;

- Puis, dans une seconde phase : par effet de seuil (« *tipping point* ») c'est-à-dire, si le phénomène de concentration dépasse un certain seuil en effet, on parle alors d'une véritable attraction qui peut déboucher ou se consolider en agglomération qui, à son tour, va générer des externalités d'agglomération.

Selon la conception en termes de « *tipping point* » ou *« seuil de basculement* », et que l'on doit à Gladwell (2000), « *ce sont des petites causes qui engendrent, de façon contingente, de grandes différences*[78]» *(*G.E.I, 2012, *idem*). Dans le cas d'espèce (localisation des firmes sur un territoire donné puis, possiblement, apparition du phénomène d'agglomération), cette « petite chose » qui fait la « grande différence » par rapport à un autre territoire réside dans l'économie réalisée par chaque « suiveuse » grâce au fait que le « first mover » et le petit groupe de firmes qui a commencé à s'organiser autour de lui vont diffuser une information par le simple fait de leur réussite. Certes, le « first mover » n'a pas d'externalités et ne bénéficie donc pas au départ des économies d'agglomération. Bien au contraire, il fait face à divers coûts (négociation, recherche des sous-traitants, des partenaires locaux et étrangers…) beaucoup plus élevés que les « suiveuses » du même secteur auront à débourser. Les économies d'agglomération sont en effet des bénéfices générés pour les entreprises du fait de leur agglomération : elles sont des occasions par le phénomène d'agglomération proprement dit. On comprend à cet effet la métaphore qu'aime à utiliser Mucchielli (2003, *idem*) pour les décrire en ce qui

[78] M. Gadwell (2000), *The tipping point, how little things make a big difference*, London, Abacus.

est, par exemple, des entreprises multinationales. Car ces dernières, constate alors l'auteur, *« c'est comme les pingouins sur la banquise, elles essaient de se mettre ensemble parce qu'elles dégagent ensemble une externalité, positive en l'occurrence, c'est-à-dire une sorte de bien public que l'on ne paie pas, mais dont on profite. Les pingouins, s'ils se mettent ensemble, vont dégager une chaleur qu'ils ne pourraient jamais dégager s'ils étaient dispersés sur la banquise. Il y a un phénomène d'agglomération et souvent même d'agglomération intra industrielle, c'est-à-dire que des entreprises qui sont concurrentes vont cependant s'agglomérer au même endroit. Ce qui explique l'effet « Silicon Valley» ou l'effet « technopole »*[79].

Par ailleurs, ces économies d'agglomération peuvent être positives (il s'agit des avantages ou externalités dont bénéficient les firmes qui sont dans l'agglomération. Et ces externalités sont considérables) ou négatives. Ces dernières apparaissent lorsque l'agglomération prend de l'ampleur et qu'elle grossit. Elles génèrent des coûts non désirés pour les firmes. Et, l'agglomération atteint sa taille optimale lorsque ces coûts deviennent égaux aux bénéfices qu'elles procurent aux firmes qui la constituent. Rappelons, enfin, que dans un système aggloméré d'entreprises, les externalités positives sont de plusieurs ordres. Elles peuvent en effet être :

- **technologiques** : lorsqu'elles sont issues des effets de diffusion occasionnés par les retombées immédiates de la recherche/développement (R&D) menée par des entreprises qui se trouvent dans l'agglomération, ou encore,

- issues de **la présence d'un réseau de fournisseurs** ;

- générées par la présence d'un marché du travail adapté aux besoins et spécifications d'un groupe d'entreprises de l'agglomération ;

- elles peuvent aussi se présenter sous forme **d'externalités de réseau** : parce que générées alors par le fait que plus le nombre des utilisateurs d'un produit s'accroît, plus ce produit devient utile, efficace et moins cher pour l'ensemble des utilisateurs, ou alors simplement ;

- des **externalités d'information** qui alimentent les rencontres informelles (séminaires, conférences, radio, presse locale…).

3)- Enfin, quelles peuvent être les limites de l'agglomération ?

Les agglomérations peuvent en effet présenter de nombreux inconvénients, notamment par le fait qu'elles génèrent des congestions. Le « trop-plein » de firmes dans une agglomération va susciter des comportements de retraits ou de

[79] Jean-Louis Mucchielli (2003), *Les déterminants et les impacts de la multinationalisation des entreprises*, Archives audiovisuelles de la recherche en sciences humaines et sociales, cité par le G.E.I. (2012).

désistement. Dès lors, plutôt que de continuer à s'agglomérer, par exemple, certaines firmes choisiront de s'implanter ailleurs : c'est alors qu'apparaît un phénomène de « désagglomération » qui amène naturellement la formation de centres « secondaires ». À cet égard, l'on a pu montrer que Bonabéri au Cameroun, par exemple, a représenté au début des années 60 un espace aux conditions favorables pour la déconcentration industrielle de la ville de Douala. Mais cette aire connaît aujourd'hui les problèmes qu'elle était censée résoudre pour la ville, avec toutes les externalités de l'industrialisation et de l'urbanisation, notamment la congestion spatiale. De sorte que la pérennité de l'activité industrielle et le bien-être des populations riveraines se posent désormais comme un défi à relever pour la compétitivité territoriale de ce centre de production (Essombè Edimo et Ngo Balépa, 2013). Tant il est vrai que l'optimum d'une agglomération d'entreprises est atteint lorsque celle-ci réalise l'équilibre entre d'une part, les forces centrifuges (qui tendent à concentrer les entreprises en son sein) et, d'autre part, les forces centripètes (qui, au contraire, les maintiennent à l'écart).

Néanmoins, même si la NEG a pu proposer un certain nombre de mécanismes permettant aujourd'hui de comprendre les phénomènes de concentration spatiale des activités économiques et, plus prosaïquement, de savoir pourquoi des activités s'agglomèrent dans certaines régions de l'espace et pas dans d'autres, cette théorie présente aussi de nombreuses limites qui doivent également être soulignées. D'autant que c'est aussi, en partie, à cause d'un certain nombre d'entre d'elles que s'est, peu à peu, constitué un nouveau corpus aujourd'hui vulgarisé sous l'appellation de « l'Économie territoriale[80] ».

V- QUELQUES LIMITES ET TENTATIVES DE RENOUVELLEMENT DE L'ÉCONOMIE GÉOGRAPHIQUE DE KRUGMAN

1- Des critiques importantes et pertinentes…

Si, comme on vient de le voir, les mérites de l'analyse de Krugman sont incontestables, ses limites le sont tout autant. Celles-ci ont d'ailleurs, par divers auteurs, été largement soulignées. À cet égard, Courlet (2008), par exemple, observait notamment que chez Krugman, le rôle de la géographie (ou du territoire) est essentiellement dû au phénomène de rendements croissants sous forme d'externalités marshalliennes. Par contre, tout ce qui est influencé par les structures institutionnelles, sociales et culturelles est délaissé pour des raisons méthodologiques. En effet, l'on ne sait pas formaliser mathématiquement les externalités « cognitives » ni *a fortiori* la diffusion et l'entretien des savoir-faire, et encore moins la disponibilité à coopérer. Bref, tout ce qu'en son temps,

[80] Et qui forme le titre de l'ouvrage de C. Courlet (2008, *idem*).

A. Marshall appelait « *l'atmosphère industrielle* ». Si bien que la dimension sociale et culturelle du territoire est largement ignorée.

D'une façon plus générale, l'analyse de Courlet suggère finalement que le modèle de Krugman est, avant tout, un modèle des échanges internationaux et non une théorie de l'économie du territoire, car :

- la NEG ne prend pas en compte le comportement stratégique des firmes ;

- elle néglige l'importance des relations sociales (sur un territoire) ;

- elle évacue *l'effet pro compétitif*, c'est-à-dire ne fait aucune différence entre concurrence sur les prix et concurrence sur les quantités,

- de même, ses hypothèses concernant les coûts de transport sont contestables, tout comme enfin

- son analyse spatiale est faite sans aucune référence à l'importance du territoire.

Il apparaît dès lors que Krugman insiste sur la géographie (ou le territoire) simplement dans la nature historique et singulière du processus de développement ou de la croissance, en ne parvenant cependant pas à expliquer la nature de ce rôle. Selon l'auteur, par ailleurs, les territoires sont des marchés concrets qui fonctionnent plus ou moins bien selon qu'ils sont peuplés, denses et fluides. Il n'y a pas de différence entre les lois de la macroéconomique régionale (ou locale) et celles de la macroéconomie nationale : le modèle commun aux nations et aux territoires est celui de « l'offre compétitive ». Les mécanismes ricardiens des « avantages comparatifs » agissent de la même manière et à toutes les échelles (locale, régionale, nationale, internationale), et fonctionnent donc sans problèmes. De sorte que, ajoute avec raison Courlet (2008, *op. cit*) : « *à la place d'un monde centrifugé, Krugman substitue un système qui élargit ses horizons en même temps qu'il réduit ses bases territoriales, c'est-à-dire, in fine, un monde à la fois, globalisé et territorialement discriminant, et qui se tasse dans ses concentrations de plus en plus grandes, et notamment, métropolitaines...* ». Or, la principale production industrielle mondiale est actuellement le fait des grandes concentrations urbaines qui, selon Scott (2005), par exemple, sont devenues « *les moteurs régionaux de l'économie mondiale*».

Mais, composante-clé de la construction d'une nouvelle économie géographique des échanges, la NEG concentre également d'autres critiques comme, par exemple, l'aspect étrangement statique de l'équilibre qu'elle propose. En effet, comme l'observent encore Benko et Lipietz (1992, *op. cit*), notamment, les équilibres suggérés par la NEG sont obtenus à partir des perturbations initiales d'un équilibre d'équi-répartition, représentant ce que l'on appelle les « *accidents de l'histoire* ». En tant que processus d'ajustement, la « dynamique » est ici un processus de redistribution spatiale d'un nombre fixé de firmes. Au cours de ce processus, les lieux se remplissent tandis que d'autres se vident. On comprend que tout s'arrête et aboutisse à un équilibre statique lorsque toutes les firmes ont été localisées ou relocalisées. L'équilibre obtenu n'a alors aucune raison de changer, sauf si l'on fait varier les conditions initiales ou les paramètres : on peut aboutir à un autre équilibre, mais la transition ne peut être analysée. La question de la création de firmes et de son impact sur les équilibres géographiques reste entière, et seul le rapprochement des théories de la croissance et des théories de la formation des agglomérations pourrait l'éclairer.

- ***… à de nouveaux facteurs de l'agglomération des activités***

Signalons cependant aussi que pour surpasser ces différentes critiques, les travaux ultérieurement développés dans le cadre de la NEG ont proposé des renouvellements en explorant plusieurs directions. Ces derniers ont permis un certain nombre d'avancées qu'il convient également de présenter.

- Renouvellement par intégration des principes de Romer

Certains de ces travaux ont ainsi tenté le renouvellement de la NEG à travers un rapprochement avec la théorie de la croissance endogène. Plus exactement, l'on intégra alors dans « *le modèle à deux régions* » de Krugman les principes de Romer (1990 et 1994) (Engelmann et Walz, 1995 ; Martin et Ottaviano, 1996 et 1999). Tout comme l'on essaiera de rechercher l'effet des politiques d'infrastructure pouvant générer des trajectoires de croissance territoriale caractérisées par des étapes particulières (Baldwin, Martin et al, 2003).

Les différents modèles proposés présentent un certain nombre de principes communs :

- les forces d'agglomération résident dans les interactions de marché entre firmes ou entre firmes et consommateurs ;

- de leur côté, les forces de dispersion varient d'un modèle à l'autre, mais se ramènent globalement à l'existence des facteurs immobiles et à la recherche de la distance comme protection contre la concurrence ;

- enfin par rapport à la NEG originelle de Krugman, en outre, l'élément nouveau réside dans l'introduction et la prise en compte d'un secteur de recherche-développement (R&D) et qui bénéficie des externalités de connaissances à la Romer (1990 et 1994, *idem*). Celles-ci sont étudiées selon deux modalités précises : elles sont considérées comme locales ou comme globales.

Si bien que, dans le cas des externalités locales, l'on va considérer que seul le nombre de biens intermédiaires produits localement (ou dans la même région) rend moins coûteuse la mise au point par la R&D de nouvelles variétés dans cette région. Par contre, pour ce qui est des externalités globales, et qui se diffusent indépendamment de la distance, seule la quantité des variétés dans les deux régions génère la diminution du coût de production d'une nouvelle variété dans n'importe quelle région. En outre, la structuration sectorielle des modèles proposés est variable : on y recense ainsi les modèles à quatre secteurs (et qui produisent un bien traditionnel, un bien industriel, un bien intermédiaire différencié et qui est utilisé dans le secteur de la R&D, et la R&D elle-même) (Engelmann et Walz, 1995, *Idem* ; Walz, 1996, *idem*). Mais on y retrouve également des approches tri sectorielles (avec la production d'un bien indifférencié, celle d'un bien différencié[81] et de l'innovation (par R&D) (Martin et Ottaviano, 1999, *idem*). Enfin, rappelons que, de la même manière, la mobilité sera également réexaminée en suivant plusieurs modalités. Ainsi, dans un cas, les biens différenciés seront considérés comme immobiles (Engelman et Walts, 1995, *idem*), ou mobiles moyennant un coût de transport (Martin et Ottaviano, 1999, *idem*). Et, dans un autre cas, ce sont la production des biens différenciés, le travail non qualifié et les biens intermédiaires qui sont assimilés à des facteurs immobiles, etc.

- Prise en compte des externalités de la connaissance

En effet, d'autres explications de la concentration des activités ont exploré les contours des externalités de la connaissance. Les activités à haute intensité de connaissance sont particulièrement concernées par la polarisation parce qu'elles bénéficient des rendements croissants. Certes, la connaissance demeure un bien particulier qui présente des propriétés sensiblement différentes caractérisant les biens conventionnels. Toutefois, ses propriétés restent ambivalentes pour au moins deux raisons essentielles. Tout d'abord, parce que les activités de production de la connaissance (enseigner, par exemple), ont un rendement social très élevé. Elles représentent donc en même temps un fort gisement de travail et, surtout, de la croissance économique. Ensuite, elles posent des problèmes à la fois d'allocation des ressources et de coordination économique, et qui peut à tout le moins freiner la diffusion de la connaissance.

En réalité, c'est que la connaissance est un bien difficile à cerner, et qui génère des externalités : c'est en fait un bien non excluable, et donc, difficile à rendre exclusif ou à contrôler de manière privée. En effet, les informations s'échangent en permanence, les imitations également. Dans ce contexte, on parlera d'externalités positives de la connaissance pour signifier que la connaissance produite par un agent bénéficie à d'autres agents sans que les différentes parties ne garantissent la transparence et l'efficacité de la coordination marchande. En outre, la connaissance est un bien non rival et cumulatif. Parce qu'en effet, toute connaissance peut générer la production de

[81] Lequel peut alors servir de bien intermédiaire ou final.

nouvelles connaissances. Elle représente, de ce fait, un bien de production capable de générer de nouveaux biens qui, eux-mêmes, seront infiniment utilisables.

Mais en quoi, très précisément, la connaissance est-elle un facteur de polarisation des activités ?

Selon Engelmann et Waltz (1995, *idem*), par exemple, une externalité locale de connaissance renforce assez bien le processus de concentration des activités. Et toute inégalité de départ en la matière aboutit à une croissance régulière d'un système régional où toute la R&D et toute la production des biens intermédiaires différenciés et des biens industriels est concentrée dans une seule région. Cela revient donc à considérer que les trois principales propriétés de la connaissance (inconditionnalité, non-rivalité et cumulative) lui permettent d'être génératrice de fortes externalités (en recherches et innovations…) pour la croissance économique. Dans ce contexte également, une externalité globale de connaissance signifie une libre circulation de connaissance. C'est, en fait, un facteur de libre localisation. Si bien qu'on peut, dès lors, aboutir à plusieurs équilibres. Il faut néanmoins souligner que l'on peut aboutir à un équilibre où l'activité de production est plus ou moins dispersée entre les régions. Ainsi, la production des biens différenciés pourra, par exemple, être plus concentrée dans une région et pourtant pas absente dans l'autre (Engelmann et Walz, 1995, *Idem*). Une forte croissance, en générant de nouvelles firmes, augmente la concurrence entre entreprises et renforce l'effet de dispersion associé. Un état de choses qui, à son tour, peut occasionner un mouvement de relocalisation des firmes dans la région initialement la plus défavorisée (Martin et Ottaviano, 1999, *idem*).

Cependant, ce type de « configuration intermédiaire » entre l'équilibre symétrique et l'équilibre centre-périphérique classique ne tient plus dans le cas d'une forte baisse des coûts de transport et, dans ce cas précis, c'est l'effet d'agglomération qui l'emporte. De ce point de vue Kubo (1995), par exemple, s'éloigne de Romer[82] tout en gardant néanmoins une structure régionale à la Krugman. L'accumulation dans une région réduit les coûts de production dans cette région (économies d'échelle internes) et dans l'autre région (économies externes régionales). De fait, de multiples configurations apparaissent, selon les intensités de ces deux effets dans les deux régions considérées :

- lorsque les effets internes à la région l'emportent partout, l'on se retrouve alors dans les configurations centre-périphérie classique de Krugman ;

[82] Parce que, note-t-il alors, la croissance endogène est entretenue par un processus d'agglomération de capital à la Lucas (1988).

- toutefois, quand les effets externes l'emportent à la fois dans les deux régions, on peut avoir une croissance avec deux régions de taille industrielle différente et stable : la région la plus industrielle sera alors celle dont le différentiel entre économie interne et externe est le plus élevé.

Au-delà de tout, la polarisation des activités apparaît comme la conséquence du caractère tacite de la connaissance. Plus cette dernière est tacite, plus sa diffusion sera grande. Une diffusion qui, elle-même, est entretenue par deux variables, à savoir un apprentissage collectif et l'existence des interactions qui se satisfont mieux d'une proximité des agents économiques.

Il faut signaler, par ailleurs, qu'il existe encore d'autres enrichissements de la NEG comme, par exemple :

- l'apport en termes des « ***rendements croissants d'adoption*** » : contrairement à la plupart des modèles précédents, l'on suppose ici que les firmes choisissent leur localisation de manière séquentielle et que la décision de localisation des firmes dépend essentiellement de deux facteurs c'est-à-dire d'une part, les préférences individuelles qui peuvent très bien faire fi des conceptions matérielles ou économiques. Ici, l'entrepreneur est donc considéré comme l'acteur qui agit (Essombè Edimo, 2007a). D'autre part, l'on estime que la décision de localisation dépendra également de l'existence des économies d'agglomération sur un territoire. Dans ce cas, leur présence constituera donc un facteur d'attraction des activités. Rappelons qu'on parle d'économie d'agglomération lorsque les bénéfices retirés par une entreprise de la localisation proche de celle d'autres firmes augmentent avec le nombre d'entreprises qui possèdent la même localisation située sur le même espace[83]. Avec l'approche par les rendements croissants d'adoption le processus d'implantation d'entreprises sur un territoire n'est donc pas spontané, mais historique ;

- ou encore les analyses développées dans le cadre des « ***externalités de réseaux*** » : polysémique par excellence, le concept de « *réseau* » renvoie à un ensemble d'objets ou de phénomènes (réseau ferré, réseau routier, réseau d'entreprise…). Dans les sciences sociales, il est généralement mobilisé pour décrire et analyser à la fois, l'ensemble des relations de l'individu, la manière dont celles-ci influent sur son comportement et, la façon dont ces comportements parviennent à leur tour à influencer les

[83] Notons qu'il existe aussi des *déséconomies d'agglomération,* à partir du moment où les firmes situées sur ce territoire sont sensibles aux phénomènes tels que la pollution, la congestion… Il en est de même des instabilités politiques et des troubles sociaux, par exemple.

structures sociales[84]. À cet égard, Mercklé (2004) note en effet que, « *dans la réflexion sur les usages modernes de la notion de réseau en sociologie, il s'agit de se demander d'une part de quelles unités élémentaires un réseau social est constitué, et d'autre part quelle est son étendue globale* [85]».

L'on admet généralement que le réseau est un ensemble de relations entre éléments, caractérisé par une organisation : *« les éléments sont reliés par des connexions et ils sont eux-mêmes des nœuds de connexions ».* Le réseau se définit donc par des relations. Celles-ci peuvent être *intra-systémiques* ou *extra-systémiques.* Ajoutons, pour ce qui est des relations extra-systémiques que la densité de ce type de relations et leur mode de gestion détermineront le degré de cohésion interne du système et par la même, sa «*résilience*». Les réseaux les plus dynamiques dans les configurations spatiales de la production industrielle sont les réseaux inter-entreprises dans une configuration dense de firmes. Et ces réseaux revêtent une multitude d'aspects c'est-à-dire, l'échange des marchandises ou des biens marchands, celui des savoir-faire, ou encore l'échange d'informations (d'ordre technique, technologique, commercial,…). Enfin, les réseaux peuvent être informels, et connaissent généralement une déperdition lorsqu'on voudrait les formaliser. Et la densité de ces réseaux aboutit généralement à des **économies d'agglomération** qui, à leur tour, jouent comme un mouvement d'appel pour d'autres entreprises.

On comprend alors que les analyses développées en termes *d'externalités de réseau* qui en découlent intéressent particulièrement l'économie géographique. Provenant, pour la plupart, de l'utilisation d'une technologie elles se définissent comme « *la satisfaction ou les bénéfices individuels que retirent les firmes de l'utilisation d'une technologie. Une satisfaction qui s'accroît avec le nombre effectif ou potentiel d'utilisateurs de la technologie* ». Il est à noter toutefois que les externalités de réseau diffèrent des externalités pécuniaires évoquées précédemment, car :

- les premières sont principalement issues d'interactions non marchandes entre agents économiques. Elles n'émanent donc pas du système des prix. Mais proviennent bien à la fois, de l'interaction directe et de l'interdépendance des agents ;

- les externalités de réseau ne sont pas fondamentalement reliées à la demande des consommateurs, mais bien à l'utilisation des facteurs de production des autres entreprises.

---

[84] Il s'agit d'ailleurs là aussi d'un aspect important qui permet, notamment, de lier cette analyse à l'économie des proximités (M. Bellet *et al,* 1993 ; Angéon V. et Calois, 2005).
[85] P. Mercklé (2004), *Sociologie des réseaux sociaux*, La Découverte, Paris, p.7.

En outre, les externalités de réseau englobent les externalités pécuniaires et peuvent permettre de diminuer les coûts de production et, donc, de baisser les prix de vente des produits. Elles sont généralement occasionnées par un certain type de bien particulier et que l'on appelle «*bien réseau* » ou de « *technologie jointe* ». À titre d'exemple, le recours à une messagerie électronique ou l'utilisation d'un réseau à haut débit de Télécom présente les caractéristiques d'un bien réseau et génère les externalités de réseau[86].

Dans ce contexte : quels sont donc les principaux facteurs de la localisation des entreprises sur un territoire ?

---

[86] Ajoutons, par ailleurs, que d'autres prolongements encore ont été proposés par l'économie géographique en termes de « localisation en cascade », par exemple.

Chapitre 4

COMMENT APPRÉHENDER LES DÉTERMINANTS DE LA LOCALISATION DES ENTREPRISES ?

La décision d'implantation d'une activité découle donc avant tout, disions-nous, du choix volontaire d'un espace géographique bien identifié pour sa localisation. Ceci suppose que le promoteur a pu faire, même de façon subjective, une analyse comparative de différents lieux géographiques qui s'offrent à lui, de manière à établir ensuite un ordre de préférence. C'est ainsi que la localisation de son activité va, certes, dépendre de ses objectifs propres tout en se conjuguant néanmoins dans une démarche tenant compte d'autres facteurs au premier rang desquels l'on retrouve les facteurs territoriaux.

I- LES DÉTERMINANTS DE L'IMPLANTATION DES ACTIVITÉS

Très prosaïquement, l'on considère un facteur de localisation comme une variable ou un élément majeur, voire déterminant qui influe (directement ou indirectement) sur la décision qui pousse à s'implanter sur un espace donné. Parler des déterminants de localisation revient donc naturellement à ressortir les principaux éléments qui jouent un rôle moteur dans le choix de l'implantation d'une activité ou d'une entreprise. Et ces facteurs sont généralement de plusieurs ordres. Ils peuvent en effet être économiques (coûts du bâtiment, des terrains…), sociaux (existence ou non de possibilités permettant la mise en place d'une flexibilité productive par la main-d'œuvre, voire d'une main-d'œuvre compétente ou d'un savoir-faire…), institutionnels (législation du travail, gouvernance territoriale décentralisée…), environnementaux (ressources construites ou existence des infrastructures en termes de configurations spatiales de la production (clusters, SPL…), ou encore qualité de l'environnement,…), etc.

Tout ceci montre donc bien que les activités économiques sont loin de procéder d'une logique relevant de l'arbitraire, et leur localisation dépend de nombreux facteurs suivant la nature de l'activité et compte tenu de la variété d'ordres des éléments ci-dessus. C'est dire, *in fine,* que la décision de localisation apparaît bien comme un compromis établi en considération d'une multitude de facteurs.

Mais : « *Quels sont donc ces facteurs* » ? La démarche simplifiée proposée ici recense, tout d'abord, les déterminants économiques du choix de localisation des firmes, en présentant parallèlement les principes fondamentaux inhérents aux facteurs de la localisation, avant d'analyser le cas des éléments du choix de localisation dans les grands espaces économiques.

I.1- LES DÉTERMINANTS[87] ÉCONOMIQUES DU CHOIX DE LOCALISATION DES FIRMES

Comme le notent Fontagne et Mayer (2005), par exemple, une firme localise généralement ses unités de production à des endroits où elle espère que ces dernières seront les plus profitables. Et les profits que l'on en espère s'expliquent par trois grandes catégories de déterminants économiques.

La première catégorie relève des variables qui influencent les coûts de production. Le coût de la main-d'œuvre est, bien sûr, une variable capitale ici. Néanmoins une pléthore d'autres facteurs rentre également en considération pour la formation des coûts de production. Par exemple, les politiques publiques nationales (fiscalité, subventions, ...) ou régionales (existence d'une gouvernance territoriale locale ou l'exercice d'une territorialisation des politiques publiques en aménagement du foncier industriel...), sont des éléments pouvant également influencer ces coûts. De manière générale, les autres déterminants interviennent de façon beaucoup plus complexe.

La seconde catégorie de déterminants économiques renvoie, pour sa part, à la taille de la demande à laquelle la firme peut faire face ou qu'elle pourrait servir compte tenu de sa localisation. À cet égard, les auteurs observent que dans le cas d'une entreprise multi-établissements ou possédant des filiales, par exemple, le niveau ainsi que la structure des coûts de transaction sont entièrement à la charge de la firme mère. Si bien que, dans une économie parfaitement intégrée, les coûts de transaction sont nuls et la localisation d'une entreprise n'a pas d'effets sur la demande qui lui est adressée. La distance, les frontières et, plus généralement, l'espace dans lequel opère la firme, n'ont aucun impact sur ses échanges marchands. Par contre, dès lors que les coûts de transaction sont très élevés, la firme devra arbitrer entre des « îlots » de demandes quasi autarciques. Et dans ce contexte, seule la demande locale intervient dans le choix de localisation.

Mais à vrai dire, la réalité se situe souvent entre ces deux extrêmes, et le choix entre plusieurs localisations prend généralement en compte le « *potentiel de marché* » offert par chacune. Cette notion de « marché potentiel », d'abord analysée par les géographes (Harris, 1954), aura été récemment actualisée et formalisée par les spécialistes de l'économie géographique (Hanson, 2005 ; Fujita *et al.*, 1999). Selon Harris, le potentiel de marché tient compte de la distance géographique. Et, pour une localisation donnée, il est égal à la somme

[87] Dans une grande mesure, ces déterminants font aussi partie des facteurs de ce qui est vulgairement appelé « l'attractivité ». Mais, nous reviendrons plus loin sur la stabilisation récente de cette importante notion.

des revenus des différentes régions pondérés par l'inverse de leur distance à cette localisation. Cette définition a toutefois été jugée insuffisante sur deux points :

- elle ne tient pas compte des autres barrières aux échanges (droits de douane, différences de langues, déficit d'information sur les marchés étrangers, etc.) ;
- de plus, elle n'intègre pas le fait que l'impact de la distance varie selon les industries.

Si bien que pour mesurer le potentiel de marché, les travaux empiriques retiennent des estimations plus élaborées des barrières aux échanges, et utilisent des données de branches[88].

Ceci induit d'ailleurs la troisième catégorie de déterminants de la localisation. Pendante à la précédente en effet, celle-ci est liée à l'intensité de la concurrence. Ici aussi, les coûts de transaction demeurent une donnée cardinale. Dès le moment qu'il n'y a pas de coûts de transaction, chaque firme fait face partout à la même concurrence, le nombre et la localisation des concurrents n'interviennent pas dans ses choix de localisation.

A contrario, en contexte de coûts de transaction, la distance protège de la concurrence et chaque firme cherche à éviter les régions dans lesquelles sont déjà présents de nombreux concurrents. Nous l'avons souligné précédemment, cette caractéristique de la concurrence à apparaître comme une force de dispersion a été mise en évidence par Krugman (1991, *idem*), tout comme la tendance des firmes à éviter la proximité des concurrents a été identifiée par de nombreux autres théoriciens de la localisation (Fujita et Thisse, 2002, *idem*). Il n'empêche cependant que les entreprises peuvent aussi rechercher les localisations où d'autres firmes sont présentes (recherche des économies de réseaux, d'agglomération…). Et l'un des résultats remarquables des travaux sur les choix de localisation est en effet que les firmes s'agglomèrent dans certains lieux bien au-delà de ce que laisserait attendre la taille du marché et les coûts de production[89].

---

[88] Une autre limite de la notion de marché potentiel est plus délicate. Il y a de bonnes raisons en effet pour que les firmes ne se précipitent pas toutes sur un marché important. Supposons en effet qu'un nouveau produit plébiscité par les consommateurs ne soit pas fabriqué dans un pays, par exemple. Si les coûts de transport sont négligeables en provenance des unités de production à l'étranger, la taille du marché du pays concerné va attirer les entreprises dans cette industrie. Néanmoins, au fur et à mesure que les firmes entrent sur le marché et développent leur production *1)* Les prix des facteurs utilisés abondamment dans cette industrie augmentent ; *2)* Les nouveaux entrants dans ledit pays et dans les localisations avoisinantes renforcent la concurrence. Au total, la localisation dans ce pays devient moins attractive : le potentiel de marché apparaît donc bien comme une fonction décroissante du nombre de concurrents sur le marché.

[89] Cf. Chapitre 3, *supra*.

I.2- LES PRINCIPES CARDINAUX DE LA LOCALISATION DES ENTREPRISES

Si les déterminants de la localisation des entreprises renvoient bien aux facteurs ayant influencé ladite localisation, l'on doit à la vérité de reconnaître néanmoins que dans cette analyse, la théorie a procédé par étapes. Ainsi, dans un premier temps, elle a d'abord recherché les éléments susceptibles d'influencer d'une manière ou d'une autre le choix d'une localisation des entreprises (ou, dit autrement, les conditions rendant possible ce choix) et, dans un second temps, les éléments qui ont véritablement joué un rôle lors du choix (c'est-à-dire, les facteurs), pour ensuite en dresser parallèlement des typologies.

Nonobstant des limites évidentes de la démarche utilisée (notamment parce qu'elle apparaît davantage inductive, et plus soucieuse des particularités que des régularités), son intérêt est cependant double. Tout d'abord, parce qu'elle aura somme toute permis d'identifier les multiples éléments (ou avantages comparatifs) susceptibles d'exercer une influence sur les localisations. Ensuite, parce qu'elle a réussi à relever les liens entre certaines caractéristiques des territoires et celles des entreprises.

Il en ressort successivement, selon Hayter (1997) d'une part, que les facteurs de la localisation présentent les caractéristiques suivantes[90] :

- tout facteur comprend des aspects tangibles et des aspects non tangibles (**Tableau 3,** *infra*);

- seuls les aspects tangibles peuvent être mesurés. Pour leur part, les aspects non tangibles (sécurité, qualité de l'environnement par exemple), ne peuvent être qu'estimés ;

- les aspects non tangibles doivent automatiquement être pris en compte, parce qu'ils ont une influence réelle ;

- l'interprétation des conditions individuelles de localisation (faibles taxes par exemple) nécessite la prudence ;

- de nombreux facteurs sont liés à d'autres, par exemple, les économies externes ou le climat entrepreneurial de la région d'implantation.

Et, d'autre part, que ces facteurs sont généralement commandés par quatre principes majeurs qui sont :

[90] On peut aussi voir à cet effet les développements reproduits par Mérenne-Schoumaker B. (2002, *Ibidem*), pp. 139/43.

• un facteur ne peut à lui seul expliquer une localisation[91] ;

• un même facteur peut avoir des influences diverses. Par exemple, la présence d'une main-d'œuvre qualifiée ou bon marché peut attirer certaines entreprises et apparaître comme un repoussoir pour d'autres ;

• le choix d'une localisation est toujours la résultante d'un nombre plus ou moins important de facteurs dont le poids et la diversité peuvent varier fortement d'une situation à l'autre, et

• la sélection finale d'une localisation est toujours une question de comportement et d'option. Comme le note Muther (1966, p.188-190) en effet, « *il est rare de trouver un emplacement parfait, permettant une implantation parfaite pour un prix parfait* ». De sorte qu'on peut convenir avec Mérenne-Schoumaker B. (2002, *op. cit.* p.140) que « *les dirigeants (d'entreprises) choisissent donc ce qui convient le mieux à partir de « ce qu'ils veulent » et en fonction de « ce qui est disponible* ».

Tableau 4 : Typologie des conditions de localisation des entreprises.

N°	Conditions de localisation	Facteurs tangibles	Facteurs non tangibles
1	**Facilités de transport**	Coûts de transport	Sûreté, fréquence, préjudices, disponibilités
2	**Matières premières**	Coûts de production, coûts de transport	Sécurité, qualité
3	**Marchés**	Coûts de transport, coûts de services	Contacts personnels, concurrence
4	**Travail**	Salaires, avantages non salariaux, coûts d'embauche	Attitude, syndicalisation, aptitudes, type, turn-over, disponibilités
5	**Économies externes :** **- urbanisation** **- localisation**		Externalités (positives et négatives), aptitudes de la main-d'œuvre, diffusion d'information
6	**Énergie**	Coûts	Sûreté, diversité
7	**Infrastructures**	Coûts d'investissement, taxes	Qualité, diversité
8	**Capital :** **- fixe** **- financier**	 Coûts, rente Taux d'emprunt	 Disponibilités Disponibilités
9	**Terrains/bâtiments**	Coûts	Taille, forme, accessibilité, services, configuration
10	**Environnement :** **– cadre de vie** **- politique**	 Coûts, taxes	 Préférences des travailleurs Attitudes locales
11	**Politique gouvernementale**	Aides, subventions, pénalités, taxes	Attitude, stabilité, climat, entreprenariat

Source : R. Hayter (1997, *op. cit*), p.84.

[91] À cet égard, même la présence d'un gisement d'un minerai sur un territoire, par exemple, ne peut à elle seule être la cause de l'implantation d'une usine de traitement de ce minerai. La présence de ce minerai n'est qu'une condition nécessaire et non suffisante.

II- LES DÉTERMINANTS DU CHOIX DANS LE CAS DES GRANDS ESPACES

Généralement, pour traduire les liens entre les territoires et les entreprises, l'on opère une distinction entre deux catégories de facteurs selon que ces derniers se rapportent aux territoires susceptibles d'être choisis ou aux entreprises qui opèrent les choix. Parmi les facteurs relatifs aux espaces, par ailleurs, les théoriciens distingueront deux grands niveaux spatiaux, à savoir l'échelle « macro » entendue au sens des grands espaces économiques (Union européenne, CEDEAO, CEMAC[92]...) et les échelles « méso » et « micro » (relatives aux régions, localités et terrains).

Cette distinction s'avère indispensable, notamment parce que les facteurs pris en compte diffèrent selon les échelles et que les entreprises confrontées à des choix impliquant plusieurs échelles procèdent à des sélections successives depuis le niveau « macro » jusqu'au niveau le plus « micro ». Une telle démarche permet alors de concevoir une présentation des facteurs qui s'articule autour de trois niveaux d'analyse, c'est-à-dire les facteurs spatiaux à l'échelle « macro », les facteurs spatiaux à l'échelle « méso » et « micro », puis la détermination des caractéristiques des entreprises susceptibles d'influencer les choix.

II.1- FACTEURS DE LA LOCALISATION ET CONSIDÉRATION DES TERRITOIRES À L'ÉCHELLE MACRO SPATIALE

Lorsque l'on se situe au niveau macro spatial en effet, les déterminants du choix de localisation des firmes dans les grands espaces économiques et des pays sont de quatre ordres, à savoir le marché, la réduction des coûts de production, le contexte politique, économique, social et culturel et la situation géographique du milieu ou du pays.

- Pour ce qui est du marché

Les deux principaux éléments du marché qui ont une influence décisive sur le choix de localisation sont l'accessibilité et le taux de croissance escompté. Une nouvelle localisation se trouve généralement déterminée par la recherche d'un accès aisé au marché et par la volonté de conquérir des marchés nouveaux. Une volonté qui, dans la plupart des cas, va représenter le facteur le plus déterminant.

À cet égard, l'on estime que l'implantation de nombreuses firmes, par exemple, s'explique principalement par ce facteur, les motivations des localisations étant, presque toujours, le désir de pénétrer sur le marché, la volonté de sauvegarder les ventes ou de les augmenter et la possibilité

---

[92] Communauté économique des États de l'Afrique de l'ouest et Communauté Economique des États de l'Afrique centrale.

d'atteindre, grâce à la position tremplin du marché commun, des marchés proches et traditionnellement liés aux pays voisins.

- En ce qui concerne la recherche de la réduction des coûts de production

Il est désormais établi en effet, que la mondialisation et la recherche de la compétitivité aidant, certaines entreprises s'implanteront davantage sur des territoires leur permettant d'obtenir de la flexibilité productive. Elles rechercheront donc l'implantation sur des espaces ou des pays où il sera possible de produire moins cher (grâce à de bas salaires, à l'absence ou le bas niveau des charges sociales, à des avantages financiers ou fiscaux, ou encore à de moindres contraintes environnementales…). Ces facteurs ont expliqué (et expliquent encore du reste) de nombreuses délocalisations d'usines, ainsi que la réalisation de nouveaux investissements au profit de certains pays du Tiers-monde et même d'autres pays développés (Banque mondiale, 2008 ; CEA, 2011).

- Le rôle majeur du contexte politique, économique, social et culturel

Comme le notent Michalet (1999) ou encore Storaï (2003), par exemple, l'attraction ou la répulsion qu'exercent certains espaces économiques et, surtout, certains pays sur les investissements dépend aussi de la stabilité politique, du type de régime, de la situation financière et sociale du pays, voire de la région dans laquelle il est situé. Les capitaux tiennent en effet en horreur à la fois, les zones instables, les régions trop contraignantes, des pays connaissant des difficultés financières ou présentant un taux endettement élevé, voire les espaces régulièrement confrontés à des soulèvements sociaux. Mais, le coût comme la disponibilité en capital jouent également un rôle dans la décision de localisation. Car les perspectives de profit sont étroitement liées aux conditions financières et fiscales des pays d'accueil (taux d'intérêt, réglementation des changes, régime en matière de rapatriement des capitaux et dividendes, systèmes de taxation, ou encore le régime douanier, voire la sécurité de placement…).

En addition à ces facteurs, il convient aussi d'ajouter des mesures nationales incitatives ou favorables comme, par l'exemple, le volume des achats à des fins civiles et militaires, les aides à la recherche ou à l'innovation, la politique de réglementation en matière de sécurité ou d'hygiène, ou pour l'établissement des firmes, etc. De même qu'en dehors de toutes ces considérations politiques et socio-économiques, l'on doit également tenir compte du contexte culturel. Ce dernier peut être marqué par la langue, la présence d'expatriés ou de collectivités proches des investisseurs…, et qui sont autant de facteurs également exploités dans les choix opérés par les investisseurs étrangers.

- La part de la situation géographique du pays

Le choix des localisations peut aussi en effet être influencé par la position géographique du pays, notamment sa position vis-à-vis des marchés (écoulement des produits…) ou des réseaux de transport. Comme le note encore Mérenne-Schoumaker (2002, p. 149), « *Ce facteur présente (...) un caractère synthétique et mouvant en raison des changements pouvant toucher les marchés eux-mêmes, les conditions de transport ou les conventions et accords internationaux* ».

II.2- CONSIDÉRATION DES TERRITOIRES AUX ÉCHELLES MÉSO ET MICRO SPATIALES

En se plaçant à ce niveau spatial plus restreint (celui des régions, des localités, des terrains), les facteurs orientant les choix apparaissent nettement plus nombreux (Hamilton, 1967, *idem*) (**Schéma 5**, *infra*). Pour mieux les appréhender, les théoriciens, dont Mérenne-Schoumaker (2002, *ibidem*), proposent de regrouper les différents facteurs en trois grandes rubriques permettant alors de percevoir à la fois, les facteurs relevant du cadre global, les facteurs de production et l'environnement économique, social et politique.

- Le cadre global

Ce dernier englobe les facteurs comme le marché et la situation géographique.

- **La situation géographique :** en plus de ce qui a été dit précédemment à son propos et qui reste valable, deux remarques supplémentaires sont nécessaires à ces échelles. D'abord son poids semble plus marqué au niveau régional ou local qu'au niveau national ou international, en raison de l'importance à cette échelle des éléments de polarisation des activités, des trafics, des populations et des différences qualitatives dans les répartitions (par exemple, le rôle des ports maritimes ou des villes est loin d'être identique). Ensuite, l'argument publicitaire de la situation géographique pourrait apparaître parfois dévalué, tant de villes ou de régions l'ayant invoqué pour attirer les investisseurs. Même si chaque affirmation trouve des preuves à l'appui de cette publicité, force est de constater que toutes les situations ne sont pas égales, notamment en ce qui concerne les infrastructures et superstructures disponibles.

- Contrairement à la situation géographique, **le marché** représente un facteur de moindre importance à l'échelle régionale compte tenu de l'internalisation croissante de nombreux marchés. En outre, certaines activités restent très attachées à l'aire de circulation de leurs produits ou services. Ce qui est le cas lorsque les coûts de transport sont élevés (par exemple, dans l'industrie des boissons), ou encore quand le produit perd rapidement de sa valeur (l'édition des quotidiens par exemple), ou simplement lorsque des contacts fréquents entre producteurs et clients sont nécessaires.

- Les facteurs de production

L'on retrouve ici les matières premières, l'énergie et l'eau, les transports, les disponibilités en terrains et bâtiments et, enfin, la main-d'œuvre en qualité et en quantité.

➢ **Les matières premières, l'énergie et l'eau:** bien que ces facteurs soient très importants dans les choix de localisation, leur influence varie nettement d'une activité à l'autre. le rôle des matières premières et des disponibilités en énergie, par exemple, s'est détérioré ces dernières années en raison des mutations techniques telles que celles rencontrées au sein même des processus de fabrication. L'utilisation accrue de l'électricité et du gaz naturel notamment contribue à l'assouplissement des contraintes énergétiques. Mais l'absence de ressources ou des prix très élevés peuvent décourager certains choix.

Pour ce qui concerne l'eau, son rôle s'est renforcé à cause de l'augmentation très nette des besoins et de la raréfaction des réserves. Ce qui explique l'implantation des grands consommateurs d'eau[93] en bordure des voies d'eau. Le problème de l'eau se pose aussi en termes qualitatifs pour les entreprises exigeant de l'eau d'une certaine qualité (secteur alimentaire). De même, le rejet des eaux usées semble également préoccupant au point d'apparaître aujourd'hui comme un aspect susceptible d'influencer ou d'avoir des répercussions sur les localisations.

Par rapport aux matières premières (ressources naturelles ou « *données* ») plus spécifiquement, certes chaque formation sociale, chaque région, chaque ville dispose de dotations en facteurs immobiles et immuables qui peuvent influencer positivement ou négativement l'implantation d'une entreprise. La présence de ressources minières, d'un accès à la mer, d'un marché… ou tout autre avantage relatif, permettra même d'expliquer certains choix de localisation pour beaucoup de firmes. Mais, si ces caractéristiques particulières peuvent jouer un rôle important, elles n'expliquent pas pour autant l'essentiel des choix de localisation. À cet égard : *comment expliquer alors, par exemple, que certaines villes deviennent des centres d'attraction économique importants ?* Plus prosaïquement dit : *comment expliquer le développement urbain et industriel dans certaines régions a priori peu favorisées par la nature ?* Comme le suggère Krugman (1991), si l'existence des matières premières sur un territoire peut être un « déterminant de première nature » pour expliquer l'essor des pôles économiques dans une région plutôt que dans une autre, il serait néanmoins plus pertinent de considérer que les entreprises définissent leurs

[93] Comme des centrales électriques ou de sidérurgie et du montage automobile.

choix de localisation en fonction de l'ensemble des autres facteurs. Car bien au-delà des avantages naturels, les choix de localisation des entreprises dépendent aussi largement des externalités technologiques, voire de l'existence des « ressources construites » sur un territoire.

- Le rôle des **coûts de transport** varie aussi d'une activité à l'autre. Dans le domaine industriel, on considère que la localisation des usines est dépendante de ces coûts si la part des coûts directs de transport dans le prix de revient des produits dépasse 5% (Mérenne-Schoumaker, 2002. *Op. Cit.* p. 151). Néanmoins, la minimisation des coûts de transport reste un objectif majeur de nombreux industriels, puisque c'est une des données de la localisation susceptible d'être évaluée avec précision et qui présente des variations spatiales plus sensibles (à la fois, à la qualité des réseaux, aux possibilités de pouvoir changer de mode de transport ou de pouvoir les combiner et aux autres opérateurs présents dans la région).

L'on observe ainsi que beaucoup de nouvelles zones d'activités ont une localisation proche des autoroutes, des ports et autres aéroports. Cependant, la proximité d'un mode de transport n'implique pas nécessairement son utilisation. C'est fréquemment le cas dans les zones portuaires ou aéroportuaires choisies non pas pour leur possibilité spécifique en transport, mais plutôt pour les facilités qu'elles offrent en matière de terrains (vastes surfaces à prix intéressants, peu de problèmes de voisinage, etc.).

Ajoutons, enfin, que les télécommunications ont également augmenté leur poids dans les décisions de localisation. Elles freinent ainsi les implantations là où les délais d'obtention des lignes téléphoniques sont très longs, mais les favorisant, au contraire, dans des endroits où les réseaux sont abondants et de qualité (IAURIF, 1998).

- **Pour ce qui concerne les disponibilités en terrains et bâtiments** : l'on estime généralement que les entreprises recherchent des terrains équipés au prix peu élevé et situés dans un environnement de qualité. Toutefois, les bâtiments disponibles peuvent aussi être un facteur puissant de localisation à la condition qu'il s'agisse d'immeubles récents et/ou en bon état et facilement réutilisables.

- **Quant aux aspects quantitatif et qualitatif de la main-d'œuvre** : il est reconnu que la main-d'œuvre représente un des principaux facteurs de localisation pour la plupart des industriels. Celle-ci doit néanmoins être considérée sous ses quatre différents aspects pour jouer véritablement son rôle attractif, c'est-à-dire sa disponibilité, sa qualification, sa réputation et son coût.

D'ordinaire, les entreprises préfèrent engager des jeunes et ont des exigences bien déterminées en matière de répartition de leur personnel en main-d'œuvre masculine et féminine. Des exigences qui se traduisent aussi au niveau de la formation requise. Ce qui conduit certains dirigeants, par exemple, à rejeter les zones rurales parfois réputées en manque de personnel cadre. De plus, pour ce qui est de l'appréciation qualitative du personnel, des éléments tels que la régularité (absentéisme, exactitude...), la rapidité, l'adresse, l'efficacité, la stabilité, les exigences, voire la tradition syndicale, les tendances politiques(...), sont pris en considération. Tout comme le coût de la main-d'œuvre demeure un critère important même s'il est souvent pondéré par la productivité.

- L'environnement économique, social et politique

Il s'agit de l'ensemble constitué à la fois, par le cadre économique proprement dit, les contraintes environnementales, le cadre de vie et le système d'intervention des pouvoirs publics.

Ainsi, eu égard à l'**environnement économique**, par exemple, le choix de localisation peut être influencé par la recherche de la proximité d'autres entreprises. Une décision qui s'explique alors à la fois, par les relations directes pouvant s'établir entre le nouvel établissement et ceux déjà implantés dans les environs et, par la recherche d'un voisinage particulier (par exemple, les firmes de même nationalité, de même activité, de même importance,...) ou, au contraire, firme petite souhaitant se localiser près d'une plus grande. En tous les cas, un tel choix s'explique souvent par la volonté de minimiser les risques, ou encore par la prise en considération du climat économique de la région et celle du climat local des affaires.

Pour ce qui est des **préoccupations et contraintes de l'environnement**, en outre, il faut dire que les possibilités de choix pour de nombreuses industries sont de plus en plus restreintes, notamment à cause de la sensibilisation croissante au problème de sauvegarde de l'environnement et aux mesures prises dans le cadre de la politique d'aménagement du territoire et/ou de la protection de la nature (généralisation des études d'impact). Le problème se pose, plus particulièrement, pour les entreprises à activités polluantes et/ou dangereuses. On observe d'ailleurs une tendance générale marquée par l'abandon des zones les plus réglementées au profit de celles plus tolérantes, la réglemention en matière de pollution variant d'un pays ou d'une région à l'autre.

Bien que pas encore véritablement stabilisée dans sa définition, la notion de **cadre de vie** recèle les éléments comme les coordonnées du cadre physique (beauté des paysages et durée de l'ensoleillement), les conditions de logement (disponibilité, prix et, surtout, qualité), l'attrait touristique, la présence d'équipements dans les domaines de l'enseignement (surtout universitaire et école internationale), du commerce, des soins médicaux, de la culture et des loisirs..., les facilités d'accès à des équipements ou aux endroits touristiques voisins (en particulier les facilités de communication avec la grande ville ou avec l'extérieur,...) et des facteurs d'ambiance (effectifs de personnes de catégories socioprofessionnelles analogues, habitudes régionales, degré d'ouverture du milieu aux nouveaux arrivants...). L'on considère généralement que même l'existence préalable de cet ensemble d'éléments n'est pas décisive, *mutandis paridis*, ils emportent la décision. La prise en considération de cet ensemble conduit d'ailleurs quelques fois les dirigeants à choisir des implantations proches de villes d'une certaine importance ou à s'installer dans les régions touristiques.

En ce qui concerne les **interventions des pouvoirs publics** enfin, deux types d'entre elles retiennent particulièrement l'attention au niveau des régions et des localités, à savoir les interventions régionales du pouvoir central s'inscrivant dans les politiques de développement économique et les interventions des responsables régionaux ou locaux. Il s'agit d'orienter les investissements vers telle ou telle région, de les décentraliser vers des pôles en croissance vers les périphéries en retard (notamment, par une série de mesures financières et fiscales). La gouvernance territoriale mobilisée à travers les interventions des responsables régionaux et locaux est largement plus déterminante, à cause de l'importance accordée par les dirigeants aux « structures d'accueil », à une collaboration franche, loyale et constante avec les autorités locales. La mondialisation aidant en effet, les territoires infranationaux (ou les régions) sont désormais en première ligne et sont dorénavant reconnus à la fois, comme les principaux acteurs de la construction de leur propre attracti-compétitivité et par la mise en place de la régulation et d'une territorialisation efficaces des politiques publiques permettant d'attirer les investissements ou de se construire des « *avantages différenciatifs* [94]».

[94] Expression empruntée à B. Pecqueur (2007), « L'économie territoriale : une autre analyse de la globalisation », in *Economie Politique*, n°33, jan-fév-mars.

0Schéma 5 : Modèle de base des facteurs influençant les décisions de localisation industrielle.

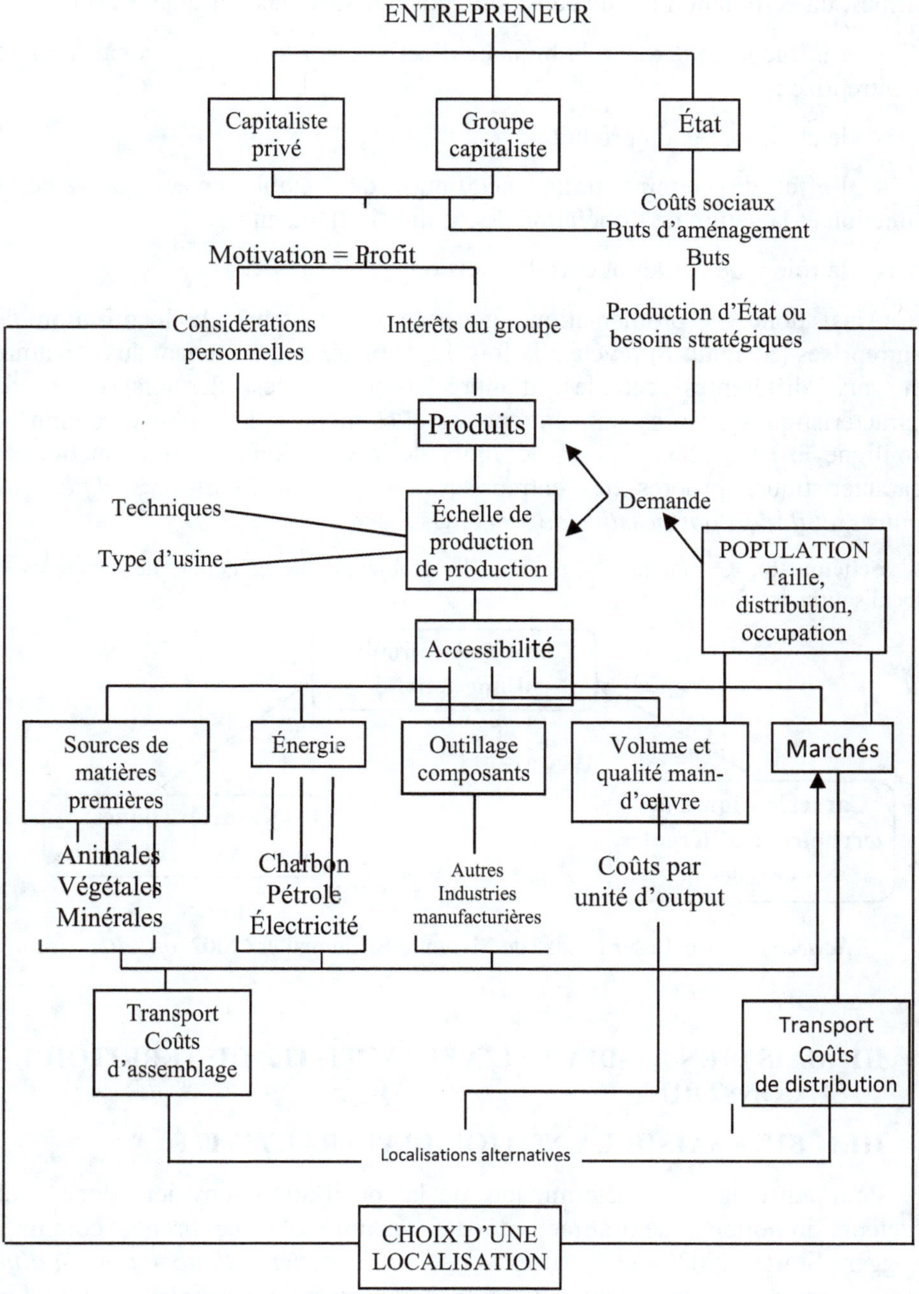

Source : Hamilton F.E.I. (1967, *op. cit*, p. 365).

Bien entendu à ces différents facteurs il convient d'ajouter, dès lors que l'analyse de la localisation est effectuée sur la base des caractéristiques des firmes, un certain nombre de considérations dont les plus marquantes sont :

- l'influence qu'exerce la branche d'activité sur le choix de localisation de l'entreprise ;

- le cycle de vie du produit ;

- l'effet de certains traits spécifiques de l'établissement (la taille, la fonction et la nature de l'opération de localisation), ou encore

- le rôle joué par les agents de décision.

Ainsi donc, la problématique générale des facteurs de localisation des entreprises (**Schéma 6**) révèle à la fois, les caractéristiques tenant aux territoires et aux différentes échelles d'appréciation de ces derniers et a des caractéristiques propres aux entreprises elles-mêmes. En somme, comme le souligne le LET (2008, *idem*), le choix de localisation varie en fonction des caractéristiques propres des entreprises. De plus, « *chaque cas diffère des autres, et il n'est pas possible de tout envisager* ».

Schéma 6 : Comment comprendre la problématique générale des facteurs de localisation des firmes.

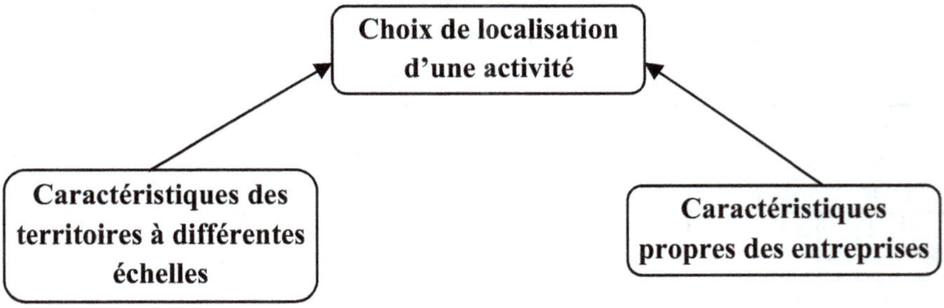

Source : Concocté sur la base de Mérenne-Schoumaker (2002, *op. cit*, p. 142).

III- MAIS BIEN AU-DELÀ : L'ATTRACTIVITÉ DU TERRITOIRE SE CONSTRUIT

III.1- BIEN SAISIR LA NOTION D'ATTRACTIVITÉ

Pour ainsi dire, les déterminants de la localisation renvoient donc à des facteurs importants de l'attractivité des territoires. À ce propos comme le suggère Storaï (2003, *idem*), par exemple, « *l'attractivité d'une nation ou d'une région concerne fondamentalement la capacité d'un territoire (national ou régional) à attirer des investissements étrangers et locaux* ». Acception qui n'est d'ailleurs éloignée ni de celle de Hatem (2004) qui considère l'attractivité comme *« la capacité pour un territoire d'offrir aux acteurs des conditions qui les convainquent de localiser leurs projets sur leur territoire plutôt que sur un autre »* ni davantage de celle de l'OCDE (2005), et qui la mobilise comme *« la capacité d'attirer de la main-d'œuvre qualifiée et des compétences comme des moyens pour favoriser le développement économique la régénération urbaine »*. On comprend assez aisément que, de son côté, Veltz (2004) ait pu y voir une « *notion complexe* » et qui, dans le cadre des territoires, doit tenir compte des interactions d'un certain nombre de facteurs aujourd'hui inaltérables c'est-à-dire :

- la mondialisation industrielle en parallèle de la globalisation financière, dans un univers d'échanges et de production devenus transnationaux ;
- la métropolisation (polarisation de l'économie), et
- le mode d'organisation des firmes (et pas seulement des grandes firmes).

Car, la notion d'attractivité contient pêle-mêle, *attraction effective* (capacité à attirer des capitaux, de la main-d'œuvre qualifiée, des touristes… et à les fixer durablement sur un territoire), et *attraction potentielle* (aptitude à être désirable pour une raison ou pour une autre). On le voit, on est donc bien face à une *complexité* qui renvoie en même temps et invariablement à l'attraction, mais aussi, mondialisation et polarisation des territoires et de l'économie aidant, à la compétition. De cette complexité que Delorme (2000) traduit par « *l'irréductibilité à un degré satisfaisant de réduction. Une irréductibilité paradoxale* (parce qu'elle est) *simultanément un obstacle et un principe de connaissance et d'action* ». À cet égard, nous avons récemment proposé le recours au concept « d'*attracti-compétitivité* », pour analyser ce problème désormais posé aux territoires. Issu à la fois, de *la compétitivité* et de *l'attractivité*, ce néologisme nous paraissait alors idoine pour signifier que dans une économie globalisée comme celle de ce début du siècle, l'attractivité et la compétitivité territoriales vont de pair, et imposent désormais aux territoires de se construire et de sauvegarder leurs avantages compétitifs pour espérer attirer les investissements sur leur sol (Essombè Edimo, 2008). Car le territoire n'est plus, loin s'en faut, « un stock de ressources ».

Point n'est besoin, bien entendu, de verser dans une vision idyllique de la mondialisation dont on sait par ailleurs que l'une des interdépendances générées au niveau de la production, se traduit par la mise sur pied d'un système productif dominé par des firmes multinationales (ou globales). Celle-ci se caractérise par une division internationale du travail qui unifie les processus productifs nationaux et s'appuie sur un réseau de filiales ou de sous-traitants qui opèrent la délocalisation de segments entiers des appareils de production selon la logique des avantages comparatifs. Cette structuration est le fait des firmes multinationales qui façonnent dorénavant l'espace mondial en réseaux de production avec, et c'est le moins qu'on puisse en dire, une faible intégration actuelle de l'Afrique (faiblesse industrielle de cette dernière, attraction très limitée des investissements directs étrangers, ou encore reconversion tardive à la mise en place des espaces de production postfordistes...). Alors même que la plupart des pays africains affichent leur volonté d'émergence pour, en moyenne, à partir de 2035.

III.2- ATTRACTIVITÉ ET COMPÉTITIVITÉ SE CONJUGUENT BIEN AU-DELÀ DE LA POSSESSION DES RESSOURCES DONNÉES

L'existence de matières premières sur un territoire constitue, certes et comme on l'a souligné précédemment, un adminicule important pour son attractivité. L'évolution très récente des économies dites émergentes montre, entre autres, qu'il s'agit d'un ensemble de pays dont la croissance économique est soutenue à la fois, par l'exportation des biens de consommation (comme en Chine), celle des matières premières agricoles (30% au Brésil) et, par celle d'hydrocarbures (cas de la Russie). En même temps, l'histoire suggère également que les anciens « *nouveaux pays industriels* » (ou NPI) sont, pour la plupart, des pays ne disposant pas de matières premières (Judet, 1986 ; Essombè Edimo, 1995). En fait, lorsqu'on privilégie l'attractivité pour un territoire, par exemple, l'on considère que dans une économie désormais mondialisée et où les territoires sont largement ouverts sur l'extérieur, les avantages compétitifs d'un espace géographique dépendent moins de ses propriétés intrinsèques (ressources données, par exemple) que de son aptitude à attirer et à mobiliser les ressources indispensables à son processus de production et de commercialisation. Même si les deux notions, attractivité et compétitivité (capacité à gagner des parts de marchés et à les conserver durablement) ne peuvent aucunement être confondues, il n'en demeure pas moins qu'elles sont aujourd'hui devenues indissociables. Car comme le note Vinci (2010) en effet, « *Un territoire a d'autant plus de chances d'être compétitif qu'il a la capacité d'attirer à lui les acteurs économiques nécessaires aux activités de production. Inversement, l'attractivité dépend de la compétitivité, car les acteurs économiques se dirigent volontiers vers des places offrant le plus d'opportunités de bénéfices, donc les plus compétitives* ».

Par ailleurs, l'on distingue plusieurs dimensions indispensables à l'attractivité territoriale c'est-à-dire :

- l'avantage de localisation relatif à la taille du marché et ses perspectives de croissance anticipée ;

- la disponibilité d'une main-d'œuvre qualifiée associée à l'existence d'un tissu industriel performant, et

- l'efficience des réseaux d'infrastructures informationnelles et communicationnelles qui revêt une importance cruciale.

Toutes ces dimensions sont intégrées par les entreprises recherchant des territoires d'implantation. Et ces dernières finissent toujours par s'installer sur le territoire qui leur permettra de maximiser leur profit tout en minimisant leurs coûts. L'implantation d'une entreprise découle d'un arbitrage que celle-ci effectue entre plusieurs possibilités d'implantation, et s'explique par l'existence sur le territoire choisi d'avantages qui ne sont pas observables sur les autres territoires. Ces avantages constituent les facteurs (ou déterminants) de localisation, ou encore l'ensemble des éléments qui la poussent à se localiser sur un espace plutôt que sur un autre. Une fois que ces facteurs sont repérés sur un territoire, en outre, l'entreprise va alors mobiliser un ensemble de leviers qui lui permettront de choisir ensuite le meilleur emplacement possible.

Cette étape correspond à l'élaboration de ce qu'on appelle généralement *la stratégie de localisation.* Là encore, l'on observe que les stratégies de localisation des entreprises industrielles varient selon la nature des produits et les caractéristiques sectorielles. Ainsi une entreprise aura tendance à s'implanter, pour une raison ou pour une autre, soit dans les grands bassins de demande et d'emploi, soit dans des zones périphériques. L'on considère ordinairement que la firme se localisera dans les grands bassins de demande et d'emploi si elle est peu sensible à la concurrence, ou lorsqu'elle est peu sensible aux coûts du travail, ou encore lorsqu'elle utilise dans son processus de production un grand nombre de biens intermédiaires diversifiés. Elle choisira, par contre, de se localiser dans les zones excentrées si en plus de ne pas répondre aux caractéristiques citées ci-dessus, elle utilise une grande quantité de main-d'œuvre non qualifiée, supporte de faibles coûts de transport et est dépendante d'une ressource naturelle difficilement transportable. En tout état de cause, note avec pertinence Kokou Dokou (2011), pour bénéficier d'une légitimité territoriale d'ailleurs, « *l'entrepreneur (exogène ou endogène) doit questionner constamment son territoire (...). Ce questionnement lui permet d'être attentif, de méditer constamment avec son territoire (...) et ayant une attitude plus ouverte vis-à-vis des paramètres présents dans la conception, la formulation et l'exécution des stratégies d'implantation, de création ou de développement. Il lui faut adopter un comportement qui ne réponde pas à un modèle général et uniforme, mais qui s'inspire à la fois, des avantages organisationnels et des ressources génériques et spécifiques du territoire* ».

Parce qu'en effet, quelle que soit la stratégie adoptée par les entreprises, leur implantation n'est pas sans effet sur le développement du territoire de localisation. Car une fois installées, elles peuvent aider à l'activation des ressources territoriales tout en coopérant parfaitement avec les autres firmes et acteurs locaux dès lors qu'elles désirent maximiser leurs profits. À cet égard, du reste, des études récemment menées sur l'influence des stratégies de localisation des entreprises sur le développement territorial ont révélé que celles-ci contribuent significativement au développement territorial. Pour Le Gall (2011), par exemple, certaines stratégies de localisation des entreprises industrielles comme celles basées sur les ressources aboutissent à l'activation et à la spécification des ressources, et contribuent de ce fait au développement territorial. La ressource territoriale est ici admise comme une caractéristique construite d'un territoire particulier et en vue de son développement. Et elle mobilise à la fois, l'intentionnalité des acteurs, mais aussi un substrat idéologique. Elle est tout à la fois, « *naturelle* », *« renouvelable »* ou *pas renouvelable*, *activée* ou potentiellement *activable,* mais aussi marchande ou non marchande. De manière plus précise d'ailleurs, Pecqueur et Gumuchian (2007) proposaient très justement d'en entendre à la fois :

> 1- Les ressources matérielles, certes, dont dispose le territoire (matières premières,...), mais aussi,
>
> 2- Les ressources idéelles (connaissances et savoir-faire partagés par les acteurs situés, les dynamiques de projet, le cadre institutionnel,....). Toutes ces ressources garantissant alors ce que ces auteurs appellent « *la biodiversité territoriale »* et qui en fait, apparaît bien comme un de ces facteurs de « *construction et d'affirmation territoriale* » (Bessière, 1998).

L'implantation des firmes génère donc l'activation des ressources du territoire et contribue, par là même, à rendre celui-ci plus compétitif. À ce propos, Broussole (2010) suggère d'ailleurs que les autorités locales devraient élaborer des politiques territoriales adéquates à l'effet de maintenir ces entreprises sur leur territoire. En d'autres termes, gérer l'implantation des entreprises c'est, finalement, développer une stratégie du territoire autour de la valorisation des ressources de celui-ci. Cela veut dire permettre l'activation proprement dite de la ressource, mais également mobiliser et coordonner les acteurs locaux autour de ce projet. Mais, c'est peut-être d'ailleurs aussi l'occasion de revenir sur cette importante notion largement commentée, et pas toujours bien assimilée qu'est « *la ressource territoriale* ».

De quoi s'agit-il exactement ?

Globalement, il s'agit d'une caractéristique construite d'un territoire déterminé et engagé dans une optique de développement. S'il n'existe pas, à proprement parler, une définition unique de la « ressource territoriale », Pecqueur et Gumuchian (2007, *idem*), par exemple, proposent d'en entendre à la fois, les ressources matérielles (matières premières...) dont dispose un territoire, mais aussi les « ressources idéelles » (connaissances et savoir-faire partagés par les acteurs situés, les dynamiques de projet, le cadre institutionnel...). Pour sa part, Dérioz (2007) convoque *la ressource* qui peut être tout à la fois « naturelle », « renouvelable » ou pas renouvelable. Mais celle-ci peut également tenir de l'existence d'une main-d'œuvre locale détentrice de savoir-faire spécifiques, tout comme elle peut aussi tenir de l'existence de traditions culturelles particulières. Mais, ajoute l'auteur, « *quelle que soit la ressource, c'est son exploitation qui l'identifie comme telle* ». Néanmoins c'est l'intégration de la ressource, que celle-ci soit ou non exploitée ou simplement regardée comme exploitable, dans une vision du territoire et des voies du développement, qui lui confère le statut de « ressource territoriale ». Ainsi, si comme le soulignent Brunet et al (1995) « *une ressource est toujours un moyen pour créer de la richesse* », une ressource territoriale est indubitablement aussi un moyen pour créer du territoire, tout au moins pour le renforcer et en préciser l'existence. Elle fait donc partie du « capital territorial » et qui, lui aussi, se compose d'un certain nombre d'éléments spécifiques tels que la qualité des relations de confiance entre les acteurs du territoire, notamment les entrepreneurs, le capital relationnel, ainsi que les capacités d'apprentissage.

Au total, on peut considérer que les ressources territoriales sont multiples : existantes ou latentes, activées ou potentiellement activables, marchandes ou non marchandes. Elles peuvent être génériques ou données, ou spécifiques, ou ancrées dans un territoire et construites (Colletis et Pecqueur, 1993). Par contre, autant ***les ressources*** représentent un potentiel pour le territoire (dans le sens où elles ne sont pas en activité et sont donc «hors marché »). Autant ***les actifs*** sont, quant à eux, des facteurs en activité réalisés sur un marché. De leur côté, **les ressources génériques** se définissent par le fait que leur valeur est indépendante de leur participation à un quelconque processus de production. Contrairement aux **ressources spécifiques** qui, elles, naissent de processus interactifs et sont alors engendrées dans leur configuration (Pecqueur, 2005)[95].

De plus, une fois installées, les entreprises peuvent développer des capacités permettant de co-construire (avec les acteurs privés et publics situés divers) l'environnement indispensable à leur propre développement. Parce que la construction, comme du reste l'activation de la ressource territoriale, constitue une chance de développement. Elle s'engage de manière cognitive, organisationnelle et/ou institutionnelle susceptible de favoriser un entrepreneuriat innovant autour de la ressource ainsi révélée. Un processus qui, par ailleurs, demeure très fortement encouragé et suivi par la gouvernance locale. Pour ainsi dire, une fois implantées, les entreprises peuvent participer au processus stratégique du territoire autour de la révélation ou l'activation, mais aussi de la valorisation des ressources territoriales.

Toutefois, et il faut bien le reconnaître, l'influence des stratégies de localisation des entreprises n'est pas la même sur tous les territoires. Parce que chaque territoire dispose d'une politique industrielle spécifique. Et celle-ci peut ou ne pas du tout être adaptée à la promotion d'un véritable développement

[95] Comme le note encore avec raison l'auteur, la distinction entre nature spécifique et générique remonte aux travaux de Williamson (1985). Dans cette optique, les facteurs sont dits spécifiques s'ils s'attachent à un processus de production particulier.

territorial sur la base de l'exploitation de la présence des firmes ainsi implantées. Diverses modalités sont aujourd'hui largement utilisées à cet effet. Même si les modèles aujourd'hui stylisés dans les pays industrialisés ne sauraient être complètement reproductibles (Razafindrazaka, 2010), il existe néanmoins (même dans des pays du sud) des expériences en la matière. Partout, la pratique concerne la promotion d'une politique de territorialisation de la politique économique en termes de création des nouvelles configurations spatiales de la production industrielle, de promotion de l'ingénierie locale de développement (Essombè Edimo, 2007a, *Idem*), etc.... De ce point de vue, l'on observe bien que la politique publique territoriale se concentre, de plus en plus, aujourd'hui sur l'aménagement des espaces productifs avec la promotion de nouvelles formes d'agglomération spatiale d'entreprises (systèmes productifs localisés, espaces serviciels, clusters, agglomérations spécialisées et/ou polyvalentes, arrangements productifs localisés, systèmes agro-industriels localisés ou SYAL...). Parce que celles-ci présentent plusieurs avantages par temps de mondialisation. Plus exactement, parce que ces concentrations permettent aux firmes :

1- De réaliser des économies d'agglomération et de construire localement une dynamique de développement ;

2- Tout comme elles peuvent être utilisées dans leurs politiques d'attractivité par le territoire comme « *effet de vitrine* » ou *d'image*.

Comme le suggère fort bien Courlet (2014) en effet « *la mondialisation de l'économie et des échanges se traduit en fait par une restructuration profonde de l'espace en faveur de certains territoires comme les fameux districts industriels et au profit des villes et des métropoles. On peut* (bien) *dire que c'est le temps du territoire* ».

C'est qu'en outre, ces aires productives d'un nouveau type (ou postfordiste) présentent en effet la particularité de favoriser l'attraction des projets et partenaires d'origine extérieure, par le canal de plusieurs leviers dorénavant largement bien connus. Tout d'abord, parce qu'elles offrent un environnement favorable à l'accueil d'entreprises spécialisées. Ensuite, elles peuvent servir de terreau à l'émergence de projets innovants. De même qu'enfin, elles créent un « *effet d'image* » fondé sur l'existence et la promotion d'une offre territoriale différenciée qui peut susciter un intérêt spontané auprès des acteurs extérieurs au territoire[96]. Parce que « *dans la période actuelle, caractérisée par une*

[96] Par effet de balançoire d'ailleurs, les spécialistes considèrent également qu'un afflux des investissements extérieurs (ou étrangers) peut également renforcer ces agglomérations productives locales de plusieurs manières, c'est-à-dire en contribuant à installer ces aires de production dans des réseaux internationaux de partenariats ou de financements, voire de circulation des savoirs et des compétences, ou en apportant et en diffusant des savoir-faire et des capacités d'innovation supplémentaires, ou enfin, en remédiant à d'éventuelles faiblesses de

compétition fondée plus sur la flexibilité, la variété, la qualité et l'innovation que sur les coûts, l'importance des ressources et des évènements immobiles (et, par conséquent, des territoires locaux auxquels ils appartiennent) a grandi en proportion avec la mobilité mondiale des ressources et des évènements mobiles capables de s'intégrer aux spécificités locales en les transformant en avantages compétitifs [97]».

En outre, l'on observe que, quel que soit le type d'aire productive à l'œuvre, ou encore, quelles que soient les matières premières dont on dispose, la mise en valeur des potentialités du territoire d'implantation supposera toujours une articulation réussie des politiques de développement endogène (ou local) et d'attraction des investissements. Pour cela aussi, il est indispensable pour les pouvoirs publics locaux (ou collectivités territoriales décentralisées) de se doter à la fois, d'un projet du territoire et d'un ensemble d'outils d'ingénierie territoriale, en vue de la construction et de la promotion réussies de leur politique d'attractivité sur « le marché des implantations ». A cet égard, la ressource, par exemple, n'est pas toujours quelque chose qui préexiste. Elle peut n'être révélée que par le projet du territoire. De plus, les politiques de développement territorial se doivent désormais de composer avec le nouveau contexte de globalisation des économies et de mobilité croissante des biens, des personnes et des unités de production. Là encore, parmi les outils aujourd'hui mobilisés à cette fin, l'on relève notamment les « *Agences de Développement* » ou les « *Agences de promotion internationale* »… et qui, de concert avec la collectivité locale, mettent en œuvre la politique d'attractivité du territoire selon une double logique ascendante et descendante et avec une démarche précise[98]. Ordinairement du reste, cette dernière comporte elle-même un ensemble d'actions qui se déploient selon des étapes bien déterminées. En tous les cas, note avec pertinence Ingallina (2009, *idem*), désormais prévaut bien *« un consensus autour de l'idée que le territoire est un objet stratégique qui doit investir dans une politique d'image, de différenciation/spécialisation, et valoriser ses qualités* ».

Dans ce contexte donc, autant que les savoir-faire ou les compétences, la dynamique d'organisation ou les infrastructures, ces aires productives rentrent désormais dans le cadre de ce qu'on appelle « *les ressources construites* » et

---

l'offre locale dans des segments stratégiques et en valorisant des potentialités locales encore sous-exploitées ( ).

[97] Ingallina P. (2009), « L'attractivité des territoires », in Actes de Colloque sur « L'attractivité des territoires : regards croisés », MEEDDAT (2009), Paris, p. 9.

[98] Il est généralement reconnu à ces agences le rôle et l'exécution des différentes politiques d'offres émanant des territoires (le *Branding*) : qu'il s'agisse de la promotion (production de discours sur l'attractivité), de la prospection (démarchage des entreprises dans les salons...), du projet territorial ou de négociation (production d'un service adapté à une demande précise), ou encore d'accompagnement (service après-vente répondant aux besoins fonctionnels des entreprises désireuses de s'installer sur le territoire).

qui, comme dans les pays émergents du XXIe siècle, forment le socle de l'attraction des investissements. De sorte qu'en 2011, par exemple, 10,5% des investissements directs étrangers seront adressés à un ensemble de sept pays émergents, contre 5,3% en 1990 (Vercueil, 2011). Les progrès aujourd'hui réalisés dans le domaine du marketing territorial, pour identifier et valoriser les avantages des territoires permettent de considérer que le capital immatériel (issu de la valeur accumulée par le territoire en termes d'organisation, de savoir-faire accumulés, ou d'image de marque…) occupent désormais une place prépondérante dans l'attractivité et le développement des territoires[99].

CONCLUSION DE LA PREMIÈRE PARTIE

L'économie de la localisation aura donc proposé tout un ensemble complexe d'approches conceptuelles permettant de saisir à la fois, le sens et le bien-fondé de l'implantation des activités. Les toutes premières analyses ont, du fait des caractéristiques socio-économiques d'alors, privilégié la distance et le coût du transport comme facteurs-clés de la localisation des firmes. Toutefois, l'évolution (des technologies, des mentalités, des comportements, des réalités économiques, des moyens de transport…) en suggérant la remise en cause de celles-ci, a surtout aussi permis un enrichissement extraordinaire de la théorie en la matière. Résultat : l'on dispose aujourd'hui d'une variété d'outils et de méthodes pour analyser et comprendre les dynamiques de la localisation des entreprises.

De manière générale, l'on peut considérer que la décision d'implantation, tout autant que la forme qu'elle peut prendre, relève principalement d'une logique microéconomique propre à chaque entreprise. Et de ce point de vue, un territoire peut se montrer attractif pour certains motifs et ne pas l'être pour d'autres, au sein d'une même activité ou selon les types d'activités. Cela explique l'existence de flux croisés d'investissements directs. Il n'en demeure pas moins que le choix de l'implantation sera fonction de la combinaison des avantages de la firme et de ceux de la zone d'accueil. Cette dernière agira, pour sa part, dans une démarche de valorisation de ses ressources, c'est-à-dire de création de richesses. Parce que la ressource territoriale, et c'est le moins que l'on puisse désormais en dire, « *est toujours un moyen pour créer du territoire, tout au moins pour le renforcer et en préciser l'existence* » (Brunet et al, 1995, *idem*).

---

[99] Gollain V. (2012), *Identifier et valoriser ses avantages comparatifs territoriaux avec la méthode Cerise Revait*, 5ème version, CDEIF, Paris.

Par temps de mondialisation en effet, des facteurs territoriaux apparaissent de plus en plus comme les éléments-clés de l'attraction des firmes. C'est en effet « *le moment territoire* » (Courlet, 2014, *idem*) dans ce que celui-ci a de plus concret et de plus massif. Dans cette perspective, on comprend aisément le développement de plus en plus répandu des politiques d'attractivité territoriale à travers le monde (notamment, dans les pays industrialisés et dans les pays émergents). Généralement perçue comme un caractère positif, l'attractivité est le signe de la vitalité d'un territoire, pour autant que les seuils d'engorgement n'y sont pas atteints. Elle présente une dimension multiforme (économique, sociale, culturelle, résidentielle, touristique…). Mais, la mondialisation aidant, sa dimension économique (existence de ressources naturelles,…) est largement aujourd'hui doublée d'une perception en termes de « ressources immatérielles » (existence sur un territoire des centres de formation, des compétences, d'aménités environnementales diverses, des services aux entreprises, de logements, de cadre de vie, ou encore d'un capital territorial…), voire de « ressources construites ». Avec celles-ci, l'on est aujourd'hui passé « *de la géographie des coûts à la géographie des compétences et de l'organisation* » (Courlet, 2008, *idem*). Bref, les considérations sociodémographiques, par exemple, ne suffisent plus à elles seules pour constituer les indicateurs absolus de l'attraction. Cette dernière doit, de plus en plus, être couplée à des facteurs qui révèlent de la dynamique économique locale, ou encore de la spécialisation du territoire et de ses savoir-faire (ou de ses compétences), voire de sa dynamique d'organisation. En somme, répétons-le, la localisation d'une activité est le résultat d'une action volontariste qui consiste à choisir d'implanter l'entreprise (ou l'activité) en un lieu, compte tenu des avantages relatifs que la position de ce lieu peut représenter. Et celle-ci suppose la prise en compte de facteurs dont beaucoup intègrent aujourd'hui la dimension spatiale.

Beaucoup plus que les matières premières donc, la présence de compétences ou des savoir-faire apparaît en effet aujourd'hui comme le *fer de lance* tout aussi bien pour attirer les firmes et les investissements que pour développer les capacités productives internes (ou « *ressources construites* ») d'un territoire : que celles-ci se nomment « systèmes productifs localisés, pôles (ou poles) de compétitivité, agropoles, systèmes agro-industriels localisés, ou agglomérations polyvalentes ou spécialisées, clusters…, et qui permettent généralement aux firmes de réaliser des économies d'agglomération. Et, si « *une hirondelle n'annonce pas le printemps* », il reste néanmoins peu probable qu'une ruée d'hirondelles préfigure systématiquement le mauvais temps. Il est en effet difficile de croire que la généralisation actuelle d'une territorialisation accentuée des politiques économiques dans les pays industrialisés et dans les pays émergents (avec promotion des nouvelles configurations spatiales de la production industrielle entre autres), poursuit un autre objectif que celui de la construction (au profit des territoires concernés) des « *avantages différenciatifs* » en vue d'attirer les entreprises par temps de mondialisation et, ainsi, réduire leur vulnérabilité. Partout se met en place désormais un modèle de production postfordiste impliquant davantage le territoire, et avec l'émergence de la ressource territoriale générique et idéelle.

Bibliographie de la première partie

ADEFI-GRECO (1984), *Régions et politique industrielle*, Economica, Paris.

Atlan H. (1979), *Entre le cristal et la fumée*, Ed. Du Seuil, Paris.

Alonso W. (1964), L*ocation and trade use*, Harvard University Press, Cambridge, Mass.

Angéon V. et Callois J.M. (2007), « Fondements théoriques du développement local : quels apports de la théorie du capital social et de l'économie de proximité ? » in Revue *Économie et Institutions* », n° 6 et 7…..

Aoki M. (2001), *Toward A Comparative Institutional Analysis*. Cambridge/MIT Press (Trad. française "*Fondements d'une analyse institutionnelle comparée*", Ed. A. Michel. Paris).

Ayadi M. et Amara M. (2009), "Spatial patterns and geographic determinants of welfare and powerty in Tunisia", Working Paper, n° 478, *Economic Research Forum*, Revised, Mar.

Aydalot P. (1985), *Économie régionale et urbaine*, Economica, Paris.

Bailly A. (1977), *La perception de l'espace urbain : les concepts, les méthodes et leur utilisation dans la recherche urbanistique*, C.R.U., Paris.

Bagnasco A. (2010), « Les sociétés locales dans la nouvelle économie », in Bagnasco A., C. Courlet et G. Novarina (dir.)(2010), *Sociétés urbaines et nouvelle économie*, L'Harmattan, Paris.

Banque Mondiale (2008), Rapport sur le développement dans le Monde, Washington DC.

Bardham P. (1989), "The new institutional economics and development theory: a critical assessment", dans *World development*, n° 127. Vol. 9.

Baldwin R., Forslid R., Martin P. Ottaviano G.I.P. et Nicoud F.R. (2003), *Economic geography and public policy*, Princceton University Press.

Barel Y. (1979), *Le paradoxe et le système*, PUG.

Baudelle G. et Ducom E. (2009), « L'organisation de l'espace urbain par la distance au centre : des modèles contradictoires ? », in Revue *ATALA*, n°12, mars.

Baumont C. et Huriot J.M. (1999), « Interaction agglomération-croissance en économie géographique », in Bailly A.S. et Huriot J.M. (éds)(1999), *Villes et croissance*, Anthropos, Paris.

Belhedi A. (2010), *Les modèles de localisation*, Pdf, amorbelhedi.unblog.fr

Bellet M. et *al.* (1993) , « Economie des proximités », in *RERU*, n° Spécial n°3.

Benko A. et A. Lipietz (1992) (éds), *Les Régions qui gagnent. Districts et réseaux : les nouveaux paradigmes de la géographie économique*. PUF, Coll. « *Economie et Liberté* », Paris.

Benko G. (1998), *La science régionale*, Paris, PUF.

Bernis G. de (1966), « Industries industrialisantes et contenu d'une politique d'intégration régionale », Revue *Économie Politique*, n° T 19, Paris.

Bessière J. (1998), « Le territoire : le lieu d'apprentissage et de mémoire collective », in ARF/Institut de Géographie Daniel-Faucher.

Billaudot B. (2001), *Régulation et croissance*, L'Harmattan, Paris.

Boyer R. (1986), *Théorie de la régulation, une analyse critique*, La Découverte, Paris.

Boyer R. et Saillard Y. (1995), *Théorie de la régulation : état des savoirs*, La Découverte, Paris.

Broussole D. (2010), « Le commerce de services et la directive services révisée », in Revue *Économies et Sociétés*, série « Économie des Services ».

Brunet et al. (1995), « Les mots de la géographie », in « *Montpellier : reclus* », La Documentation Française, Paris.

Cabin P. (Coord.) (1999), *Les organisations : état des savoirs*, Ed. Sciences Humaines, Paris.

Cabin P. (Coord.) (2000), *L'économie repensée*, Ed. Sciences Humaines, Paris.

CEA /BSR (2011), *Les économies de l'Afrique centrale 2011 : enjeux et opportunités des politiques industrielles en Afrique centrale*, Ed. Je Publie.

Cattin M. (2000), « Régions centrales et périphériques : externalités et économie géographique », in Revue *Région et Développement*, n° 11.

Cattin M. et Van Huffel C. (2003), « Concentration urbaine et industrialisation », in Revue *Mondes en Développement*, Vol.31-2003/1-n°121.

Claval P. (1981), *La logique des villes*, Litec. Paris.

Coase R. (1937), "The Nature of the firm" , in *Economica 4*, 1937 ; *La Firme, le marché, la loi*, Diderot Multimédia, 1997.

Coase R. (1960), "The problem of social cost", dans *Journal of Law and economics*, Vol. 3, Oct.

Chamberlin E. H. (1933), *The theory of monopolistic competition*, Cambridge, Harvard University Press.

Colletis-Wahl K. (1999), « L'évaluation des infrastructures de transport : quelle représentation théorique des liens entre l'infrastructure et le développement? », in Revue *Management Public,* n° 17-1, Vol. 17.

Courlet. C. (1986), « Industrialisation et développement : analyse traditionnelle et mouvements récents », Revue *Économie & Humanisme*, n° 289.

Courlet C. (1994), « Industrialisation et territoires : les systèmes productifs locaux », in *Dynamique des activités et évolution des territoires*, ADICUEER-ASRDLF, Université de Saint-Etienne.

Courlet C. (Dir)(2007), *Territoire et développement économique au Maroc : les systèmes productifs localisés*, L'Harmattan, Paris.

Courlet C. (2008), *Economie territoriale*, PUG.

Courlet C. et Pecqueur B. (1992), « Les systèmes industriels localisés en France : un nouveau modèle de développement », in Benko G. et Lipietz A. (éds) (1992), *Les régions qui gagnent*, PUF, Paris.

Courlet C. (2008), *Economie Territoriale*, P.U.G.

Christaller W. (1933) : *Die zentralen Orte in Süddeutschland*, Université d'Iéna. G. Fischer (trad. anglaise partielle par Ch.W. Baskin (1966), Central Places in Southern Germany, Englewood Cliffs Prentice Hall).

Decrop J. (2003), *Agglomération et dynamique des activités économiques dans les villes Belges*, Bureau Fédéral du Plan, Working Paper, nov.

Delorme, R. (2000), « Théorie de la complexité et institutions en économie », Colloque sur Organisations et institutions en économie, Amiens, 25-26 Mai 2000.

Dicken P. (1998), *Global shift*, Paul Chapman Publishing, Londres.

Dunn E.S. Jr (1954), *The location of agricultural production*, University of Florida Press, Gainesville, FL.

Dupuy J.P. (1982), *Ordres et désordres : enquête sur un nouveau paradigme*, Ed. Du Seuil, Paris.

Engelmann F.C. et U. Walz (1995), "Industrial Centers and Regional Growth in the Presence of Local Inputs", dans *Journal of Regional Science,* n° 35.

Essombè Edimo J.R. Nya Bonabébé (1995), *Quel avenir pour l'Afrique ? : financement et développement*, Ed. Silex/Nouvelles du Sud, Paris.

Essombè Edimo J.R. Nya Bonabébé (1998), « Dynamique financière des tontines : quels enseignements pour le financement des petites entreprises en Afrique ? », in Revue *Tiers-Monde*, n° 156, T. *XXXIX.*

Essombè Edimo J.R. Nya Bonabébé (2005), « Le développement territorialisé à Douala : fondements et repérage des modalités institutionnelles d'une dynamique nouvelle », in *Mondes en Développement*, n 130, Vol. 2005/33.

Essombè Edimo J.R. Nya Bonabébé (2007), *Spatialité et développement économique à Douala : entre le hasard et la nécessité*, L'Harmattan, Paris.

Essombè Edimo J.R. Nya Bonabébé (2008), « Douala et l'attractivité territoriale en zone CEMAC à l'heure de l'économie globale », in Revue *ENJEUX*, n°34-35.

Essombè Edimo J.R. Nya Bonabébé et Ngo Balépa A.S. (2013), « Bonabéri à Douala : dynamique de localisation des entreprises et congestion d'un espace de déconcentration industrielle », in Revue *Subsaharienne d'Économie et de Finance*, n° 4, nov.

Essombè Edimo J.R. Nya Bonabébé (2014), « Dynamique territoriale de la concentration et de la déconcentration des entreprises à Douala : polarisation et effets de diffusion », in Revue *Innovation & Développement*, n°1.

Fama E. et Jensen M. (1983), "Separation of ownership and control", dans *Journal of Law & Economics*, Vol. XXVI, juin.

Favereau O. et *allii*. (1989), *Valeur d'option et flexibilité : de la rationalité substantielle à la rationalité procédurale*, Economica, Paris

Fontagné L. et Mayer T. (2005), "Determinants of location choices by multinational firms: a review of the current state of knowledge", *Applied Economics Quarterly*, N°56.

Foster H. Von (1974), « Notes pour une épistémologie des objets vivants », in E. Morin et M. Piatelli-Palmarini (1974), *L'unité l'homme*, Ed. Du Seuil, Paris.

Fua G. et Zacchia (1983) : Industrializzazione senza frature : II Mulino, Boulogne. Cité par Garofoli G. (1986).

Fujita M. et Ogawa H. (1982), « Multiple equilibra and structural transition of nonmonocentric urban configuration », dans Revue *Regional Sciences and Urban Economics*, Vol. 12.

Fujita M. et Ogawa H. (1989), « Nonmonocentric urban configurations in a two-dimensional space », dans Revue *Environment and Planning A*, Vol. 21.

Fujita M. et Thisse J.F (1997), « Économie géographique : problèmes anciens et perspectives nouvelles », in *Annales d'Économie et de Statistique*, n° 45.

Fujita M., P. Krugman et A. J. Venables (1999), *The spatial economy: cities, regions and international trade*, Cambridge, MA. MIT Press.

Fujita M. (2012), "Thünen and the New Economic Geography", dans Revue *Regional Science and Urban Economics*, n° 42.

Garofoli G. (1986), « Le développement périphérique en Italie », Revue *Economie & Humanisme*, n° 289.

Fredohl A. (1925), Das Standortsproblem in der Wirtschaftstheorie, Weltwirts. Arch., XXI, 1925 ; Zur Frage einer allgemein Standorts-theorie », *Zeitschrift fur Volkswirtschaft und Sozialpolitik*, Vol. 27; Trad anglaise (1928): «The theory of location in its relation to general economies », *Journal de Politique Economique.*, XXXVI

Frémont A. (1976), *La région : un espace vécu*, PUF, Paris.

Gadwell M. (2000), *The tipping point, how little things make a big difference*, London, Abacus.

Gérard B. (1963), « Le projet du pôle électrométallurgique de Fria : l'hydro-électrique et le développement », in *Cahiers de l'I.S.E.A.*, Série F, n° 18, sept.

Garofoli G. (1986), « Le développement périphérique en Italie », Revue *Economie & Humanisme*, n° 289.

Gérard-Varet L.A. et F.J. Thisse (1997), « Économie publique locale et économie géographique », Avant-propos, in *Annales d'économie et de Statistique*, n° 45.

Ghio S. et Van Huffel C. (2000), « L'impact des infrastructures de transport inter et intra urbaines sur la répartition spatiale des activités », in Revue *Régions et Développement*, n° 11.

Gollain V. (2012), *Identifier et valoriser ses avantages comparatifs territoriaux avec la méthode Cerise Revait, 5e version,* CDEIF, Paris.

Granou A. et *al.* (1979), *Croissance et crise*, Ed. Petite Collection Maspéro, Paris.

Greenhut M.L. (1956), *Plant Location in Theory and Practice*, University of North Carolina Press. Chapel Hill.

Guerrien B. et *al.,*(2002), *Dictionnaire d'analyse économique*, 3e Edition, La Découverte, Paris.

Hamilton F.E.I. (1967), "Models in industrial location", dans Chorley R.J. et Hagget P. (1967), *Socioeconomic models in geography*, Ed. Methuem, London.

Hanson S. (2005), "Soaring", dans *Professional Geographer*, Vol. 40, n° 1.

Harris, C.D. (1954), *The market as a factor in the localization of industry in the United States.*

Annals of the Association of American Geographers, n° 44,

Hatem F. (2004), *Investissement international et politiques d'attractivité*, Economica, Paris.

Hayami Y. et Ruttan V. W. (1984), "Towards a theory of induced institutional innovation", Dans *Journal of Development Studies*, Vol. 20, n° 4.

Hayter R. B. (1997), The dynamic of industrial location: the factory, the firm and the production system, http://www.sfu.ca/geography/people/faculty/Faculty_sites/RogerHayter/books.htm

Hé Young (1994), « Économie néo-institutionnelle et développement : une analyse synthétique », in Revue *d'Économie du Développement*, 4e Trim.

Hotelling H. (1929), "Stability in competition", dans Revue *Economic Journa*l, n° 39.

Hoover E. M. (1937), *Location theory and the shoe and leather industry*, Cambridge (Mass.), Harvard University Press.

Hoover E. M. (1954), *The location of economic activity*, New York, Mc Graw-Hill, (Trad. Française : « La localisation des activités économiques », in *Economie & humanisme*, Les Editions Ouvrières.

IAURIF (1998), *Les téléports dans le monde : rappel des concepts fondamentaux et évolution*, citée par Mérenne-Schoumaker (2002).

Ingallina P. (2009), « L'attractivité des territoires », in Actes de Colloque sur « L'attractivité des territoires : regards croisés », MEEDDAT (2009), Paris.

INS (2010), Recensement Général des Entreprises 2009 : rapport principal, Yaoundé.

Isard W. (1949), "The general theory of location and space-economy", dans *Quarterly journal of Economy*, Nov.

Kubo Y. (1995), "Scale economies, regional externalities and the possibility of uneven development", dans *Journal of Regional Science*, n° 35.

Judet P. (1986), *Les nouveaux pays industriels*, Ed. Ouvrières, Paris.

Krugman P. (1991), *Geography and trade*, MIT Press, Cambridge, Ma.

Krugman P. (1998a), *L'économie auto-organisatrice*, De Broeck, Bruxelles,

Krugman P. (1998b), *Pop internationalisme*, MIT Press, Cambriege, Ma (traduction française, *La mondialisation n'est pas coupable*, par R. Boyer et P. Salama, La Découverte, Paris).

Launhardt Wilhelm C.F. (1872), Theorie der kouimerziellen Trassierung, Zeitschrift des Hannoverschen ArcMtekter und Ingenieurvereins, Trad. Anglaise « The Theory of the Trace», L.A. Press.

Larue S. (2009), « Microéconomie de la localisation des activités agricoles, le cas d'une production à fortes contraintes environnementales », thèse de Doctorat, Université de Bourgogne.

Le Berre M. (1992), « Territoires », in A. Bailly, R. Ferras et D. Pumain (1992) : « *Encyclopédie de Géographie* », Economica, Paris.

Le Gall J. (2011), « Buenos Aires maraîchère, une Buenos Aires bolivienne ? Le complexe maraîcher de la Région métropolitaine à l'épreuve de nouveaux acteurs », thèse de Doctorat, Université de Paris I-Panthéon- Sorbone.

L.E.T. (2008), *La localisation des activités économiques au sein de l'Aire Urbaine de Lyon.*

Laboratoire d'Économie des Transports, Rapport n° 6, *hal.inria.fr/docs/00/17/37/45/PDF/**Rapport**.pdf*

Lipietz A. (1977), *Le capital et son espace*, Maspéro/La Découverte, Paris, reéd. 1983.

Lipietz A. (1985), *Mirages et miracles, problèmes de l'industrialisation dans le tiers-monde*, La Découverte, Paris.

Lipietz A. et Leborgne D. (2002), « L'après-fordisme et son espace », in Revue *Géographie, Économie et Société*, n° 4, p. 489. Reproduction du texte original paru en 1988 dans Revue *Les Temps Modernes*, Vol. 43, n° 507.

Lloyd P. et Dicken P. (1972), *Location in space: a theoretical approach to Economic Geography*, Ed. Harper and Row, N.Y.

Lösch, A. (1940), *Die räumliche Ordnung der Wirtschaft*, Iéna, ou "The Economics of Location", New Haven, Yale UP, « L'ordre spatial de l'économie » (2ème Ed. 1944).

Lucas R. (1988), "On the mechanism of economic development", dans *Journal of Monetary Economics*, Vol. 22.

Martin P. et Ottaviano G.I.P. , 1996, *Growth and Location, CEPR Discussion Paper Series*.

Martin P. et G.I.P. Ottaviano, 1999, "Growing Locations: Industry Location in a Model of Endogenous Growth", dans *European Economic Review*, N°, 43, 281-302.

Martin P. et Rogers C.A. (1995), "Industrial location and public infrastructure", dans *Journal of International Economics*, Vol. 39.

Marshall A. (1890), *Principles of economics*, trad. Française de la 4e édition 1871, LGDJ, Paris.

Meade J. E. (1973), "Theory of public choice : political applications of economics", dans *Revue Economique*, Vol. 24, n°5.

Mercklé P. (2004), *Sociologie des réseaux sociaux*, La Découverte, Paris.

Merenne-Schoumaker (1991), « Des zones industrielles aux parcs scientifiques, techniques et d'affaires : trente ans de mutations des sites d'entreprises », in *« Hommes et Terres du Nord »,* Université de Lille, fascicule 2-3.

Merenne-Schoumaker B. (1996), *La localisation des industries*, Nathan, Paris.

Merenne-Schoumaker B. (2002), *La localisation des industries : enjeux et dynamiques*, P.U.R, Rennes.

Metral A. (2003), « Forces centrifuges et centripètes autour de la métropole tunisoise. Les entrepreneurs locaux acteurs de la localisation industrielle », Revue *RERU*, n° 2.

Michalet C.A. (1999), *La séduction des nations ou comment attirer les investissements*, Economica, Paris.

Mintzberg H. (1982), *Structure et dynamiques des organisations*, Ed. d'Organisation, Paris.

Moine A. (2004), *La recherche 6 : l'éthique.* Ed. Du Seuil, Paris.

Monod J. (1970), *Le hasard et la nécessité*, Ed. Du Seuil, Paris.

Morin E. et M. Piatelli-Palmanini (1974), *L'unité de l'homme*, Ed. Du Seuil, Paris.

Mucchielli, J.L. (1998), *Multinationales et Mondialisation*, Seuil, Paris

Mucchielli J.L. (2003), *Les déterminants et les impacts de la multinationalisation des entreprises, Archives audiovisuelles de la recherche en sciences humaines et sociales*, cité par le G.E.I. (2012).

Muth M.F. (1961), "The Spatial Structure of the Housing Market", *Papers and Proceedings of the Regional Science Association*, n° 7.

Muth R.F. (1969), *Cities and housing : the spatial pattern of urban residential land use*, Chicago, The University of Chicago Press.

Nabli K.M. et Nugent B.J. (1989), "The new institutional economics and its applicability to development", dans *World development*, n° 17, Vol. 9

North D. N. (1991), "Institutions", dans Journal of Economic Perspectives, Vol. 5, n°2.

OCDE (2005), "Enhancing City Attractiveness for the Future", International Symposium, Nagoya Congress Centre, 2-3 Juin, Japan.

OSEED (2005), Les entreprises industrielles à Douala, Collection « *Entreprises et Territoire à Douala* » CUD, mars.

OSEED (2006a), «Le secteur primaire à Douala : rapport provisoire d'étape n° 2 », Collection Entreprises et Territoire à Douala, CUD.

OSEED (2006b), « Les entreprises du secteur financier à Douala : rapport provisoire d'étape n° 3 », Collection *Entreprises et Territoire à Douala*, CUD.

OSEED (2006c), Données socioéconomiques générales de Douala, CUD, mai, Douala.

OSSED (2006d), « Les établissements de services aux particuliers et aux entreprises à Douala : rapport provisoire d'étape n° 7 », Collection *Entreprises et Territoire à Douala*, nov., CUD.

Palander T. (1935), Seitrâge sur standortstheorie, Uppsala, Almqvist und Wiksells Boktryckeri A.B.,

Pecqueur B. (1986), « Crise économique : crise du discours sur l'espace », in Revue *Économie et Humanisme*, n° 289.

Pecqueur B. (1987), « De l'espace fonctionnel à l'espace-territoire », thèse de doctorat, Grenoble 2.

Pecqueur B. (2007), « L'économie territoriale : une autre analyse de la globalisation », in Revue *Economie Politique*, n° 33, fév-mars.

Pecqueur B. (2007), « Des pôles de croissance aux pôles de compétitivité : un nouveau partage des ressources cognitives », dans Revue *Réalités Industrielles*, mai.

Pecqueur B. et H. Gumuchian (2007), *La ressource territoriale*, Anthropos, Paris.

Percebois J. (1999), « L'apport de la théorie économique aux débats énergétiques », in *Revue de l'Énergie*, n° spécial "50 ans", Paris.

Perreur, J. (2003), « La localisation industrielle : les approches des économistes » in Cliquet G et Josselin J. M. (éds), *Stratégies de localisation des entreprises commerciales et industrielles : de nouvelles perspectives*, De Boeck, Bruxelles.

Perroux F. (1955), « Note sur la notion de pôle de croissance », in Revue *Economie Appliquée*, n° 1-2.

Ponsard C. (1955), *Économie et Espace, essai d'intégration du facteur spatial dans l'analyse économique*, Ed. S.E.D.E.S., Paris.

Ponsard C. (1988), *Analyse économique spatiale*, PUF, Paris.

Pred A. (1967-69), “Behaviour and locations: foundations for a geographic and dynamic location theory”, Lund studies in Geography, Series B, *Human Geography*, 27-28, Part I & II.

Pred A. (1977), *City systems in advanced economics*, Ed. Hutchinson, Londres.

Ricardo D. (1817), *The principles of political economy and taxation*, 1911, Ed. E.P. Dutton, N.Y.

Romer P. (1990), “Endogenous technological change”, dans *Journal of Politoical Economy*, Vol. 98, n° 5. Oct.

Romer P. (1994), “The origins of endogenous growth”, dans *Journal of Economic Prospectives*, n°8, Vol. 1.

Sergot B. (2005), « Le rôle de la préférence pour les aires géographiques connues dans les décisions de localisation : Le cas des créations de nouveaux sites par les entreprises françaises », in Joffre P. et Lauriol J. (dir.), *Perspectives en Management Stratégique*, Tome XI, Editions Management et Société.

Saunier J.M. (1969), « Contribution à l'étude des modèles de localisation : introduction des facteurs qualitatifs », Institut d'Economie Régionale (I.E.R.), Poitiers.

Schumpeter J. (1942), *Capitalism and democracy*, Payot, Paris.

Scitovsky T. (1954), “Two concepts of external economies”, dans *Journal of Political Economy*, Vol. 62.

Stoiraï C. (2003), « Attractivité territoriale et stratégies de localisation des firmes : le territoire Corse peut-il devenir un nouvel Eden? », ISDM, vol, 9, n° 75, http://archivesic.ccsd.cnrs.fr/sic_00000819/

Swan T.W. (1956), “Economic growth and capital accumulation”, dans revue *Economic Record*, n° 32, nov.

Veltz P. (2004), « Il faut penser l'attractivité dans une économie relationnelle », in Revue *Pouvoirs Locaux*, n° 61, dossier II.

Simon H. (1955), “A behavioural model of rational choice”, dans Revue *Quaterly Journal of Economics*, n° 69.

Simon H. (1957), *Models of man : social and rational*, Edition J. Wiley, New York.

Smith D.M (1966), “A Theorical Framework for Geographical Studies of Industrial Location”, dans Economic Geography, Vol. 42.

Smith D.M. (1981), *Industrial location : an economic analysis*, 2e edition, J. Wiley & Sons, New York.

Solow R. (1956), “A contribution to the theory of economic growth”, dans *Quaterly Journal of Economics*, n° 70.

Walras L. (1988), *Eléments d'économie politique*, Œuvres complètes, Vol. 8, Edition Comparée des éditions de 1874-1877, Economica, Paris.

Weber A. (1909), *Theory of the location of industries*, University Press, Chicago, 1929, Trad. De “*Über den Standort der Industrien*” 1909.

Weber M. (1959), *Le savant et le politique* (Préface de R. Aron), Plon, Paris.

Williamson E.O. (1985), *Les institutions de l'économie*, Inter-Editions, Paris.

Thévenot L. et al, (1989), Introduction, dans « Marchés internes, marchés externes » in Revue *Economique*, n° Spécial sur « L'Économie des Conventions », mars.

Thünen Von H (1826), *L'État isolé*, Trad. de « *Der Isolierte Staat* », Editions de Hambourg ou de Dosseldorf.

Tobler W. (1979), *Cellular geography*, Eds Gale S. et Olsson G. "Phylosophy in geography", Reidel, Dordrecht.

Varela F. (1979), *Principles of biological autonomy*, New York, Oxford.

Wingo L. Jr. (1961), *Transportation and urban land: resources for the future*, Washington DC.

Winter S.G et Nelson (1982), *An evolutionary theory of economic change*, Cambridge (Mass/Belknap Press/Harvard University press.

Deuxième partie

Localisation et concentration des entreprises à Douala : quels enseignements ?

« C'est toujours pour soi-même que l'on allume un feu.
Et lorsque la braise s'en trouve consumée,
il faut savoir en balayer les cendres »

PROVERBE DUALA
*(« **Nimele Bolo** »)*

Avec près de 2 millions d'habitants, la ville de Douala concentrait quelque 35,1% des entreprises en activité au Cameroun, et près de 32 % des firmes industrielles du pays en 2009[100]. Elle polarisait ainsi près de 84% des industries de sa région administrative. Dans le même temps, les firmes manufacturières, par exemple, représentaient près de 13% de l'ensemble des entreprises dont la grande majorité est constituée d'entreprises commerciales. Naguère très discriminée (avec les firmes essentiellement localisées dans les arrondissements centraux de la ville), la répartition spatiale fait de plus en plus apparaître une distribution des entreprises au profit des arrondissements périphériques. De sorte que ces derniers concentraient ainsi 46% des firmes de la ville en 2009.

Par ailleurs, la ville offre une structure spatiale industrielle assez dispersée. Et la dynamique industrielle locale, qui se développe en périphérie, influence négativement celle qui s'effectue au centre et inversement. Ce qui laisse transparaître un phénomène de dépendance spatiale dans la localisation géographique des firmes dans ses différentes communes. Parce qu'à Douala, comme dans la plupart des autres régions du monde « *tout est lié à tout, mais les choses plus proches le sont davantage* » (Tobler, 2004). Les arrondissements de la cité sont en interaction constante. Et une forte intensité des activités industrielles dans une commune donnée peut influencer soit négativement (problème de congestion), soit positivement (pour bénéficier des externalités d'agglomération) la localisation des entreprises industrielles. C'est pourquoi l'on observe une fragmentation spatiale des localisations d'entreprises générant par la même une dichotomisation entre des espaces qui en sont pourvus et d'autres qui n'en sont point ou qui en disposent moins.

Une analyse plus poussée de la dynamique entrepreneuriale en cours en son sein suggère, plus précisément, que :

- la grande majorité des firmes doualaises est largement constituée de PME (pour 99%) et, avec à l'intérieur de celles-ci, une majorité de TPE (68%) ;

- la nature de la PME, le niveau d'instruction du promoteur, son âge et le chiffre d'affaires réalisé affectent significativement les probabilités de localisation, avec des effets et des intensités variant en fonction des communes de la ville ;

- de même qu'il apparaît des effets de congestion des espaces de production qui, comme à Bonabéri, génèrent désormais des forces répulsives à la fois, pour les entreprises et pour les populations riveraines ;

[100] INS : RGE 2009 : rapport principal, Yaoundé, pp. 12-13.

- polarisation et fragmentation de la localisation des entreprises (industrielles et de services) semblent dorénavant se conjuguer dans une dynamique d'ensemble, cadencée simultanément par un phénomène général de dilatation de la ville. Phénomène à travers lequel les entreprises industrielles se localisent, de plus en plus, dans les arrondissements périphériques. Alors que les communes centrales deviennent, pour leur part, le siège et le centre de décision des firmes. Le tout s'opère avec une structuration présentant un double niveau en filigrane, à savoir que les grandes firmes (internationales, nationales et transnationales et, surtout, les sièges des entreprises de toutes sortes) se localisent au centre, et les usines (internationales, transnationales et mono régionales) en périphérie de la ville.

Reste cependant que la dynamique des petites et moyennes entreprises doualaises, par exemple, doit encore être mieux comprise en vue d'une intégration véritable des besoins spécifiques par elle générés dans les projections d'aménagement urbanisme de la ville.

Cette partie du travail présente, tour à tour, les facteurs d'attractivité de Douala et la polarisation des activités dont celle-ci est le théâtre. L'étude tente aussi de mettre en évidence les disparités de la dynamique entrepreneuriale avant d'une part, de poser le problème de la congestion désormais à l'œuvre notamment dans le centre de production industrielle de Douala IV et, d'autre part, de proposer des pistes réflexives pour une meilleure prise en compte des besoins spécifiques des petites entreprises doualaises dans le cadre de l'aménagement urbanisme de la ville.

Chapitre 5

LES FACTEURS D'ATTRACTIVITÉ DE DOUALA

Le port de Douala[101] aura été le premier facteur de la concentration des hommes et des activités dans la ville. À l'indépendance du pays, ce moteur initial va ensuite être secondé par la mise en place d'un ensemble d'autres éléments de plusieurs ordres, dont des facteurs macro-institutionnels d'accompagnement de la politique industrielle (création des zones industrielles, codes puis charte des investissements, création de la Mission d'aménagement et de gestion des zones industrielles (ou MAGZI), zones franches et Office national des zones franches…). Si bien que la ville, avec quelque 11,06% de la population camerounaise (Bucrep, 2005), représente aujourd'hui un ensemble considérable de ressources d'agglomération et de « métropolisation », et qui lui confèrent des spécificités particulières (fonctionnelles et décisionnelles) tant dans l'économie camerounaise qu'en zone CEMAC[102].

Les différents éléments de l'attractivité de la ville commencent désormais à être connus. Et un certain nombre des traits de leur spécification a déjà été mis en évidence par le passé (Essombè Edimo, 2007a, *idem* et 2008, *idem* ; CUD, 2012). Pour une bonne compréhension des développements qui vont suivre, un rappel de quelques-uns de ces éléments nous semble toutefois indispensable.

I- QUELQUES SPÉCIFICITÉS RELATIONNELLES ET STRUCTURELLES DE L'ÉCONOMIE DOUALAISE

Elles relèvent à la fois, de l'importante concentration des activités et des hommes dont la ville est aujourd'hui encore le théâtre, ainsi que de la

---

[101] Les premiers travaux de réalisation du port (sous le protectorat allemand) datent de 1881. Sa première extension, envisagée en 1922, voit ses travaux adjugés en 1926 (sous la tutelle française). Ce qui va permettre, vers 1929, la mise en place d'un quai de quelque 550 ml. Même si, à l'époque, les plus gros bateaux mouillent à la pointe de Suellaba, les passagers et les marchandises étant alors débarqués par chaloupes à vapeur en remontant l'estuaire du Wouri, faute de dragage de plus de 6m. Le Port autonome de Douala couvre une surface de 1000 hectares, dont seulement la moitié actuellement en exploitation. Il est relié à la mer par un chenal d'accès de 50km de long divisé en deux sections ; canal externe de 25km de 250m de large et canal interne de 25km qui doit être dragué en permanence pour maintenir sa profondeur à -7m. Toujours est-il que depuis la période coloniale (protectorat allemand et tutelle française), la mise en place du port aura été le principal moteur du reflux des populations et des activités au sein de la ville.

[102] Rappelons que la CEMAC est la Communauté économique et monétaire de l'Afrique centrale. Elle englobe les pays comme le Cameroun, le Congo, le Gabon, la Guinée équatoriale, le Tchad et la RCA, soit une population estimée à 44, 1millions d'habitants en 2011 (CEA/BSR , 2012, p. 241).

polarisation de nombreux centres de décision économique et d'autres facteurs de compétitivité.

I.1- DOUALA : UN FOYER DE CONCENTRATION DES HOMMES ET DES ACTIVITÉS

En effet, selon les données disponibles, le Cameroun représentait près de 31% du PIB de la CEMAC en 2011 (CEA/BSR, 2012, *op. cit*, pp. 241/56). Avec près de 60% du PIB national, et quelque 4,3% de la population de cette Union économique et environ 18,6% du PIB de celle-ci en 2011, Douala apparaît comme le principal foyer économique de la sous-région. Son PIB (16 560 millions de dollars en 2011) était en effet supérieur à celui du Congo, représentait près de 7 fois celui de la RCA et s'élevait à près de 2 fois celui du Tchad (**Tableau 4**).

Tableau 5 : La place du PIB de Douala en zone CEMAC en 2011.

	Total CEMAC	Cameroun	RCA	Gabon	Congo	Guinée équatoriale	Tchad	***Douala***
PIB (en millions de dollars US)	89 117,6	27 599,8	2 385,0	17 342,9	13 915,7	17 978,4	9 895,9	***16 560***
Population (en millions d'habitants)	44,1	20,0	4,7	1,9	3,9	1,6	11,9	***1,9***

Source : Etabli à partir des données de CEA/BSR (2012), *idem,* pp. 241/59.

Sur le plan national, la ville, capitale de la région du Littoral (qui couvre 20 220 km^2, soit 4,3% de la superficie totale du pays), représente 4,5% de la superficie de ladite Région. À l'intérieur même de sa région administrative, elle concentre 76 % de la population de celle-ci, et 82 % de sa population urbaine (**Tableau 5**). C'est le premier centre de concentration urbaine du Cameroun, avec un taux de croissance urbaine de 6,4% par an. En fait, bien que les données sur sa population exacte aient toujours fait débat[103], la ville polarise 10% de la population du Cameroun et environ 20 % de la population urbaine du pays. Elle représente également la plus grande ville de la zone CEMAC et la 21e ville africaine. Nonobstant sa taille désormais importante, elle continue d'avoir un des taux de croissance démographique les plus élevés des centres urbains du Cameroun (avec Yaoundé et les deux villes secondaires les plus peuplées que sont Bafoussam et Bamenda), et sa population est urbaine à près de 99 % (contre 88 % en 1987). La place de Douala dans la structuration régionale est telle que, malgré ses limites administratives qui confinent la cité sur environ

[103] En effet, le SDAU de 1983 prévoyait une population de 2,7 millions d'habitants en 2005 (+6,3 % de croissance en moyenne annuelle). Pour sa part, l'ONU-Habitat estimait cette population à 2,2 millions d'habitants en 2006. Alors que le RGPH (2005, pp. 242/47) la situait à 1 931 977 habitants.

1 000 km², elle exerce son influence sur un périmètre de 25 000 km², soit 100 km à la ronde.

Tableau 6 : Population de Douala et la région du Littoral selon différents recensements.

Désignation	**1976** RGPH1	**1987** RGPH2	**2005** RGPH3
Douala	476 000	809 852	1 931 977
Région du Littoral	935 166	1 352 833	2 510 263
Douala/Région (%)	51%	60%	76%
Evolution Douala (moyenne/an)	-	5,31%	4,87%
Évolution de la région (moyenne/an)	-	3,41%	3,49%

Source : Etabli sur la base des données des RGPH de 1976, Démo 1987 et 2005.

Selon la dernière enquête connue (INS, 2010), même s'il s'est amorcé ces dernières années une spatialisation plus dense de la localisation des firmes dans le pays, Douala concentrait encore 35,1% des entreprises camerounaises en 2010 (**Tableau 6**), quelque 60% de ses PME[5], et produisait plus de 40% de la valeur ajoutée du secteur moderne (hors agriculture).

Tableau 7: Répartition des entreprises et établissements par région de recensement.

Régions de recensement	**Nombre d'entreprises/établissements**	**Pourcentage (%)**
Douala	33 004	35.1
Yaoundé	22 436	23.9
Adamaoua	2 740	2.9
Centre sauf Yaoundé	2 695	2.9
Est	1 736	1.8
Extrême-Nord	2 585	2.8
Littoral sauf Douala	1 704	1.8
Nord	2 942	3.1
Nord-ouest	6 487	6.9
Ouest	8 327	8.9
Sud	2 447	2.6
Sud-ouest	6 866	7.3
Total	**93969**	**100**

Source : INS (2010) : Recensement général des entreprises (RGE 2009) : rapport principal, Yaoundé.

I.2- DOUALA : UN ESPACE DE POLARISATION DES CENTRES DE DÉCISION ÉCONOMIQUE

Mais, en dehors d'être un poids économique, la ville occupe également une place particulière tout autant dans l'économie camerounaise que dans celle de la sous-région CEMAC :

[5] Petites et moyennes entreprises.

- elle offre le principal port maritime du pays : en attendant l'entrée en fonctionnement du nouveau port en eau profonde de Kribi, celui de Douala draine 95% du trafic maritime national et quelque 90% des échanges extérieurs du pays. Le volume total des marchandises concernées est ainsi passé de 4.824.000 tonnes en 1997 à 6.649.000 tonnes en 2006. De la même manière, Douala reste la principale porte d'entrée maritime de certains pays voisins comme le Tchad ou la RCA. Un travail récemment effectué pour le compte de la CUD en 2008[104], montrait qu'à «*l'intérieur de l'espace qui comprend le Cameroun, le Tchad et la Centrafrique, l'estuaire du Wouri ne subit que faiblement la concurrence d'autres ports (Libreville, Pointe-Noire...). Même si les performances de son port et du système de transports terrestres sont faibles, la ville garde sa situation de porte d'entrée exclusive* ». Celui-ci permettait, en outre, de relever un certain nombre d'autres facteurs moteurs de la compétitivité de la ville. Ceux-ci concernent, entre autres :

• la polarisation effective, dans une région de 20.000 à 30.000 km^2 proche de la ville, d'environ 60% de la production camerounaise et de quelque 40 à 50% de la consommation. Une situation qui génère pour les entreprises urbaines un avantage important leur permettant de supporter les surcoûts de transport et de distribution dans le reste, plus éloigné, de sa zone d'influence. Ce qui représente un avantage indéniable sur le marché intérieur et sous régional ;

• la concentration dans la ville de la plus grande partie des entreprises et activités économiques du pays : ce qui génère d'importantes économies d'échelle et d'agglomération ;

• la présence dans la région des grandes banques sous régionales et internationales, tout comme la localisation des sièges sociaux de la plupart des entreprises nationales, y compris les sièges des corporations patronales, des multinationales et, même, de la plupart des entreprises parapubliques ;

- la ville possède le taux de pauvreté le plus bas du Cameroun (5,5 %, contre 5,9 % par exemple à Yaoundé en 2007). Et ce taux a été divisé par cinq entre 1996 et 2001, puis par deux depuis 2001[105] ;

---

[104] Il s'agit de la phase « Diagnostic » de l'étude sur « Stratégie de Développement de Douala et de son aire métropolitaine : Diagnostic « position concurrente de Douala » », et que nous avons eu à mener pour le compte du Cabinet URBAPLAN (Genève), CUD, nov 2008, p. 5, puis pp. 28/30.

[105] INS (2007) : ECAM III : résultats pour Douala, Yaoundé. Il faut toutefois signaler que le seuil de pauvreté monétaire utilisé ici est un seuil unique quel que soit le milieu enquêté (rural ou urbain). Il ne rend donc pas compte des difficultés des ménages à bas revenus à consentir des dépenses de base comme le logement, le transport et l'alimentation, beaucoup plus élevées.

- 71,4 % de la population de la ville est active (80 % chez les hommes et 60 % pour les femmes) (**Tableau 6**), et 47 % de sa population active perçoit un revenu régulier (salaire ou équivalent). Une population qui, dans l'ensemble d'ailleurs, demeure jeune : un tiers de ses habitants a en effet moins de 15 ans et près d'un cinquième a moins de 10 ans ;

- la ville regroupe, en outre, 36 % des emplois formels du secteur privé national (ce qui constitue un atout important). Même si l'on peut noter d'une part que ces emplois ont connu ces dernières années un faible accroissement, le chômage des 15-64 ans est de 16,1%, nettement inférieur à la moyenne nationale[106] et, d'autre part, que le marché de l'emploi demeure également très lié au secteur informel[107];

- l'existence d'un aéroport moderne et qui demeure le principal hub sous régional, bien relié à l'Europe et à l'ensemble de l'Afrique ;

- la présence, voire l'abondance de main-d'œuvre qualifiée et d'entrepreneurs dynamiques et ayant une capacité d'investissement non négligeable.

L'espace économique doualais englobe une étendue d'environ 20 220 km^2. Il comporte une voie de chemin de fer reliant Yaoundé et Ngaoundéré (nord du pays) et deux axes routiers internationaux de l'ouest (Douala, Bafoussam, Foumban, Banyo) et de l'est avec Yaoundé, Abong-Mbang, ou Garoua-Boulaï (qui se rejoignent, par ailleurs, à Ngaoundéré puis se prolongent vers le Nord-Cameroun, le Tchad et la RCA). Cet axe dessert ainsi trois pays. Il s'agit, certes, d'un espace relativement modeste (en comparaison, par exemple, avec le poids économique de l'espace de Lagos au Nigeria). Toutefois, les trois pays concernés présentaient un PIB total d'environ 40,4 milliards de dollars en 2011, de même qu'ils regroupaient une population s'élevant à un peu moins de 37 millions d'habitants (**Tableau 7**). En esquissant une structuration de la répartition spatiale des différentes productions intérieures brutes, la **Carte 1** ci-après permet par ailleurs d'illustrer le poids véritable de la ville. Celui-ci y apparaît également comme concernant, pour environ 80%, les régions du Sud et du Centre du pays entre Douala, Bafoussam et Yaoundé.

---

[106] INS (2005) : Enquête sur l'emploi et le secteur informel : EESI, Yaoundé.

[107] Selon l'enquête de l'INS (2005, *op. cit*) en effet, le secteur informel occupe près de 3 travailleurs sur 4 à Douala et où, comme dans le pays tout entier, il s'est beaucoup densifié ces dernières années. En 2007 par exemple, les emplois informels représentaient 73% des emplois, contre seulement 57% en 2001. Le nombre d'emplois informels est ainsi passé de quelque 300.00 en 2001 à environ 440.000 en 2007.

Tableau 8 : Données socioéconomiques des quatre sous-ensembles de l'espace économique de Douala en 2011.

Territoires	**Superficie** (en km^2)	**Population** (en millions d'habitants)	**PIB** (en millions de dollars)
Région du Littoral	20 000	2 894 835	17 000,0
Reste du Cameroun	455 000	17 243 532	11 000,0
Tchad	1.285.000	11,9	10 000,0
RCA	623.000	4,7	2 400,0
TOTAL	**2.383.000**	**36,6**	**40 400,0**

Source : Concocté à partir des données de CEA/BSR (2012), *op. cit* ; du Bucrep (2005, *op. cit*) et du Bucrep (2011).

Au total donc, la ville assume son rôle de capitale économique du Cameroun et de principal foyer industriel de la sous-région CEMAC au travers des activités industrielles (ou de transformation des intrants), mais également celles des produits agricoles d'exportation en provenance de l'arrière-pays. 75 % des industries du Cameroun y sont installées, ainsi que 60 % des PME, 35 % des unités de production, ou encore 65 % des grandes entreprises du pays, 55 % des moyennes entreprises. De même, la ville réalise 62 % du chiffre d'affaires national et polarise 45 % des emplois offerts par les entreprises. Malgré la spatialisation relativement diversifiée des entreprises observée ces dernières années au Cameroun, et qui fait notamment remarquer la position montante de Yaoundé et des régions de l'Ouest et du Nord-ouest (INS, 2010, *idem,* et **Tableau 6**, *supra*)[10], la plupart des banques, des sociétés d'assurances et des maisons de commerce ont maintenu leur siège social à Douala. De sorte que la position de Douala est quasiment monopolistique au niveau de sa zone d'influence. De fait, la ville et sa région constituent le plus grand pôle de développement économique du pays.

Tableau 9 : Taux d'activité des 15 à 64 ans par sexe et selon le milieu de résidence.

Milieu	**Hommes**	**Femmes**	**Ensemble**
Douala	79,3 %	63,2 %	71,4 %
Yaoundé	78,1%	62,2 %	70,2 %
Cameroun rural	91,2 %	89,2 %	90,2 %
Cameroun urbain	79,1 %	64,2 %	71,6 %
Total Cameroun	***86,2 %***	***79,5 %***	***82,8 %***

Source : INS (2005) : EESI, *idem.,* Yaoundé.

[10] Rappelons en effet que dans les années 70 déjà, le poids de la ville dans la répartition géographique des entreprises était tel que Douala polarisait un peu moins de 69% des effectifs salariés, 60,2% des entreprises et un peu moins de 67% du chiffre d'affaires des firmes installées au Cameroun (Rép. du Cameroun/PNUD, 2000 ; Essombè Edimo, 2007a, *idem*).

Carte 1 : L'espace économique doualais en 2011.

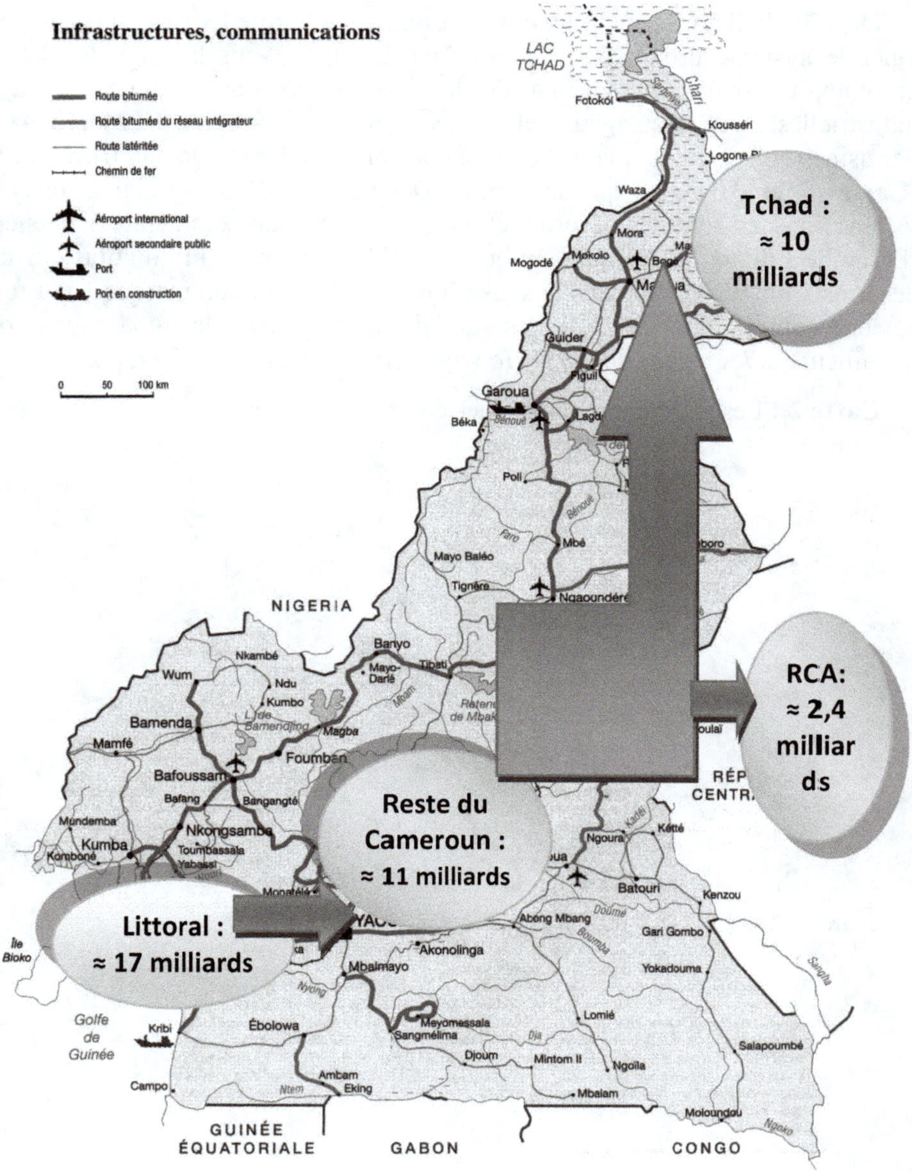

Source : concocté sur la base de « phase diagnostic : stratégie de développement de Douala et de son aire métropolitaine », CUD, 2008, *idem.*

II- LES AUTRES FACTEURS D'ATTRACTION DE DOUALA

Depuis Maillat (1999) par exemple, l'on admet le rôle indiscutable que peut jouer le système urbain dans le développement[108]. Mais la ville de Douala présente, en outre, un schéma de localisation géographique des activités industrielles assez avantageuse et unique dans la sous-région CEMAC. Avec des usines qui se situent majoritairement dans la périphérie (Douala III, IV et V) (**Cartes 2 et 3**). Alors que le centre (Douala I et II) se spécialise dans la localisation des activités de production des services, de commerce et de siège (Essombè Edimo, 2007a, *ibidem*, et 2008, *ibidem*). Une configuration qui fait désormais rentrer la cité dans le sens d'une double évolution marquée à la fois, par une configuration des activités similaire à celle des villes modernes et où, par ailleurs, « *les usines ont quitté la ville* » (Bailly et Huriot, 1999, p.2).

Carte 2 : Les différentes communes de la ville de Douala.

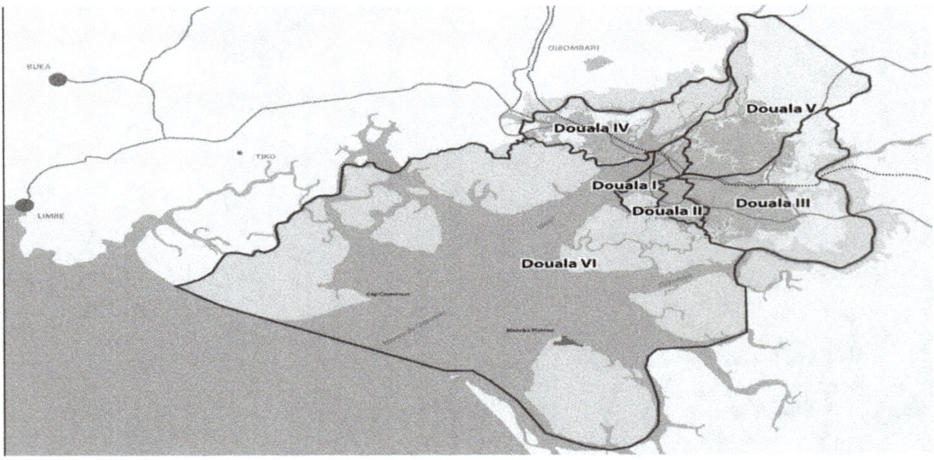

Source : CUD (2012), Le PDU de Douala à l'horizon 2025, p. 23.

[108] L'auteur montre en effet comment la ville, à travers ses diverses fonctions (objectivation des institutions, ancrage du bâti, symbolisation et combinaison productive) peut générer des interactions permettant, par exemple, de soutenir un développement du type régional endogène en termes de « *milieux innovateurs* ».

Carte 3: Aperçu général de la localisation des établissements industriels à Douala.

Sources : CUD (2008) : Stratégie de développement de Douala et de son aire métropolitaine : phase 1, Diagnostic « rapport sur l'économie formelle », Douala.

Cette configuration s'accompagne allègrement ici d'un mouvement de dilatation par processus ségrégatifs (et dont la localisation discriminée des entreprises est le moteur) et qui fait qu'aujourd'hui, la ville tend de plus en plus à distribuer sa centralité.

En outre, sa population bénéficie continuellement d'une qualité de vie en constante amélioration (vie culturelle, un nombre de plus en plus dense d'équipements et infrastructures médicaux et avec une répartition relativement homogène sur l'ensemble des communes de la ville : il n'y a plus aujourd'hui (et à l'exception de l'île de Manoka) un seul arrondissement de Douala qui ne soit doté d'un centre de santé (OSEED, 2006 ; Essombè Edimo, 2008, *idem*, pp. 44/45). Tout comme la ville polarise aujourd'hui plusieurs centres de formation universitaire (universités publiques et privées), de même qu'elle jouit d'une localisation géographique avantageuse, c'est-à-dire une situation stratégique (le golfe de Guinée) pour conquérir de nouveaux marchés dans les pays de la sous-région CEMAC et, même, en Afrique occidentale et australe. Yaoundé (capitale du pays) est à 25 minutes en avion ou à 4 heures par la route. Libreville (Gabon) se trouve à 45 minutes de vol, sans compter les autres pays comme le Tchad, la RCA, le Congo ou la Guinée équatoriale. Par temps de mondialisation, cette position centrale permet de traiter des marchés potentiels considérables : la population de la CEMAC, par exemple, s'élevait à 44,1 millions de consommateurs en 2011. Son aéroport met les villes de Paris ou de Bruxelles, notamment, à moins de 6 heures de vol. Tout comme son port (qui ouvre une superficie de 1 000 ha et dont seulement la moitié est actuellement exploitée), malgré la profondeur relativement faible de son canal interne, permet des transits maritimes rapides à la fois, dans tout le golfe de Guinée et dans le reste du monde.

Enfin, l'on peut ajouter des facteurs comme :

- l'amélioration continue des infrastructures routières réalisée depuis le début des années 2000 ;

- un regain d'intérêt des autorités locales pour le monde économique, et qui se traduit par une amélioration du dialogue avec ce dernier, ou encore par la mise en place d'un certain nombre d'outils d'animation de l'économie locale (Agence de développement de Douala…) ; ou

- le renforcement de la fourniture électrique par la construction d'une centrale thermique qui devrait améliorer les conditions d'alimentation des entreprises et réduire le problème d'énergie pour les firmes locales.

Capitale économique du Cameroun, la ville de Douala dispose aujourd'hui encore de nombreux facteurs d'attractivité qui font que, grâce à son port par exemple, elle continue d'assumer en même temps le rôle de porte d'entrée maritime des pays limitrophes comme le Tchad et la R.C.A. Et, malgré les contraintes de son chenal d'accès, qui limite l'accès aux bateaux de moins de 20.000 tonnes de jauge brute et la concurrence prochaine d'un port en eau profonde à Kribi, la ville polarise de nombreux atouts susceptibles (à condition qu'elle en prenne véritablement conscience) de lui permettre une diversification industrielle fondée, notamment, sur la promotion des activités intégrant une plus forte valeur ajoutée. Dans cette perspective d'ailleurs, une analyse plus approfondie de la concentration d'entreprises dont elle est le théâtre s'avère également utile.

Chapitre 6

LA POLARISATION DES ACTIVITÉS À DOUALA

Au niveau national, la répartition des activités économiques présente une nette polarisation des activités économiques dans les villes de Douala et Yaoundé avec, respectivement 35,34% et 23,92% (**Graphique 8**). Ces deux villes cristallisent ainsi plus de la moitié des activités économiques, soit 59,26% des entreprises installées et en activité au Cameroun (INS, 2010, *idem*).

Graphique 8: Répartition des activités économiques au Cameroun.

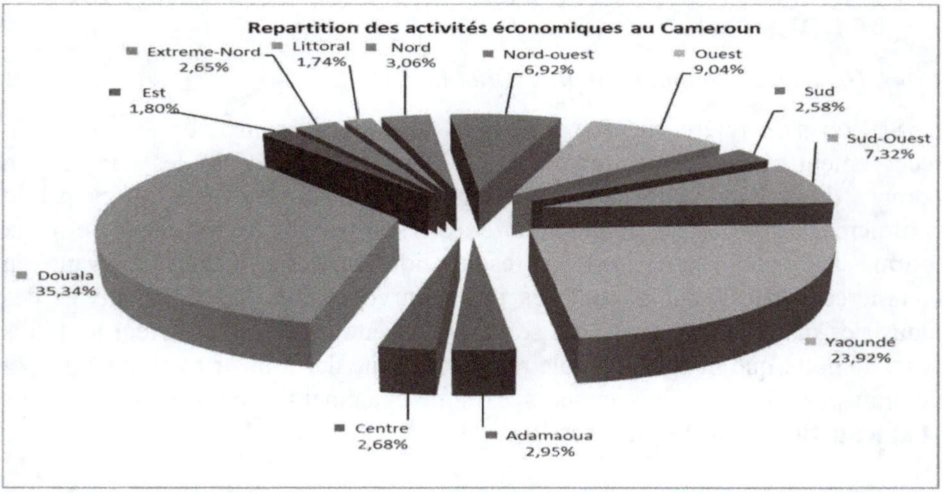

Source *:* INS (2010), *idem* et traitement de l'auteur.

La ville de Douala présente une structure économique densifiée et néanmoins très hétérogène. La physionomie de la ville de Douala renvoie au choix de localisation des ménages et des activités économiques. De sorte que la configuration spatiale actuelle des entreprises industrielles à Douala apparaît comme une des variables explicatives de cette physionomie. Elle fait donc intégralement partie des forces centrifuges et centripètes à l'œuvre à Douala, et où elle a largement façonné la configuration actuelle de la population.

L'étude précédemment effectuée pour le compte de la communauté urbaine de Douala montre, entre autres, que si les activités secondaires (toutes branches confondues) sont estimées à 27 % du PIB du Cameroun, elles occupent à Douala une place beaucoup plus importante. Plusieurs facteurs importants ont favorisé leur foisonnement, à savoir les avantages de transport offerts par le port de la ville et qui est l'un des plus orientaux du golfe de Guinée, ou encore l'existence d'une offre subséquente en termes de réseaux terrestres et, enfin, la concentration de population urbaine qui fait de Douala le plus grand consommateur de produits manufacturés du pays. Si bien que les industries trouvent ici les meilleures économies d'agglomération et d'échelle. Tout comme, du reste, la proximité de la plus grande partie de leur clientèle leur confère un avantage concurrentiel important sur les autres marchés camerounais. Douala concentre ainsi la fonction de production industrielle du pays, aussi bien celle qui est destinée au marché intérieur que celle (proportionnellement moins importante) qui s'oriente vers les exportations. On estime que 70% des industries du Cameroun y sont localisées[109].

I- PRÉSENTATION GÉNÉRALE

I.1- LA PRÉDOMINANCE DES ACTIVITÉS COMMERCIALES ET DES PME

- ***Un secteur commercial plus volumineux***

Si l'on s'en réfère en effet à la base de données constituée à la suite du recensement général des entreprises en 2009 (INS, 2010, *idem*), les activités (en nombre d'établissements) à Douala sont (et dans l'ordre) constituées par le commerce, les industries manufacturières, les services aux entreprises et ceux fournis à la collectivité, et la restauration/hôtellerie. Celles relevant du commerce apparaissent comme les plus pourvoyeuses d'emplois, suivies des industries manufacturières et des services aux entreprises. Il convient toutefois aussi de noter que malgré la faible représentativité des industries alimentaires et du transport, les activités concernées sont également génératrices d'emplois (**Tableau 10** et **Graphiques 9** et **10**).

[109] CUD (2008a) : Phase « Diagnostic » de l'étude sur « Stratégie de Développement de Douala et de son aire métropolitaine : Diagnostic « position concurrente de Douala », Douala, nov 2008, *op. cit.*

Tableau 10: Répartition des activités selon le nombre d'établissements et le nombre d'emplois.

Activités	Nombre d'établissements	% d'établissements	Nombre d'emplois	% d'emplois
Agriculture	22	0,07%	3219	1,72%
Industries manufacturières	3236	10,60%	25766	13,79%
Activités de réparation	1163	3,81%	3616	1,94%
Services aux entreprises	2239	7,34%	14754	7,90%
Activités immobilières	75	0,25%	503	0,27%
administrations publiques et sécurité sociale	7	0,02%	125	0,07%
Services fournis à la collectivité et services sociaux	2229	7,30%	10780	5,77%
Éducation	885	2,90%	13230	7,08%
Postes et télécommunications	356	1,17%	3456	1,85%
Restaurants et hôtels	2734	8,96%	8452	4,52%
Santé et action sociale	569	1,86%	5819	3,11%
Banque et assurance	227	0,74%	5923	3,17%
Commerce	15865	51,98%	50439	27,00%
Construction	267	0,87%	4462	2,39%
Électricité eau et gaz	36	0,12%	7511	4,02%
Élevage	16	0,05%	81	0,04%
Extraction	17	0,06%	1343	0,72%
Industries alimentaires	191	0,63%	12337	6,60%
Pêche et pisciculture	1	0,00%	2	0,00%
Sylviculture	25	0,08%	4743	2,54%
Transport	310	1,02%	10120	5,42%
Total général	**30524**	**100%**	**186843**	**100%**

Graphique 9 : Répartition des établissements par activité.

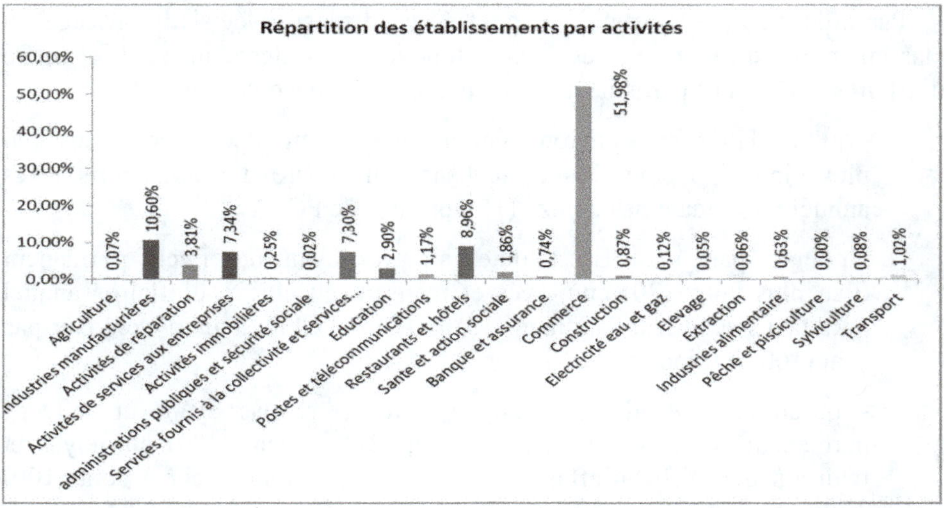

Graphique 10 : Répartition des établissements par emploi.

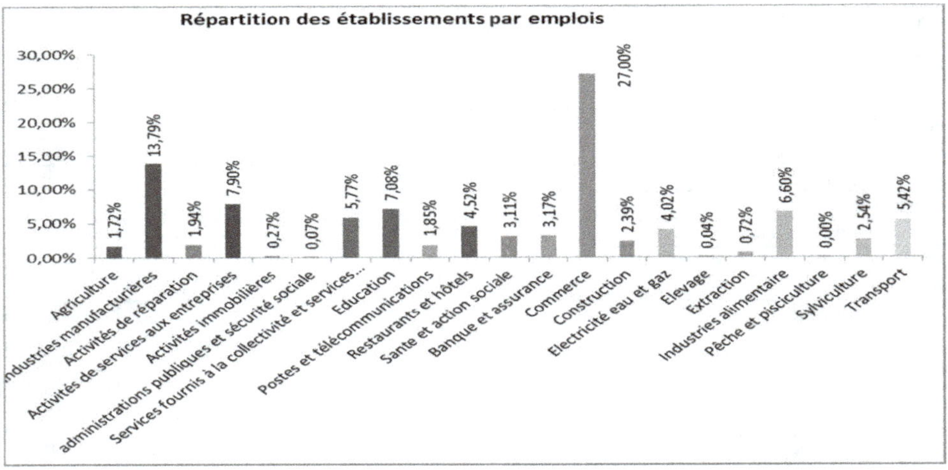

I.2- UNE STRUCTURATION DOMINÉE PAR LES PETITES ET MOYENNES ENTREPRISES (OU PME)

La classification des PME au Cameroun est définie dans la loi n° 2010/001 du 13 avril 2010 portant promotion des PME. Celle-ci précise, en son article 2, que les PME comprennent trois types précis d'entreprises, c'est-à-dire :

- les Très petites entreprises (TPE) ;
- les Petites entreprises (PE), et
- les Moyennes entreprises (ME).

Par ailleurs, en ses articles 4, 5 et 6, ce dispositif législatif procède au classement des différentes catégories en fonction des critères que sont le chiffre d'affaires et l'effectif permanent des employés. Il en découle ainsi :

- qu'une TPE représente toute entreprise ayant un effectif permanent d'au plus cinq (05) employés et réalisant un chiffre d'affaires hors taxes annuel n'excédant pas quinze (15) millions de FCFA ;

- pour sa part, une PE est toute entreprise ayant un effectif permanent d'au plus vingt (20) employés et réalisant un chiffre d'affaires annuel hors taxes supérieur à quinze (15) millions FCFA, mais n'excédant pas cent (100) millions de FCFA ; et

- qu'enfin, par ME l'on désigne toute entreprise ayant un effectif permanent compris entre vingt et un (21) et cent (100) employés et réalisant un chiffre d'affaires annuel hors taxes supérieur à cent (100) millions de FCFA, mais n'excédant pas un (01) milliard de FCFA.

En cas de difficulté de classement d'une entreprise dans l'une des catégories déterminées aux articles 4, 5 et 6 ci-dessus, le critère prédominant est le chiffre d'affaires annuel hors taxes (article 7).

La base ainsi déterminée par le législateur permet ensuite de décliner une typologie des entreprises à Douala, et de laquelle il se dégage deux constats majeurs, à savoir que :

- les firmes doualaises sont principalement des PME (pour 99%), avec à l'intérieur de celles-ci, une majorité de TPE (68%), et

- les grandes entreprises (ou GE) représentent 1% des effectifs des firmes en fonctionnement dans la ville (**Tableau 11** et **Graphique 11**).

Tableau 11 : Répartition des activités par type d'entreprise à Douala.

Activités	GE	ME	PE	TPE	Total	Effectifs
Agriculture	22,73%	36,36%	13,64%	27,27%	100%	**22**
Industries manufacturières	2,66%	6,33%	4,73%	86,28%	100%	**3236**
Activités de réparation	0,43%	1,03%	20,03%	78,50%	100%	**1163**
Services aux entreprises	0,98%	33,23%	11,08%	54,71%	100%	**2239**
Activités immobilières	2,67%	45,33%	21,33%	30,67%	100%	**75**
administrations publiques et sécurité sociale	0%	14,29%	28,57%	57,14%	100%	**7**
Services fournis à la collectivité et services sociaux	0,04%	0,76%	3,54%	95,65%	100%	**2229**
Éducation	0,11%	3,05%	60,34%	36,5%	100%	**885**
Postes et télécommunications	0,84%	33,15%	3,93%	62,08%	100%	**356**
Restaurants et hôtels	0,44%	4,24%	28,31%	67,01%	100%	**2734**
Santé et action sociale	0,53%	2,64%	52,37%	44,46%	100%	**569**
Banque et assurance	12,33%	61,67%	11,89%	14,1%	100%	**227**
Commerce	0,82%	4,45%	25,17%	69,56%	100%	**15865**
Construction	3,37%	32,21%	26,22%	38,2%	100%	**267**
Électricité eau et gaz	16,67%	33,33%	5,56%	44,44%	100%	**36**
Élevage	6,25%	0%	25%	68,75%	100%	**16**
Extraction	52,94%	17,65%	11,76%	17,65%	100%	**17**
Industries alimentaires	21,99%	37,17%	15,71%	25,13%	100%	**191**
Pêche et pisciculture	0%	0%	0%	100%	100%	**1**
Sylviculture	68%	24%	4%	4%	100%	**25**
Transport	12,9%	53,23%	18,71%	15,16%	100%	**310**

Reste cependant qu'il faille noter la domination des grandes entreprises dans certaines activités spécifiques. Il s'agit, notamment, des « activités extractives » et de la « sylviculture » qui représentent, respectivement, 53% et 68% des types d'entreprises exerçant dans ces domaines. Pour leur part, les moyennes entreprises sont surtout présentes dans les domaines des « banques et assurances », des « transports » et des « activités immobilières » avec, respectivement, 62%, 53% et 45%.

Graphique 11 : Répartition des entreprises par type dans la ville de Douala.

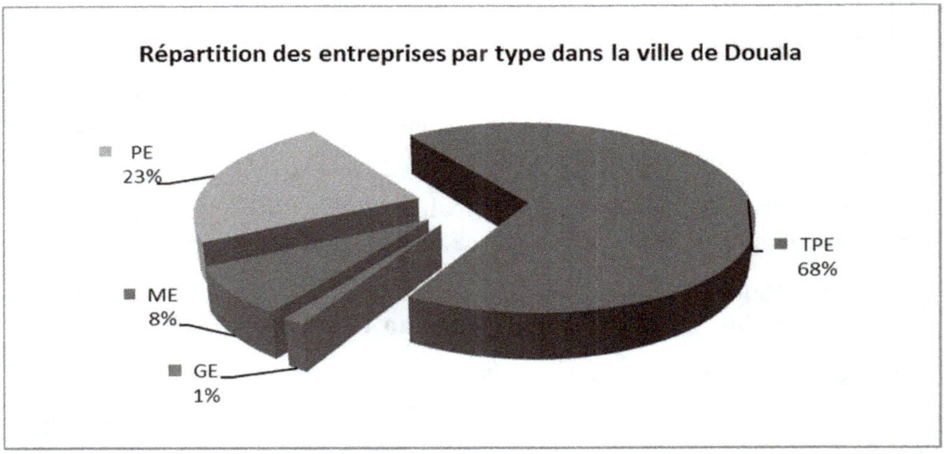

En outre, malgré leur faible représentativité, les grandes entreprises demeurent les plus grosses pourvoyeuses d'emplois de la ville. Ainsi, 36% des emplois effectifs salariés sont créés par elles, contre 23% pour les très petites entreprises. On observe d'ailleurs la même tendance pour les emplois dans certaines activités spécifiques, notamment celles du secteur secondaire, des banques et assurances, ainsi que dans l'agriculture (**Tableau 11** et **Graphique 12**).

Graphique 12 : Répartition des emplois à Douala par type d'entreprises.

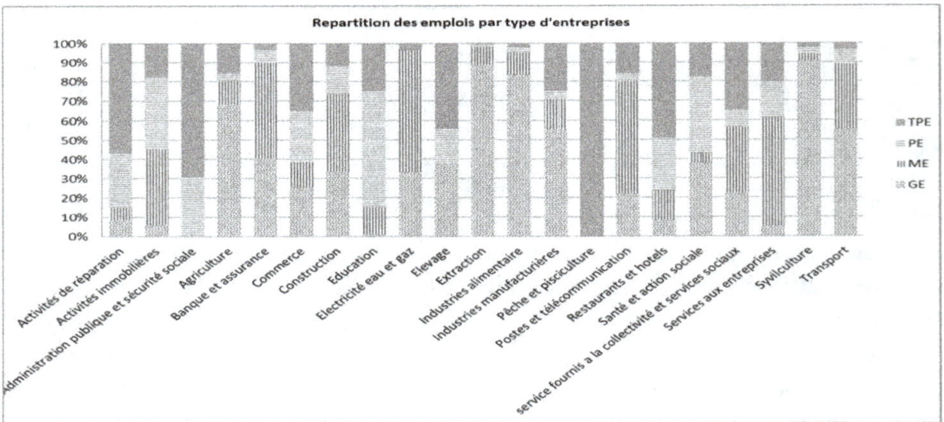

Tableau 12 : Répartition des emplois selon type d'entreprises à Douala.

Activités	GE	ME	PE	TPE	Total général	Effectif d'emplois
Agriculture	69,43%	10,44%	4,47%	15,66%	100%	**3219**
Industries manufacturières	54,13%	16,45%	4,14%	25,28%	100%	**25766**
Activités de réparation	13,63%	6,25%	25,5%	54,62%	100%	**3616**
Services aux entreprises	12,46%	52,2%	16,02%	19,32%	100%	**14754**
Activités immobilières	6,76%	45,53%	27,83%	19,88%	100%	**503**
administrations publiques et sécurité sociale	0%	66,4%	12%	21,6%	100%	**125**
Services fournis à la collectivité et services sociaux	22,53%	33,13%	8,75%	35,59%	100%	**10780**
Éducation	0,89%	13,73%	60,21%	25,17%	100%	**13230**
Postes et télécommunications	21,61%	58,83%	3,33%	16,23%	100%	**3456**
Restaurants et hôtels	10,68%	15,26%	26,64%	47,41%	100%	**8452**
Santé et action sociale	37,53%	4,81%	39,73%	17,92%	100%	**5819**
Banque et assurance	40,87%	48,93%	6,87%	3,33%	100%	**5923**
Commerce	25,79%	13,50%	26,24%	34,47%	100%	**50439**
Construction	32,5%	40,39%	15,87%	11,25%	100%	**4462**
Électricité eau et gaz	38,06%	58,91%	0,24%	2,78%	100%	**7511**
Élevage	33,33%	0%	19,75%	46,91%	100%	**81**
Extraction	88,61%	9,83%	1,27%	0,3%	100%	**1343**
Industries alimentaires	82,27%	12,52%	3,2%	2,01%	100%	**12337**
Pêche et pisciculture	0%	0%	0%	100%	100%	**2**
Sylviculture	97,95%	1,62%	0,36%	0,06%	100%	**4743**
Transport	55,40%	35,17%	6,65%	2,79%	100%	**10120**
Total	**35,51%**	**23,06%**	**18,07%**	**23,37%**	**100%**	**186681**

II- UNE DYAMNIQUE CONFIRMÉE : LA DENSIFICATION PROGRESSIVE DE LA LOCALISATION DES ENTREPRISES EN PÉRIPHÉRIE

II.1- UNE DYNAMIQUE DE FOND....

En effet autant, jusque dans les années 70, les arrondissements centraux concentraient la plupart des activités de la ville, autant depuis les années 80, l'on observe une dilatation de cette dernière et, avec elle, une diffusion des localisations des activités dans ses arrondissements périphériques (Essombè Edimo, 2007a, *idem*, pp. 107/29). De sorte qu'aujourd'hui, 46% des entreprises doualaises se polarisent en la périphérie de la ville (**Graphiques 13** et **14**).

Graphique 13 : Répartition centre/périphérie des entreprises à Douala.

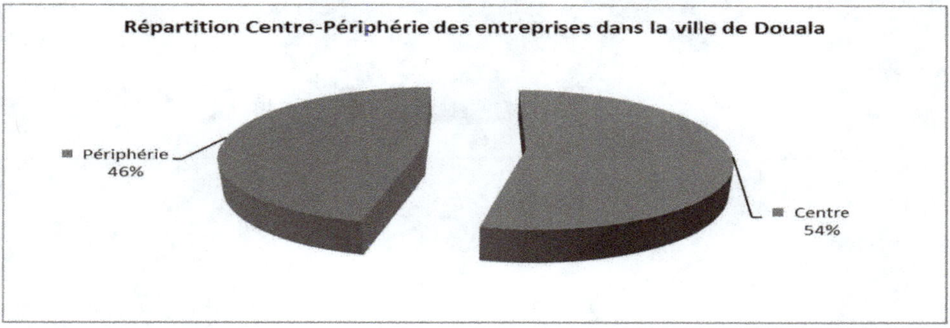

Il en ressort une préférence désormais affirmée de localisation autant pour les arrondissements centraux (Douala I et Douala II) que pour les périphériques (Douala III, Douala IV et Douala V).

Graphique 14 : Répartition centre/périphérie des entreprises par type à Douala.

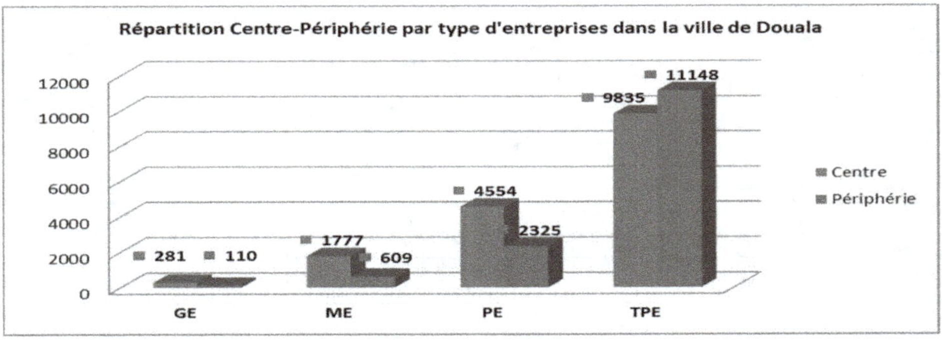

Cette évolution se retrouve également au niveau de l'emploi. Même si sa distribution centre-périphérie montre que celui-ci reste encore largement tributaire des arrondissements centraux avec 63% des emplois doualais, contre 37% pour la périphérie (**Graphiques 14** et **15**). Toutefois, ces données sont à rapprocher de la situation de celle des années 70 et au cours desquelles une grande majorité des entreprises se situaient encore dans les arrondissements centraux.

Graphique 15 : Répartition centre/périphérie des emplois à Douala.

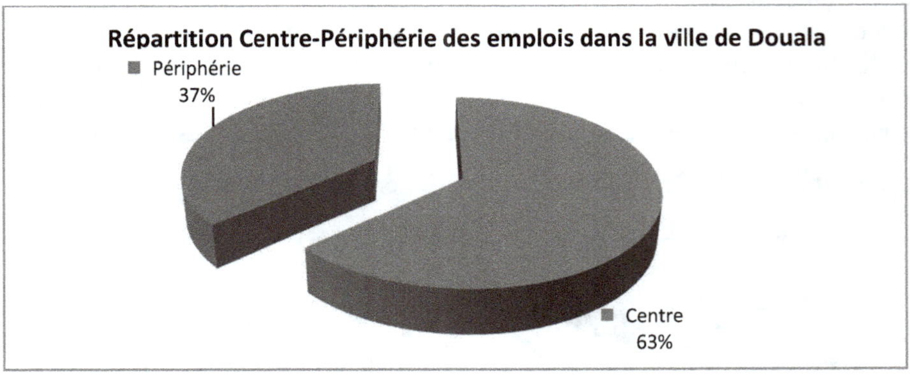

Graphique 16 : Répartition centre/périphérie des emplois à Douala et par type d'entreprises.

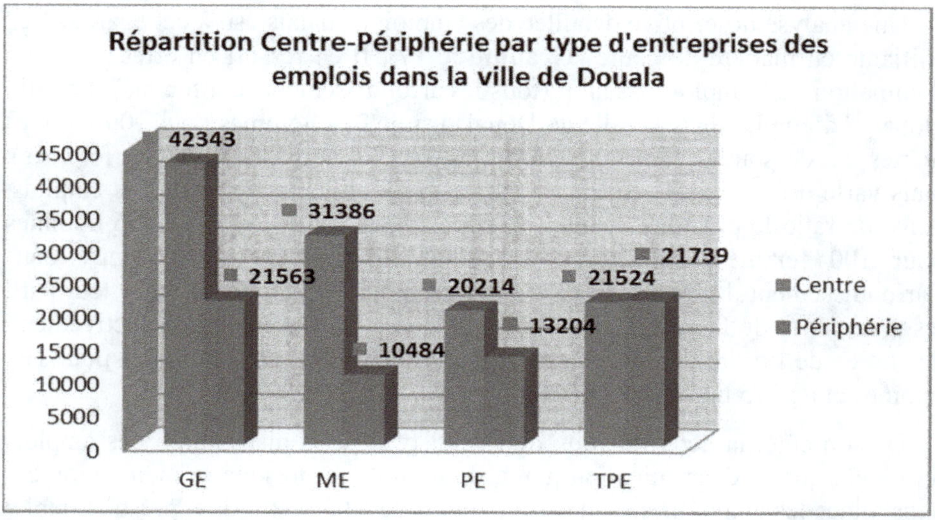

La distribution doualaise des emplois par arrondissement révèle d'ailleurs la domination de l'arrondissement de Douala I, celui-ci regroupant à lui seul 56% des emplois de la ville (**Graphique 10**). Une situation qui peut trouver une explication par une surreprésentation des activités de services dans cette commune, notamment les banques, les assurances, et les commerces. Toutefois, ce qui est remarquable, c'est également le classement des arrondissements de Douala III et de Douala V qui avec, respectivement, 16% et 12% des emplois, occupent les deuxième et troisième positions (**Graphique 11**) du fait, notamment, de l'amplification récente du développement de l'industrie en périphérie de la ville.

Graphique 17 : Répartition de l'emploi par arrondissement à Douala.

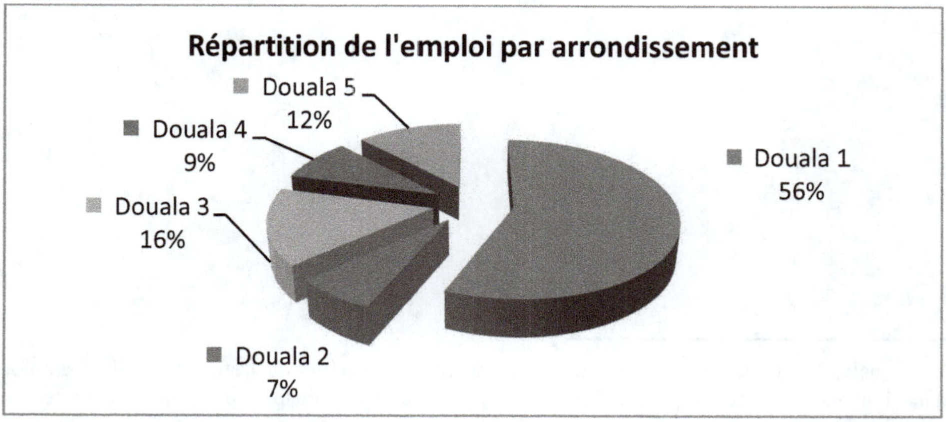

II.2- … SE TRADUISANT AUSSI PAR LA PRÉDOMINANCE DES EMPLOIS MASCULINS DANS LE SECONDAIRE

Une analyse descriptive détaillée des emplois doualais est, à cet égard, assez édifiante en matière de genre (**Graphique 17**). Il en ressort en effet une nette domination de l'emploi masculin (tous les arrondissements confondus). Le ratio global[110] d'emploi dans la ville de Douala est de 274 hommes pour 100 femmes (certes, en dessous du ratio moyen qui est de 294 hommes pour 100 femmes), mais varie d'un arrondissement à l'autre, en fonction de l'effectif des emplois. Ainsi, le ratio le plus discriminant se retrouve à Douala IV (avec 406 hommes pour 100 femmes). Alors que le moins discriminant se rencontre dans l'arrondissement de Douala V (222 hommes pour 100 femmes). Pour leur part, les communes de Douala I, Douala II et Douala III présentent, respectivement, des ratios de l'ordre de 274 hommes pour 100 femmes, 255 hommes pour 100 femmes et de 315 hommes pour 100 femmes.

De son côté, la détermination de l'écart type de la distribution des emplois ici révèle que la discrimination genre de l'emploi a presque la même ampleur dans toutes les communes. Son degré, qui est de 64 (c'est-à-dire, presque faible) renseigne sur le caractère quasi homogène de la distribution par genre des emplois dans les arrondissements de la ville de Douala.

[110] L'analyse et l'interprétation des ratios devraient tenir compte de l'effet d'échelle d'emploi dans l'arrondissement considéré. Cependant, pour une comparaison de distribution entre les arrondissements, il serait important de normaliser les emplois dans les arrondissements pour annuler cet effet.

Graphique 18 : Répartition genre de l'emploi par arrondissement à Douala.

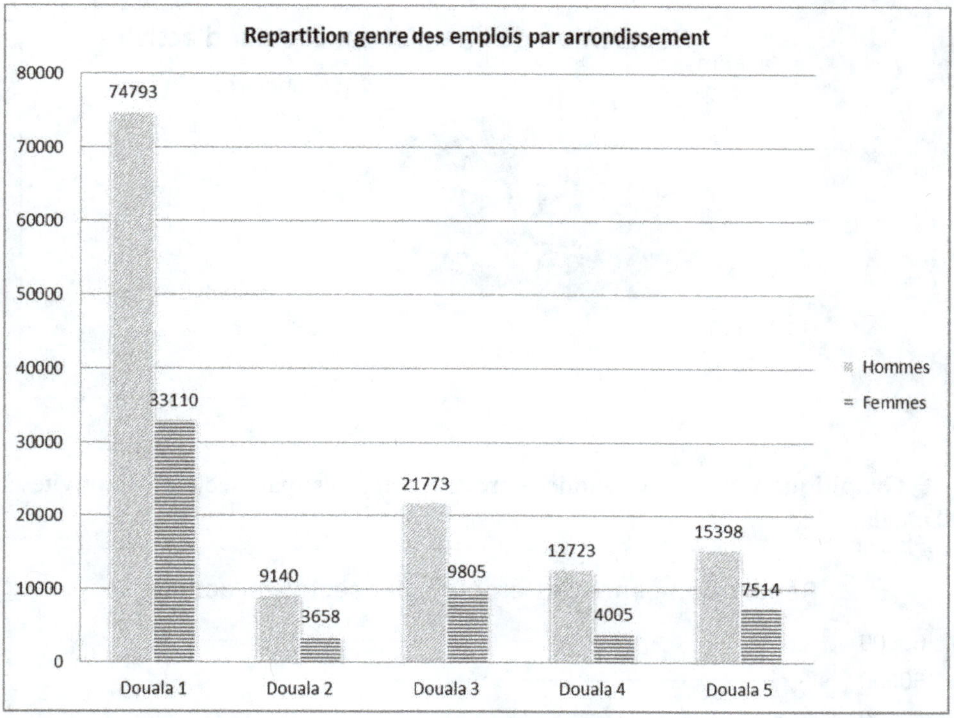

Par rapport aux secteurs d'activités (**Graphique 17**), c'est en fait le tertiaire qui demeure le plus gros employeur à Douala. Ce qui peut également s'expliquer par la forte représentativité de ce secteur dans l'ensemble des activités économiques doualaises, soit 87,51%. Dans ce même secteur, par ailleurs, les hommes sont plus employés que les femmes (**Graphique 18**). Toutefois lorsque l'on s'en réfère à l'étude des ratios, le plus discriminant se retrouve dans le secteur primaire avec 941 hommes pour 100 femmes, suivi du secteur secondaire avec 525 hommes pour 100 femmes et, enfin, le secteur tertiaire avec 219 hommes pour 100 femmes. Si l'on tient compte de ce que le ratio moyen des emplois par secteur d'activité est de 337 hommes pour 100 femmes, largement supérieur au ratio global qui est de 283 hommes pour 100 femmes, l'écart type présente alors ici une hétérogénéité sectorielle de distribution genre des emplois dans la ville de Douala, avec un coefficient de 358[111].

[111] Cette forte valeur de l'écart type peut s'expliquer par la forte discrimination présente dans le secteur primaire, qui est en fait une valeur aberrante, du fait de la forte influence de l'effet d'échelle.

Graphique 19: Répartition de l'emploi par secteur d'activité à Douala.

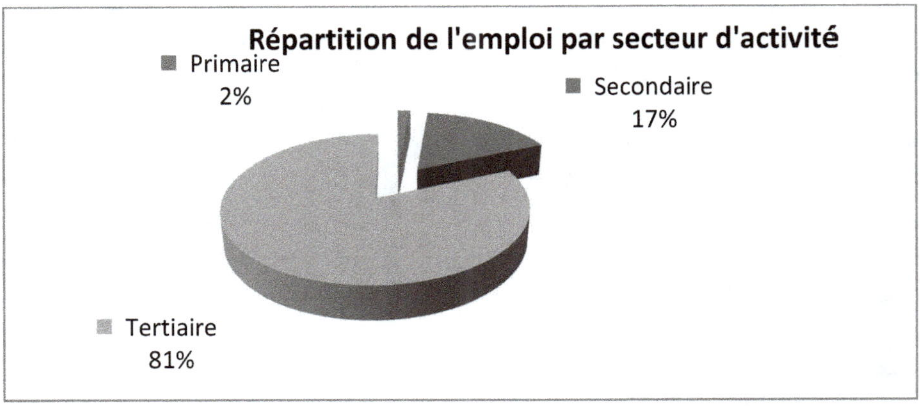

Graphique 20 : Répartition genre des emplois par secteur d'activité à Douala.

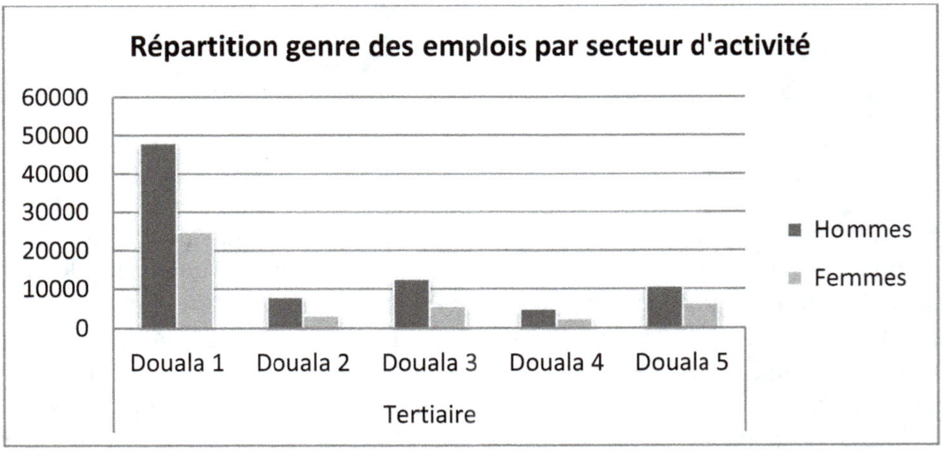

La masculinisation des emplois dans le secteur secondaire reste assez frappante. C'est un secteur dominé par les industries manufacturières (50% des emplois), suivies des industries alimentaires (24% des emplois) et des « Eaux, Électricité et gaz » (14% des emplois) (**Graphiques 20** et **21**).

Graphique 21 : L'emploi dans le secteur secondaire doualais.

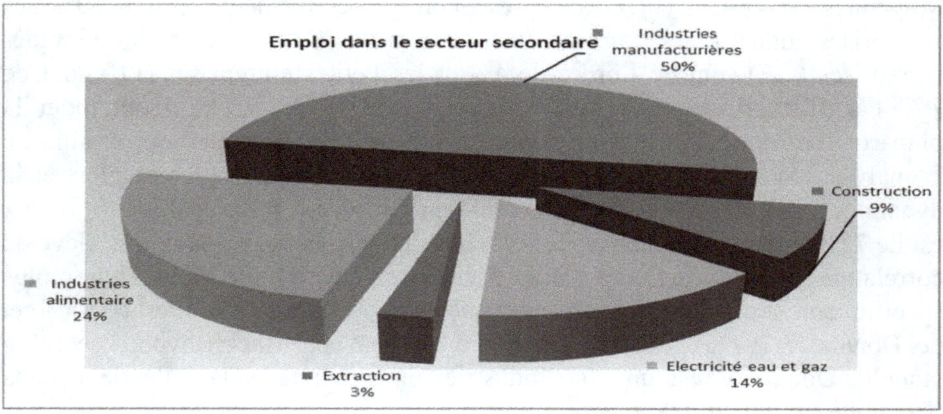

Graphique 22 : Représentation genre de l'emploi dans le secteur secondaire doualais.

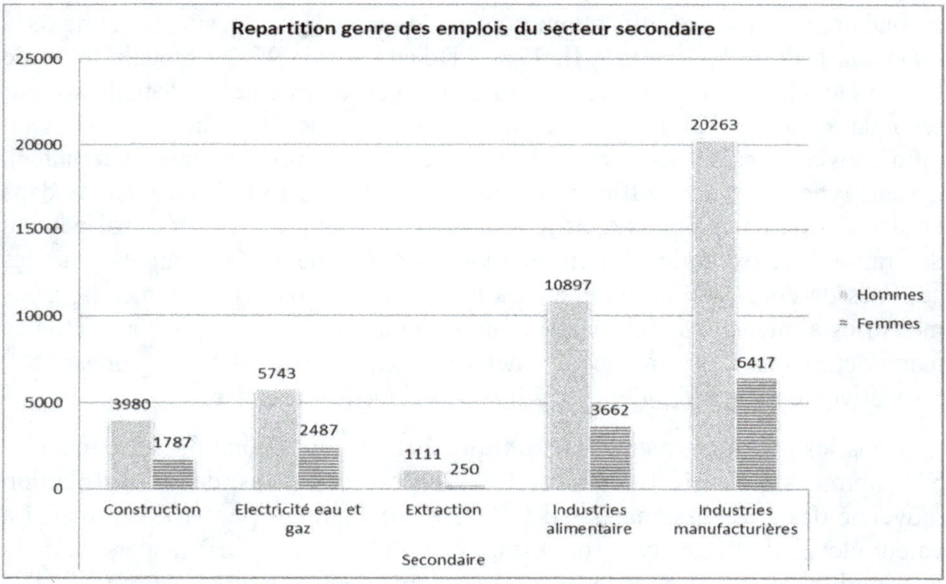

Pour leur part, les activités extractives (comme, du reste, celles relevant des « Eaux, Électricité et Gaz ») ne représentent que 1% des activités du secteur secondaire. Alors que les activités manufacturières en représentent 86%. Toutefois, les premières emploient 3% des salariés du secteur secondaire, contre 14% pour les secondes.

Le coefficient de corrélation entre l'emploi et les activités dans le secteur industriel dans la ville de Douala est positif, et son taux est de 91%. Ce qui tend à traduire le fait que la dynamique entrepreneuriale est ici suivie d'une dynamique d'emploi. Cependant, un constat majeur s'impose : cette dynamique industrielle est principalement le fait des Très petites entreprises (TPE) et des Moyennes entreprises (PE) qui représentent, respectivement, 79% et 10% des entreprises industrielles dans la ville de Douala. De leur côté, les Grandes entreprises (GE) sont de l'ordre de 4% et les Petites entreprises (PE) sont de 7%. Par ailleurs, ces PME (c'est-à-dire, les ME, PE et TPE) sont, pour la plupart, des entreprises individuelles (TPE et PE surtout) ou familiales. L'analyse centre-périphérique révèle que la corrélation entre les emplois et la dynamique industrielle au centre comme en périphérie reste positive. Son taux est de 77%, pour le premier, et de 98% pour la périphérie. Ce taux très élevé de corrélation emplois/activités industrielles en périphérie s'explique plus spécifiquement par ceux des arrondissements de Douala IV (où il est de 95%) et de Douala V (97%). Ce qui, là encore, tend à confirmer l'hypothèse selon laquelle Douala V est un pôle industriel émergent dans la ville de Douala (Essombè Edimo, 2007a, *Idem*)[112].

Lorsque l'on désagrège l'analyse par arrondissement, l'on s'aperçoit que les coefficients de corrélation entre les emplois et les activités du secteur secondaire sont tous positifs et ont presque le même taux. Il est en effet de 69% à Douala I, de 99% à Douala II, 77% à Douala III, de 95% à Douala IV et de 97% à Douala V. Néanmoins, le ratio global genre des emplois dans le secteur secondaire est de 525 hommes pour 100 femmes (légèrement en dessous du ratio moyen dans le secteur, et qui est de 585 hommes pour 100 femmes). L'écart type, avec un coefficient de 202, présente une forte hétérogénéité dans la distribution des emplois dans le secteur. Il s'explique par la forte dispersion des ratios. Par exemple, il s'élève à 946 hommes pour 100 femmes pour les activités de construction, ou encore à 643 hommes pour 100 femmes pour les industries alimentaires, puis à 504 hommes pour 100 femmes pour les activités manufacturières. Quant à elles, les activités extractives et d'EEG[113] présentent, respectivement, un ratio 479 et 353 hommes pour 100 femmes.

Dans les arrondissements (**Graphique 20**), le ratio global du secteur est de 521 hommes pour 100 femmes. Celui-ci est au-dessus de la distribution moyenne des arrondissements qui s'élève à 508 hommes pour 100 femmes. La valeur élevée de l'écart type (qui est de 140) présente une forte dispersion de la distribution des ratios dans les arrondissements. De sorte que si le ratio le plus élevé est celui de l'arrondissement de Douala IV (avec 742 hommes pour 100 femmes), le ratio le moins élevé se retrouve dans l'arrondissement de Douala II (avec 310 hommes pour 100 femmes). Les arrondissements de Douala I, Douala III et Douala V ont, respectivement, un ratio de 503, 533 et 454 hommes pour 100 femmes.

---

[112] Voir également le **Chapitre 7** « Disparités territoriales de la dynamique entrepreneuriale à Douala », *infra*.

[113] Rappel : Eau, Électricité et Gaz.

Graphique 23 : Répartition genre des emplois du secteur secondaire par arrondissement à Douala.

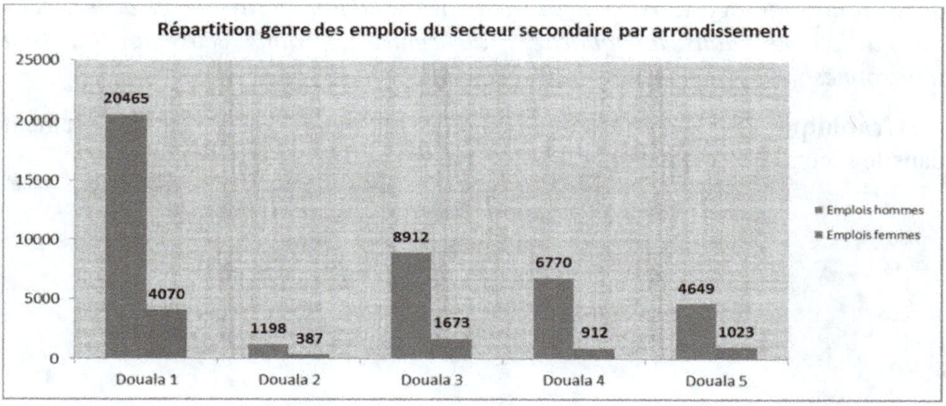

Au niveau des arrondissements enfin, l'analyse des emplois du secteur secondaire fait encore apparaître une domination des arrondissements centraux sur les arrondissements périphériques. Puisqu'en effet, les premiers regroupent 52% des emplois industriels, contre 48% pour les seconds (**Graphique 21**). Et cette prépondérance du centre se retrouve également au niveau de la typologie des emplois du secondaire (**Graphique 22**).

Graphique 24 : Répartition des emplois du secondaire par arrondissement à Douala.

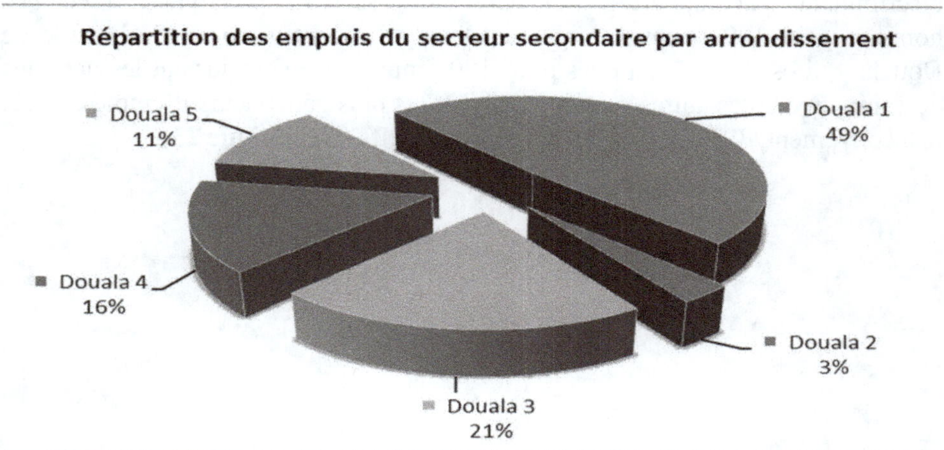

Mais à la réalité, le processus en cours dans la ville montre que le « centre » regroupe, de plus en plus, des unités administratives ou des centres de décision (sièges sociaux des entreprises industrielles, commerciales et de services et dont les unités productives, à proprement parler, s'installent dans la périphérie). À cet égard, du reste, les études récentes suggèrent d'ailleurs que « *le caractère administratif, et surtout commercial, s'étale aujourd'hui sur un plus grand*

nombre de quartiers de l'arrondissement de Douala 1er. Il intéresse désormais des quartiers comme Akwa, Bonapriso ou Bali. Ce qui souligne, là aussi, le début d'un maillage territorial des activités « administratives » et de services tout à la fois, dans les quartiers du centre et, dans ceux qui lui sont limitrophes » (Essombè Edimo, 2007a, *idem*, p. 114)[114].

Graphique 25 : Répartition des emplois par activité et par arrondissement dans le secondaire à Douala.

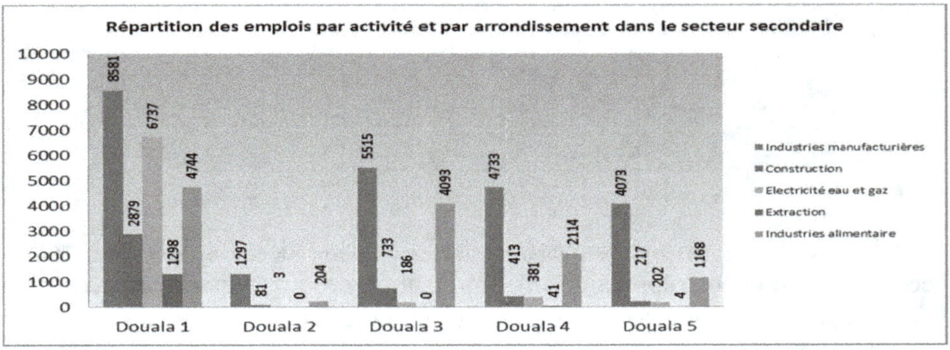

II.3- LE TERTIAIRE : UN SECTEUR MOINS DISCRIMINANT

Pour sa part, le secteur tertiaire doualais est organisé autour des activités de commerce (59%), les banques et assurances (1%), les transports (1%) et les autres services (39%)[115]. Ici, le ratio genre apparaît toutefois le moins discriminant, par rapport à l'ensemble des secteurs d'activités, avec 219 hommes pour 100 femmes, largement en deçà du ratio moyen de la ville de Douala, qui est de 337 hommes pour 100 femmes. Ce sont surtout les activités de commerce et les autres services qui sont les plus générateurs d'emplois avec, respectivement, 39% et 48% des emplois effectifs (**Graphique 23**).

[114] Voir aussi, pour les activités du tertiaire, les **Graphiques 24, 25** et **26**, *Infra*.

[115] Les autres services regroupent, d'après la nomenclature du RGE/INS de 2010, l'hôtellerie et la restauration, l'immobilier, l'administration publique et les services sociaux, l'éducation, les postes et télécommunications, la santé et l'action sociale, les activités de réparation et les services fournis aux entreprises.

Graphique 26 : Les emplois dans le secteur tertiaire doualais.

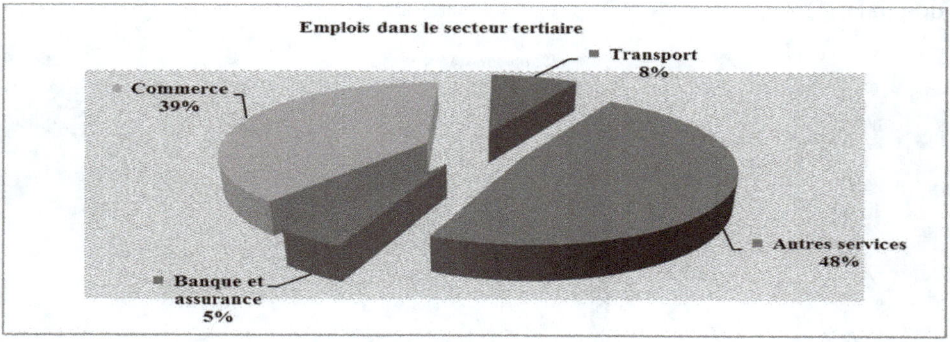

L'approche genre du secteur (**Graphique 24**) révèle une répartition des emplois hommes/femmes moins inégalitaire que dans les autres secteurs. La différence la plus importante dans l'emploi se trouve dans les activités de transport[116], avec un ratio genre d'emploi de 607 hommes pour 100 femmes. Les commerces arrivent en seconde position dans les emplois discriminants dans ce secteur, avec un ratio de 370 hommes pour 100 femmes[117]. Ces ratios sont largement au-dessus du ratio moyen et qui se situe, quant à lui, à 312 hommes pour 100 femmes employées dans le secteur. Ils justifient également le fait que l'écart type ait une valeur élevée, soit 195. Les autres activités de ce secteur présentent un ratio moins discriminant des emplois et sont largement en dessous du ratio moyen. C'est le cas des activités de banques et des assurances, ou encore des autres services et qui présentent, respectivement, un ratio de 127 hommes et 143 hommes pour 100 femmes employées.

[116] Les activités de transport s'organisent essentiellement autour du transport d'entreposage et de communication (transport urbain et interurbain), qui nécessitent une énorme condition physique.

[117] Il est important de noter que ce recensement ne s'est pas intéressé au secteur informel, ce qui pourrait justifier cette discrimination dans les activités de commerce. En effet, les femmes qui opèrent dans les activités de commerce sont essentiellement dans l'informel.

Graphique 27 : Répartition genre des emplois dans le secteur tertiaire doualais.

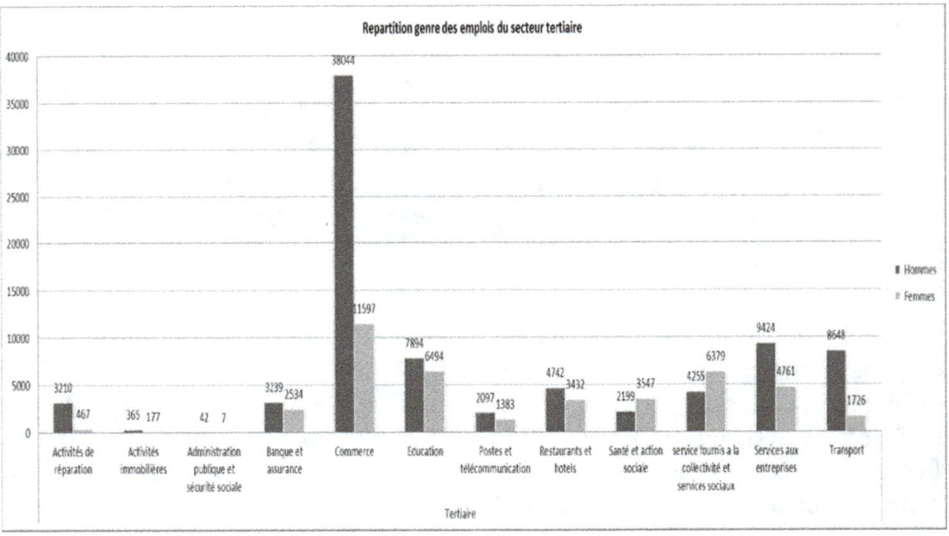

Au niveau des arrondissements l'on observe, là encore, une domination du centre avec 66% des emplois effectifs dans le secteur, contre 34% en périphérie (**Graphique 25**). Toutefois, les ratios genre d'emploi sont presque identiques dans les deux zones, le centre ayant 215 hommes pour 100 femmes, et la périphérie en présentant 214 hommes pour 100 femmes.

Graphique 28 : Répartition centre-périphérie des emplois du tertiaire à Douala.

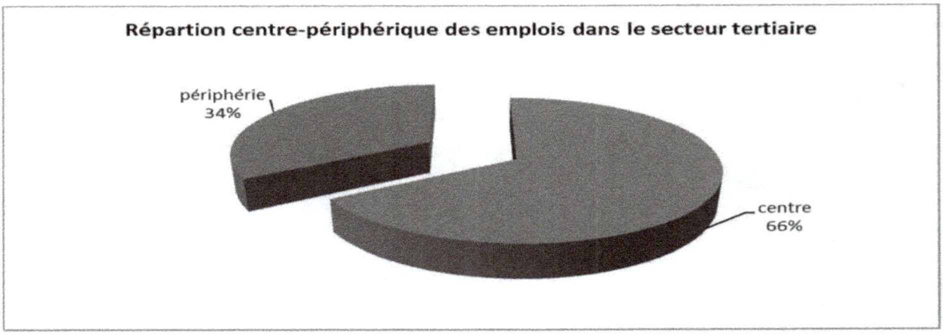

Lorsque l'on désagrège l'analyse par arrondissement (**Graphique 26**), Douala I apparaît comme le plus gros employeur dans le secteur avec 57% des emplois effectifs. Cet arrondissement est suivi de Douala III et Douala V, avec chacun 14% des emplois effectifs dans le secteur.

Graphique 29: Les emplois par arrondissement dans le secteur tertiaire doualais.

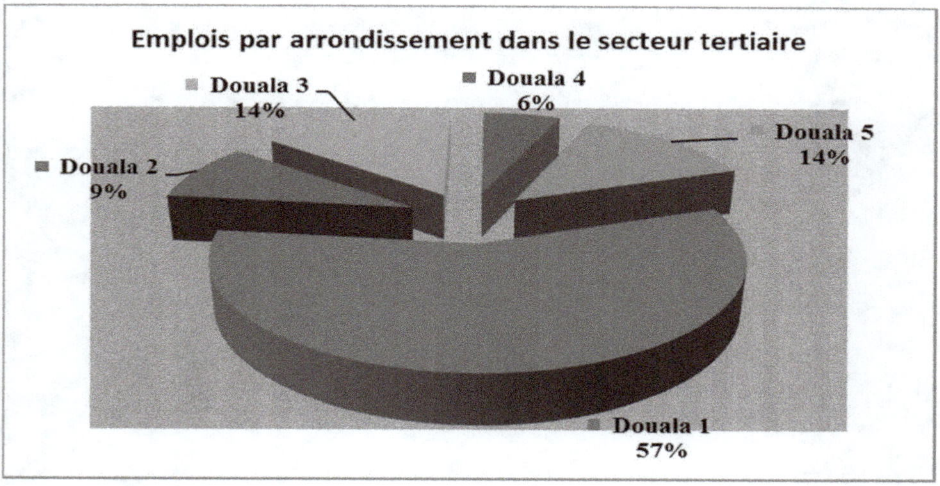

L'analyse par arrondissement (**Graphique 27**) fait apparaître, par ailleurs, une faible disparité genre dans ce secteur au regard de la valeur de l'écart type, et qui est de 25. Cette valeur montre que la tendance est homogène dans ce secteur. En fonction du niveau d'emploi, la tendance de ce secteur dans les arrondissements se situe autour du ratio moyen des emplois du secteur, qui est de 222 hommes pour 100 femmes. En fait, les ratios les plus élevés sont ceux rencontrés à Douala III et à Douala II avec, respectivement, 249 hommes et 247 hommes pour 100 femmes employées dans le secteur tertiaire. De même, le ratio le moins élevé est celui de Douala V qui, dans ce secteur, est de 181 hommes pour 100 femmes. De leur côté, les arrondissements de Douala I et Douala IV présentent respectivement un ratio genre de 211 et 222 hommes pour 100 femmes employées.

Graphique 30 : Répartition genre des emplois par arrondissement à Douala.

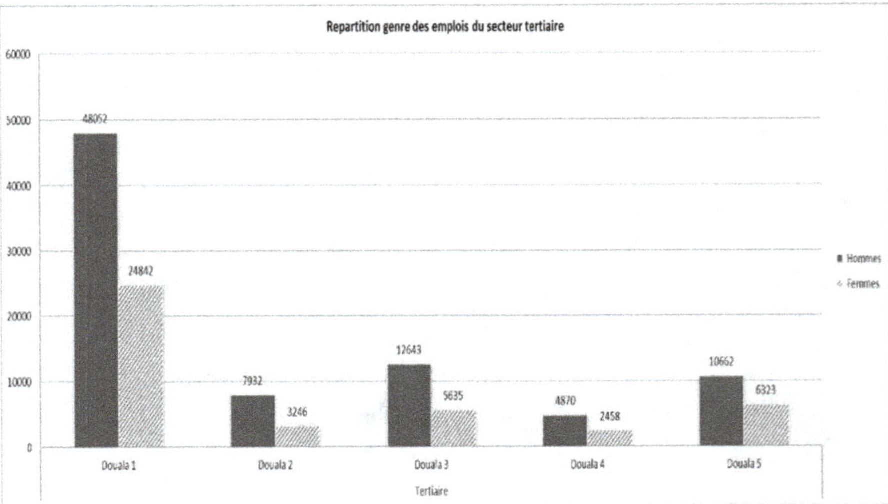

Les activités de commerce et des autres services demeurent néanmoins les plus génératrices d'emplois dans les différentes communes de la ville (**Graphique 28**). Les emplois dans les banques et assurances sont essentiellement le fait de l'arrondissement de Douala I qui, dès lors, se positionne bien comme l'arrondissement de services dans la ville de Douala.

Graphique 31: Répartition des emplois par activité et par arrondissement dans le tertiaire doualais.

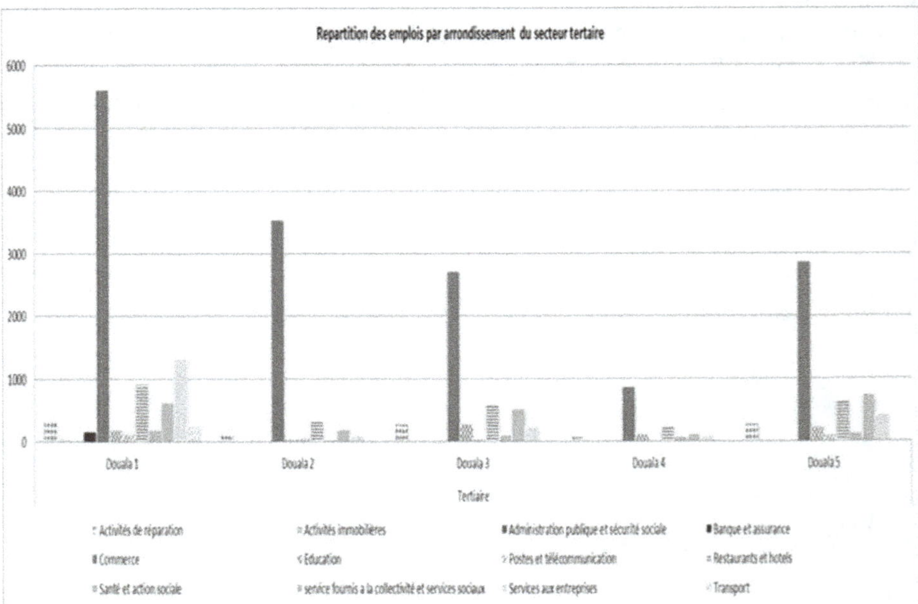

III- DES ENSEIGNEMENTS MULTIPLES

Une étude de la répartition des emplois et des entreprises à Douala, à travers les matrices de corrélation des emplois et des activités, mais aussi grâce à la matrice d'autocorrélations (ou de dépendances) spatiales, permet en effet d'affiner l'analyse. Ce qui donne l'occasion ensuite de se mieux fixer, par exemple, sur les phénomènes de dépendance spatiale dans la localisation des firmes à Douala.

III.1- AU REGARD DE LA CORRÉLATION DES EMPLOIS ET DES ACTIVITÉS DE LA VILLE DE DOUALA

L'analyse de la corrélation des emplois et des activités économiques est effectuée ici sur la base du test de Pearson. Les matrices qui en découlent sont proposées en **annexe**. Il paraît néanmoins important d'en rappeler ici les principes, les modalités de calcul et d'interprétation.

- ***Explication des postulats du test de corrélation de Pearson***

D'une manière générale, le test de Pearson cherche à déterminer l'absence (ou la présence) d'une relation linéaire significative entre des variables. La corrélation est une quantification de la relation linéaire entre des variables continues. Le calcul du coefficient de corrélation de Pearson repose sur le calcul de la covariance entre deux variables continues. L'on obtient alors une matrice de coefficients de corrélation qui, en effet, est une matrice des variances-covariances réduite, car le coefficient de corrélation est la standardisation de la covariance.

La standardisation permet d'obtenir une valeur qui variera toujours entre -1 et +1. Peu importe l'échelle de mesure des variables mises en relation. Cette standardisation est obtenue par comparaison à l'écart type qui mesure la dispersion des données autour de la moyenne. De ce fait, les coefficients obtenus sont peu sensibles aux échelles de mesure.

Le coefficient de corrélation de Pearson se présente donc sous la forme $r = \frac{COV(x,y)}{S_x S_y}$ avec $COV(x,y) = \frac{\sum_{i=1}^{n}(X_i - \overline{X})(Y_i - \overline{Y})}{n-1}$ et $S = \sqrt{\frac{\sum_{i=1}^{n}(X_i - \overline{X})^2}{n-1}}$

- ***comment interpréter le coefficient de corrélation de Pearson***

Pour être interprété, le coefficient de corrélation doit être significatif (la valeur de p doit être plus petite que 0,05). Si le coefficient est non significatif, on considère qu'il est semblable à $r = 0$. Par contre, lorsqu'il est significatif, le coefficient de corrélation donne deux informations importantes :

- Le sens de la relation linéaire entre les deux variables : le coefficient de corrélation, qui présente finalement la covariance standardisée, varie entre -1 et 1. Un coefficient de 1 indique une corrélation positive parfaite entre les deux variables. À l'inverse, un coefficient de -1 indique une corrélation négative parfaite: lorsque la variable x augmente, la variable y diminue dans la même proportion. Dans les deux cas, les points tombent parfaitement sur la droite. Un coefficient de 0 indique qu'il n'y a aucune relation entre les deux variables. Ainsi, la variation de l'une n'est aucunement associée à la variation de l'autre.

- La force de la relation linéaire entre les deux variables : plus la valeur du coefficient est proche de 1 ou de -1, plus les deux variables sont associées fortement. Au contraire, plus le coefficient est près de 0, moins les variables partagent de covariance et donc, moins l'association est forte. On peut qualifier la force de cette relation avec les balises de Cohen concernant la taille d'effet.

- ***Calcul du degré de signification***

Pour déterminer la valeur de p associée au coefficient de corrélation, on calcule une valeur de t (Student) à l'aide de la formule suivante. Cette valeur de test est par la suite associée à une valeur de p en fonction du degré de liberté, tout comme pour le test t.

La statistique de test t est $t = r\sqrt{\frac{n-2}{1-r^2}}$

- ***La taille d'effet***

Dans le cadre de la corrélation, l'on n'a pas à effectuer de calculs particuliers pour connaître la taille d'effet. Il suffit de regarder seulement la valeur du coefficient, puis l'on interprète selon les balises de Cohen (1988). Ce qui donne :

Autour de **0,10**	Effet de petite taille	Corrélation faible
Autour de **0,30**	Effet de taille moyenne	Corrélation moyenne
Autour de **0,50**	Effet de grande taille	Corrélation forte

III.2- LES INTERACTIONS SPATIALES DE L'EMPLOI ENTRE LES ARRONDISSEMENTS DE LA VILLE DANS LES SECTEURS SECONDAIRE ET TERTIAIRE

- ***Méthodologie : la matrice d'interactions spatiales***

La détermination des interactions spatiales se fait à travers le calcul de la matrice de pondérations spatiales et le test (global et local) de Moran. C'est donc à juste titre aussi que ces principaux outils seront largement mobilisés tout au long du présent ouvrage. En général, la dépendance spatiale est modélisée à l'aide d'une matrice de pondérations spatiales, notée W, dont le terme générique W_{ij}, traduit la force du lien spatial existant entre deux observations (unités spatiales), i et j, localisées. Pour un ensemble de N observations localisées, une matrice W, de dimension N x N, est définie de manière exogène en établissant des pondérations issues d'une relation mathématique permettant de traduire, pour toutes les paires d'observations, l'idée de proximité spatiale entre les observations i et j ainsi que leur intensité (Dube et *al.*, 2011 ; Le Gallo, 2000, 2001 ; Bourdin, 2010 et 2011). Cette matrice demeure d'une importance majeure, notamment pour la mise en évidence des interactions entre les diverses observations géographiques considérées. Ceci explique que cet outil soit constamment mobilisé tout au long de l'ouvrage, notamment, pour montrer que ces interactions sont également le facteur explicatif de la congestion urbaine dans certains arrondissements de Douala[118].

- ***Importance de la matrice de pondérations spatiales***

La matrice d'interactions spatiales est l'instrument utilisé pour représenter ces interactions. Avec N observations, on utilise la matrice carrée W à N lignes et N colonnes, dont les termes diagonaux sont nuls et les termes non diagonaux sont d'autant plus élevés que l'effet de l'observation j sur l'observation i est important. Si W est une matrice d'interactions et $Y=(y_1,\dots,y_N)'$ est un vecteur colonne de N observations d'une variable spatialisée, le produit matriciel WY a pour terme courant : $(WY)_i = \sum_i w_{ij} y_{ij}$. Ce terme mesure l'intensité de l'effet global de la $i^{ème}$ observation des valeurs prises par la variable Y ailleurs dans l'espace.

Cette variable sera utilisée ensuite dans les modèles statistiques pour représenter les effets que les localisations exercent les unes sur les autres. Cependant, pour utiliser une matrice d'interactions, il est nécessaire de lui donner une forme *a priori*. Dans le cadre d'un modèle purement spatial, il est difficile d'estimer avec N observations chacun des $N(N-1)/2$ coefficients de la matrice d'interactions. En choisissant une définition particulière des distances entre observations et une forme fonctionnelle spécifique pour la relation entre la distance et l'intensité de l'interaction, nous déterminons une famille de matrices d'interactions dépendant d'un nombre faible de paramètres dont la valeur sera déterminée par estimation.

---

[118] Comme nous le verrons plus loin avec le cas de Bonabéri (Douala IV), *cf.* Chapitre 8, *infra*.

La méthode la plus usitée est celle des matrices de contiguïté, fréquemment utilisées lorsque les données portent sur des zones géographiques. Deux zones sont contiguës quand elles ont une frontière commune. De façon générale, la contiguïté entre deux zones est définie comme le nombre minimal de frontières qu'il faut franchir pour aller de l'intérieur de l'une à l'intérieur de l'autre. Deux zones sont contiguës à l'ordre k quand leur distance de contiguïté est égale à k. Pour un ensemble de N zones géographiques, la matrice de contiguïté sera $C^{(k)}$ à l'ordre k. La matrice de contiguïté peut être éventuellement normalisée en divisant chacune de ses lignes par la somme de ses éléments. La normalisation de la matrice permet d'affecter le même poids aux observations. Pour une unité spatiale i considérée en ligne, le terme W_{ij} prendra la valeur 1 si les unités i et j partagent une frontière commune et la valeur 0 sinon. En fonction de la méthode de calcul de cette matrice de pondérations, cette configuration est la conséquence d'une standardisation en ligne qui s'obtient par la relation :

$$W_{ij}^{*} = \frac{W_{ij}}{\sum_{i} W_{ij}} \quad \text{où} \quad W_{ij}^{*} = \begin{cases} 1 & si\ i\ est\ voisin\ de\ j \\ 0 & sinon \end{cases}$$

Le résultat de la normalisation peut être, entre autres, une matrice stochastique[119].

Une famille de matrices d'interactions spatiales est alors définie sur la base des contiguïtés d'ordre au plus égal à K tel que $W(\rho_1,\ldots,\rho_K)=\sum_{k=1}^{K}\rho_k C^{(k)}$ où $\rho_1,\ldots,\rho_K$ sont les paramètres à estimer. En pratique, la plupart des études se restreignent généralement au cas où $K=1$ et donc $W_{(\rho)}=\rho C^{(1)}$. L'interaction se retreint donc à l'influence des zones contiguës.

Les matrices de contiguïté usuelles ont cependant pour inconvénient que, lorsque $C_{ij}^{(k)}$ et C_{il}^{k} diffèrent tous deux de zéro, $C_{ij}^{(k)}=C_{il}^{k}$. Autrement dit, toutes les observations contiguës à une zone donnée influencent de la même manière. On retrouve une homogénéité des interactions qui n'est pas plus vraisemblable que l'homogénéité des observations elles-mêmes. Le correcteur classiquement employé est l'utilisation de coefficients proportionnels à la longueur des frontières communes. Il permet de résoudre le problème posé en

119 C'est-à-dire une matrice dont la somme des éléments de chaque ligne est égale à l'unité. On a $C_{ij}^{(k)}=1/m_i^{(k)}$, où $m_i^{(k)}$ est le nombre d'observations contiguës à la zone i à l'ordre n.

faisant des $C_{ij}^{(k)}$ des fonctions caractéristiques des zones j qui influencent i. D'autres déterminants de l'intensité des interactions peuvent également être utilisés. Il s'agit notamment de la distance entre les centres des deux zones, de la taille de la zone émettrice de l'interaction, de la capacité des réseaux de transport entre les zones, etc.

Cependant, il existe de nombreuses analyses où l'utilisation de la contiguïté s'avère inadaptée ou impossible. C'est le cas particulier des données portant sur des points. Ces points sont plus ou moins éloignés les uns des autres, et la détermination de la contiguïté entre eux n'a pas de sens. Les fonctions les plus utilisées dans ce cas sont $f(d_{ij})=e^{-d_{ij}}$, $f(d_{ij})=d_{ij}^{-1}$ et, dans le prolongement des modèles gravitaires,

$$f(d_{ij})=d_{ij}^{-2}.$$

Celle la plus usitée est $f(d_{ij})=d_{ij}^{-1}$ Avec $W_{ij}=\begin{cases} d_{ij}^{-1} \; si \, i \neq j \\ 0 \, sinon \end{cases}$ et la distance euclidienne $d_{ij}=\sqrt{(x_i-x_j)^2+(y_i-y_j)^2}$

La structure de la matrice d'interactions est donc la suivante :

$$W_{ij}=\begin{pmatrix} 0 & d_{12}^{-1} & \cdots & d_{1n}^{-1} \\ d_{21}^{-1} & \ddots & \cdots & d_{2n}^{-1} \\ \vdots & \cdots & \ddots & \vdots \\ d_{n1}^{-1} & d_{n2}^{-1} & \cdots & 0 \end{pmatrix}$$

Les postulats pour la construction de cette matrice sont :

(1) $d_{ij}^{-1} \geq 0$: La matrice contient des nombres positifs ;

(2) $d_{ij}^{-1}=0 \rightarrow i=j$: La matrice a des éléments nuls sur la diagonale ;

(3) $d_{ij}^{-1}=d_{ji}^{-1}$: La matrice est symétrique ;

(4) $d_{ij}^{-1} \leq d_{ik}^{-1}+d_{kj}^{-1}$

La matrice des distances est une matrice carrée contenant une dissimilarité observée.

- ***Tests de dépendance spatiale : l'indice de Moran***

Les indices d'autocorrélation spatiale permettent de mettre en évidence des lieux qui présentent des relations par rapport à deux critères simultanés : la proximité spatiale et la ressemblance (ou opposition) entre les valeurs d'une même variable en différents points de la région d'étude (Le Gallo, 2000 et 2001, *ibidem* ; Oliveau, 2005; Bourdin, 2010, 2011, *ibidem*). Le test de dépendance spatiale permet de rendre compte, globalement et localement, de l'ensemble des lieux appartenant à la région d'étude qui présente l'autocorrélation spatiale (Laffite et Marc, 2010*)*. C'est aussi reconnaître que lorsque deux variables sont géographiquement proches, celles-ci vont avoir tendance à se ressembler, de même que leurs interactions seront importantes.

Sous sa forme globale, l'indice de Moran se présente de la manière suivante[120] :

$$I_g = \frac{N\sum_i \sum_j W_{ij}(X_i - \overline{X})(X_j - \overline{X})}{M\sum_i (X_i - \overline{X})^2}$$

$$I \; ou \; I_L \approx \begin{cases} 1 \Rightarrow présence\; d'autocorrélation\; spatiale\; positive \\ 0 \Rightarrow distribution\; aléatoire \\ -1 \Rightarrow présence\; d'une\; autocorrélation\; spatiale\; négative \end{cases}$$

où :

$N = nombre\; d'individus\; (arrondissements);$

$M = nombre\; total\; de\; paires\; de\; voisins \sum_i \sum_j W_{ij}$

$W_{ij} = matrice\; de\; pondération\; appliquée\; à\; la\; relation\; entre\; les\; lieux\; i\; et\; j;$

$i, j = unités\; géographiques;$

$\overline{X} = moyenne\; de\; la\; variable\; X\;\; avec\; (\overline{X} = \frac{1}{N}\sum_i X_i)$

$X_i = la\; valeur\; de\; la\; vairiable\; au\; point\; i$

Le numérateur s'interprète comme la covariance pondérée entre les unités spatiales voisines, alors que le dénominateur représente la variance totale observée. La statistique de Moran centrée et réduite suit asymptotiquement une loi normale d'espérance nulle et de variance unitaire et sert ainsi de base

[120] Dans les analyse empiriques, plusieurs auteurs (Oliveau, 2010; Bourdin, 2010, 2011, *Idem)* montrent que la valeur de l'indice de Moran peut être supérieure à +1 ou inférieure à -1. Celle-ci est fortement tributaire en effet de la méthode utilisée dans la construction de la matrice de dépendances spatiales.

au test d'autocorrélation spatiale dans une série[121] (Le Gallo, 2000 et 2001, *ibidem*). La significativité de la valeur de I_g peut être testée par comparaison à une distribution théorique sous la forme (Dube et *al.*, 2011, *ibidem* ; Oliveau, 2005, *op.cit.*) :

$$Z(I) = \frac{I - E(I)}{S_{E(I)}}$$ avec

$$S_{E(I)} = \sqrt{\frac{N^2 \sum_{ij} W_{ij} + 3(W_{ij})^2 - N \sum_i (\sum_j W_{ij})^2}{(N^2 - 1)(\sum_{ij} W_{ij})^2}}$$

Afin de mieux comprendre la structure du phénomène étudié, il est nécessaire ainsi de pouvoir accéder à une information plus locale. En effet, les indices généraux peuvent être « aveugles » face à des phénomènes très fortement structurés, mais pas sur de petites zones au sein d'un espace pas structuré.

L'indice local de Moran permet d'identifier les zones de concentration à l'échelle locale et est mesuré au lieu i. Il mesure le degré de ressemblance d'une unité spatiale avec ses voisines et révèle les tendances régionales tout en conservant les valeurs, préservant ainsi l'information relative à l'hétérogénéité interne de ces zones. Cet indice permet enfin, à travers la cartographie, de localiser les dynamiques positives et négatives (Anselin, 1995 ; Oliveau, 2005, *ibidem*). Il est défini comme un LISA (Local Indicators of Spatial Association ou indicateurs locaux d'associations spatiales) de la façon suivante :

$$I_i = \frac{N \sum_j W_{ij}(X_i - \overline{X})(X_j - \overline{X})}{M \sum_i (X_i - \overline{X})^2}$$

- ***Construction de la matrice d'interactions spatiales de la ville de Douala***

La méthode utilisée pour construire la matrice d'interactions spatiales dans la ville de Douala est celle recourant à la méthode de la distance spatiale euclidienne. La distance entre le CBD[122] de chaque arrondissement est mesurée.

De façon analytique, $W = \begin{cases} d_{ij}^{-1} \; si \; i \neq j \\ 0 \; sinon \end{cases}$ avec $d_{ij} = \sqrt{(x_i - x_j)^2 + (y_i - y_j)^2}$ (distance euclidienne)

[121] La valeur du *I* de Moran peut parfois être supérieure à +1 ou inférieure à -1. Elle n'est donc pas strictement bornée entre -1 et +1. (Cliff et Ord, 1981 ; Oliveau, 2005, *ibidem*).

[122] CBD : Central Business District (centre des affaires). Dans la littérature, le CBD désigne souvent le centre des affaires d'une ville. Ainsi, au sens de Christaller (1933), le CBD, le centre des affaires et le centre-ville sont synonymes.

La matrice des distances euclidiennes entre les arrondissements de la ville de Douala est :

$$D = \begin{pmatrix} 0 & 2,22 & 8,33 & 3,03 & 8,33 \\ 2,22 & 0 & 5,88 & 4,55 & 7,69 \\ 8,33 & 5,88 & 0 & 9,10 & 6,25 \\ 3,33 & 4,55 & 9,10 & 0 & 7,14 \\ 8,33 & 7,69 & 6,25 & 7,14 & 0 \end{pmatrix}$$

La matrice d'interactions spatiales construite à partir de la matrice précédente est donc :

$$W = \begin{pmatrix} 0 & 0,45 & 0,12 & 0,33 & 0,12 \\ 0,45 & 0 & 0,17 & 0,22 & 0,13 \\ 0,12 & 0,17 & 0 & 0,11 & 0,16 \\ 0,33 & 0,22 & 0,11 & 0 & 0,14 \\ 0,12 & 0,13 & 0,16 & 0,14 & 0 \end{pmatrix}$$

Cette matrice définit l'interaction spatiale qui existe entre les différents arrondissements de Douala. Ces interactions sont déterminées par le calcul de la distance spatiale euclidienne entre deux points, notamment les CBD de chaque arrondissement. Par exemple, le lien spatial existant entre l'arrondissement de Douala I et celui de Douala II est donné par le coefficient $w_{12} = w_{21} = 0,45$. De même, le lien entre l'arrondissement de Douala III et Douala V est $w_{35} = w_{53} = 0,16$. Rappelons que nous recourrons à cette matrice tout au long de nos développements qui vont suivre dans le présent ouvrage.

- ***Tests de dépendance spatiale des activités dans la ville de Douala***

- Le test global de Moran

L'indicateur de Moran global se présente sous la formule

$$I_M = \frac{\sum_i \sum_j w_{ij}(x_i - \bar{x})(x_j - \bar{x})}{\sum_i (x_i - \bar{x})^2}.$$

Cela revient à calculer le rapport de covariance spatiale sur la variance entre chaque arrondissement et son voisin. Le degré d'autocorrélation spatiale global de Moran peut se tester en utilisant la configuration "centre-périphérie" des activités industrielles dans la ville de Douala.

- Test global de Moran des activités industrielles dans la ville de Douala

L'indice global de Moran des activités industrielles de la ville de Douala est $I_M = -0,0235$ et présente l'existence d'autocorrélation spatiale négative de faible degré entre les arrondissements du centre et ceux de la périphérie et traduit une dispersion des activités industrielles dans cette ville.

- Test global de Moran des activités de services dans la ville de Douala

L'indice global de Moran des activités de services de la ville de Douala est $I_M = -0,7496$. Cette valeur de l'indice présente une structure concentrique des activités de services entre les arrondissements du centre et de la périphérie.

Interprétation

Ce résultat trouve une explication dans le fait que la structure spatiale industrielle de la ville de Douala est dispersée. Et la dynamique industrielle locale, qui se développe en périphérie, influence négativement celle qui s'effectue au centre et inversement.

Cette dispersion des activités industrielles naît de la prolifération des PE et TPE [123] dans la ville et qui se localisent, pour la plupart, en marge des dispositions institutionnelles et d'aménagement du territoire. Ces unités industrielles sont généralement mono régionales du fait que sur le même lieu d'implantation se localisent le centre de décision, les activités de production, de stockage, de distribution et de commercialisation.

- Le test local de Moran des activités de services et industrielles dans la ville de Douala

L'indice local de Moran apporte plus de précisions sur les autocorrélations spatiales entre les différents arrondissements de la ville de Douala.

Tableau 13 : Test local de Moran des activités de services de la ville de Douala

	Douala I	Douala II	Douala III	Douala IV	Douala V
Douala I	0	0,73	0,23	1,92	0,21
Douala II	0,26	0	0,19	0,74	0,13
Douala III	0,06	0,15	0	0,34	0,15
Douala IV	0,06	0,06	0,04	0	0,04
Douala V	0,07	0,12	0,17	0,46	0

[123] Rappel : Petites entreprises et Très petites entreprises. Voir également début du chapitre, *supra*.

Tableau 14 : Test local de Moran des activités industrielles de la ville de Douala.

	Douala I	Douala II	Douala III	Douala IV	Douala V
Douala I	0	0,93	0,13	1,76	0,13
Douala II	0,21	0	0,09	0,57	0,07
Douala III	0,11	0,33	0	0,55	0,16
Douala IV	0,06	0,08	0,02	0	0,03
Douala V	0,11	0,25	0,16	0,70	0

***Quels enseignements en tirer*[124] ?**

Le test local de dépendance spatiale suggère, entre autres, que :

- l'arrondissement de Douala IV est influencé par les arrondissements de Douala I et Douala II de 1,93 et 0,74 respectivement par les activités de services et de 1,76 et 0,57 respectivement par les activités industrielles. Il est important de noter que le plan d'aménagement industriel de la ville de Douala, institué dans les années 70, dotait l'arrondissement de Douala IV (ou Bonabéri) d'une zone industrielle en 1977. Les unités industrielles (surtout les activités de production, stockage, manutention) s'y sont installées tout en logeant leur siège social (centre de décision, administration) dans les arrondissements de Douala I et Douala II. Ces derniers arrondissements disposent également des structures bancaires et d'assurances, des marchés d'envergure nationale et sous régionale (les marchés Congo, Mboppi et Central, les plus grands d'Afrique centrale), ainsi que du port et d'un aéroport international.

L'arrondissement de Douala IV est également influencé par les communes de Douala III et Douala V de 0,34 et 0,46 par les activités de services, puis de 0,55 et 0,70 par les activités industrielles. Ces fortes dépendances s'expliquent par une concurrence infrastructurelle avec Douala III. Ce dernier dispose en effet aussi d'une zone industrielle à Bassa et de deux centres de fabrication industrielle (St Michel et Ndokoti). Mais bien au-delà, ces dépendances confirment également l'émergence industrielle de l'arrondissement de Douala V. En effet, l'émergence des bourgeons industriels dans cet arrondissement s'explique par différents facteurs attractifs, notamment l'existence d'une main-d'œuvre abondante, le prix accessible du foncier, ou encore la démographie galopante (environ 300 habitants/km²) et pouvant être convertie en bassin d'emplois ou en marché potentiel.

- Toutefois, Douala V apparaît faiblement influencé par les autres arrondissements de la ville, tant pour les activités industrielles que de

[124] Rapppelons une fois encore que plusieurs facteurs peuvent expliquer la localisation des entreprises industrielles, notamment le coût du foncier, l'existence d'un marché local, la présence d'une main-d'œuvre locale qualifiée. Toutefois, nous ne retiendrons ici que les seules interactions spatiales.

services. C'est qu'en fait, les entreprises qui s'y installent sont très peu dépendantes des autres arrondissements. On y enregistre une forte croissance des PME familiales, dont le lien direct avec les autres arrondissements est essentiellement commercial. L'arrondissement ne dispose point de marchés d'envergure locale. Par ailleurs, la plupart de ses firmes sont enregistrées sous la forme d'entreprises individuelles. De plus, c'est en fonction des filières d'activités et en tenant compte des besoins et des "réalités locales" que s'installent nombre des firmes dans cette partie de la ville. L'élément principal dans la stratégie d'implantation de ces entreprises est la fourniture des produits de "proximité", créant une offre locale capable de répondre aux attentes des ménages, tout en évitant à ces derniers d'avoir à parcourir de longues distances pour s'en procurer (Essombè Edimo, 2007b). Ainsi, le développement des entreprises dans cet arrondissement conduit à créer un ensemble de relations entre les unités de production et les agents économiques. L'élément le plus attractif dans cet arrondissement est le prix du foncier (moins de 20 000 F CFA/m²)[125], et qui est relativement très réduit par rapport aux autres arrondissements ;

- l'arrondissement de Douala III est, lui aussi, faiblement influencé par les autres communes. Ce qui tend à souligner que le dispositif infrastructurel industriel et de services présents en son sein permet de maintenir sa position concurrentielle. Le développement économique (formel et informel) dans cet arrondissement est sans équivoque. Il existe également un vaste réseau de coopération (sous-traitance surtout) entre les unités formelles et informelles, favorisant la transmission des connaissances et du savoir-faire ;

- de leur côté enfin, les arrondissements centraux (Douala I et Douala II) sont diversement influencés par les autres arrondissements. Cependant, l'arrondissement Douala I a une influence spatiale de 0,73 et de 0,93 sur l'arrondissement de Douala II, respectivement, pour les activités de services et industrielles. Ces influences peuvent s'expliquer par les problèmes de localisation de ces unités dans l'arrondissement de Douala I, du fait de la très faible disponibilité foncière et du prix du foncier extrêmement élevé (300 000 FCFA/m² en moyenne par endroits)[126]. Ces éléments ont pour conséquence de favoriser l'installation de ces unités dans l'arrondissement de Douala II, et où les conditions d'acquisition du foncier sont plus favorables.

Il y a donc bien des dépendances spatiales dans la localisation géographique des firmes dans les différentes communes de la ville de Douala. Des

---

[125] Moins de 32€.

[126] Environ 360€.

dépendances qui laissent envisager, par ailleurs, des disparités dans la dynamique d'implantation des entreprises (Essombè Edimo, 2014, *op. cit*). À cet égard, il serait tout aussi intéressant de s'interroger, par exemple, sur ce que pourrait être le poids des spécificités et des aspects territoriaux dans cette dynamique entrepreneuriale. La réponse à un tel questionnement est d'une importance majeure, dans la mesure même où elle permet d'enrichir la réflexion sur les modalités de l'aménagement urbanisme de la ville et, en particulier, sur la conception adaptée de ses aires de production.

Chapitre 7

DISPARITÉS TERRITORIALES DE LA DYNAMIQUE ENTREPRENARIALE À DOUALA

Il s'agit à présent de voir si l'on peut aller au-delà du constat qui vient d'être établi de l'existence des dépendances spatiales dans la localisation géographique des firmes dans les différentes communes de Douala, pour proposer une analyse des facteurs géographiques qui expliquent l'état de l'entreprenariat et les décisions de localisation des unités industrielles dans la ville ; sachant, par ailleurs, que la grande majorité des firmes industrielles ici est constituée de PME. En somme, l'on essaiera de rechercher les fondements pertinents de la promotion de l'entreprenariat pour une prise en compte des préférences de localisation dans le territoire doualais. Étant entendu, en outre, que l'objectif général ici est de questionner le développement territorial de Douala et qui inclut, comme sur tous les territoires d'ailleurs, la création et la croissance de toutes sortes d'entreprises en son sein. Ce qui, à la manière de Razafindrazaka (2009, *idem*) par exemple, permet de considérer l'entrepreneuriat local comme concernant « *la création et le développement des TPE/PME hétérogènes implantées sur un territoire donné qui est, souvent, leur premier marché* ».

Pour ce faire, l'analyse se propose d'exploiter les techniques d'évaluation des performances territoriales à travers l'application de l'analyse *structurelle géographique*, en vue de ressortir « *l'effet territoire* » au regard de la dynamique globale et de préciser la position économique de chacun des arrondissements par rapport à la tendance générale. Une étude économétrique qualitative multinomiale permettra ensuite d'évaluer les facteurs influençant les probabilités de localisation des petites unités industrielles dans la ville de Douala. Ce qui permet d'observer entre autres que la nature de la PME, par exemple, le niveau d'instruction du promoteur, son âge et le chiffre d'affaires demeurent les facteurs qui affectent significativement les probabilités de localisation, avec des effets et des intensités variant en fonction des arrondissements d'implantation. Mais au préalable, l'on aura montré, tour à tour, que cette problématique est loin de concerner uniquement la capitale économique du Cameroun, et que la démarche a été enrichie par de nombreux travaux empiriques effectués à travers le monde.

I- ÉLÉMENTS DE CONTEXTUALISATION GÉNÉRALE

Pendant les décennies 1960 et 1970, la problématique du développement régional a suscité beaucoup d'intérêt pour toute une catégorie d'économistes, d'urbanistes, de sociologues et de géographes, entre autres. Au sein des économies industrialisées, la réduction des disparités régionales, à la faveur de l'action conjointe État/grande entreprise, constituait l'objectif prioritaire. Cependant, le retournement de la conjoncture provoqué par les deux chocs pétroliers et caractérisé par le mouvement de fermetures d'entreprises et l'hémorragie de pertes d'emploi entre autres, allait modifier la vision des choses en matière de stratégies économiques (Joyal, 1997 ; Fauré et Labazé, 2005 ; Chabault, 2006). Les crises affectant l'organisation productive fordiste ont accru l'attention portée aux concentrations spatiales et sectorielles des PME[127]. Ainsi, la remise en cause de la pertinence des mégaprojets (ou encore des « éléphants blancs[128] » et autres « cathédrales dans le désert » notamment) va ouvrir la voie à de nouvelles réflexions axées sur les entreprises de petite taille et l'entreprenariat local (Joyal, 1997, *op.cit.* ; Fauré et Labazé, 2005, *op.cit.*).

I.1- LA PLACE DÉSORMAIS CAPITALE DE L'ENTREPRENARIAT DANS LES THÉORIES DU DÉVELOPPEMENT

L'ère est maintenant à la *perspective microéconomique du développement* accordant une reconnaissance de plus en plus grande au rôle de l'entreprenariat dans la dynamique économique. Le passage à une production de type postfordiste a ouvert des perspectives nouvelles aux PME s'appuyant sur leur environnement socioculturel immédiat (Fauré et Labazé, 2005, *ibidem.*). Un nouvel essor est ainsi donné au développement des petites structures productives à travers le principe du "*small is beautifull*" (Schumacher, 1973). C'est en effet le temps de « *l'obsession du travail en miettes* » (Bucaille et de Beauregard, 1987, pp. 20/21). Car l'on a pu constater depuis « *que le gigantisme ne résolvait pas tout, en particulier en matière d'emploi, de productivité (et) d'adaptation au monde mouvant qui est le nôtre* », observait pour sa part Fractal (1988, p.88). Dès lors, plusieurs acteurs et auteurs du développement régional et local considèrent l'entreprenariat comme le moteur du dynamisme des régions (Riverin et Proulx, 1997). Comme facteur explicatif de l'environnement et du dynamisme économique interviennent l'environnement territorial et ses composantes propres. De plus, le dynamisme entrepreneurial est fortement dispersé et spatialisé. Certains territoires sont plus dynamiques que d'autres. S'observent ainsi les "*régions qui gagnent*" et celles qui sont en récession (Benko et Lipietz, 1992 ; Tellier, 1996). Dans ce cadre, le territoire joue un rôle de plus en plus pertinent et son introduction dans l'analyse comme facteur majeur de développement de l'entreprenariat en est une illustration.

[127] Rappel PME = Petites et moyennes entreprises.

[128] Expression initiée par P. Guillaumont (1987), « Afrique : endettement d'euphorie et endettement de pénurie », in *La dette, mutation ou catastrophe ?* F. JEAN (Dir.), Ed. F.L.S.F., Paris, p. 61.

Les territoires vont mettre en place des dynamiques de production localisées qui illustrent des mécanismes d'adaptation du tissu économique local à des mutations économiques issues de la mondialisation (Benko et Lipietz, 1992, *Op.cit.* ; Essombè Edimo, 2007a, *idem*, 2007b, *ibidem* ; Essombè Edimo et Ngo Balepa, 2013). Ainsi vont se développer de nouvelles configurations spatiales de la production industrielle (systèmes productifs localisés, clusters...) et des politiques publiques y afférentes (Carre et Levratto, 2011). Ces observations renvoient à la théorie du développement local et aux théories sous-jacentes, comme la NEG (Krugman, 1991a, *idem* ; 1991b, *idem* ; et 1998, *op. cit*)[129], ou encore l'Économie territoriale (Courlet, 2008, *op. cit*), et qui placent les économies d'agglomération au cœur des dynamiques territoriales (Cappelo, 2007).

La multiplicité de ces concepts illustre d'ailleurs les différentes stratégies d'ancrage territorial de ces entreprises, dont l'émergence et le développement s'effectuent par des mécanismes complexes et diversifiés, en fonction des ressources en présence et des interactions à l'œuvre. Les concepts ici présentés rompent avec une vision abstraite des dynamiques entrepreneuriales, pour interroger les réalités et les enjeux liés à la création et au développement des PME et au dynamisme des territoires. Pour ce faire, la PME ne doit pas être perçue comme une grande entreprise en modèle réduit. Mais comme une entreprise de petite taille qui soulève un questionnement spécifique et qui en appelle à des réponses adaptées, et non des extrapolations des conclusions tirées de l'analyse des grandes firmes (Julien, 1993 ; Torres, 1999). C'est aussi reconnaître que son patronat, par exemple, représente bien l'économie du marché qu'en son temps, Braudel (1979) définissait comme celle de « *l'industrie des petites entreprises (*de) *l'acharnement artisanal et ouvrier* (et celle) *de la débrouille des petites gens* ». Le champ des PME, et leur développement, représente un enjeu économique réel et social au Cameroun, au regard des discours politiques et des dispositifs macro et micro institutionnels mis en place. L'État a fait du développement des PME un objectif dans les divers documents de stratégie de développement du pays [130]. Ceci s'est également matérialisé, en 2011, par la création d'un ministère en charge des PME[131]. Ainsi, à la faveur de certaines réformes institutionnelles récentes[132], par

[129] Rappel NEG = Nouvelle économie géographique, *cf. supra*.

[130] Notamment, la « Vision 2035 » et le DSCE (Document de stratégie pour la croissance et l'emploi) de 2009.

[131] Il s'agit notamment du MINPMEESA (ministère des Petites et Moyennes entreprises, de l'Économie sociale et de l'Artisanat) qui est chargé de l'application de la politique du gouvernement en matière de développement des PME, de l'Économie sociale et de l'Artisanat. Créé par décret N° 2004/320 du 8 décembre 2004 portant organisation du gouvernement et le décret N° 2010/062 du 5 mars 2010 portant organisation du ministère des Petites et Moyennes entreprises, de l'Économie sociale et de l'Artisanat.

ailleurs, l'entreprenariat connaît un dynamisme et une croissance remarquables dans le pays. Selon l'INS (2010, *op. cit*), les petites et moyennes entreprises représentent 99% des entreprises formelles installées au Cameroun, contre 1% pour les grandes entreprises (ou GE). Les PME de type TPE représentent 76% contre 19% pour les PE et 5% pour les ME. Toutefois, cette répartition est extrêmement hétérogène dans l'espace. Les régions les plus attractives sont celles du Littoral (37%) et du Centre (27%), et qui totalisent donc 64% des PME du Cameroun. Cependant, bien que ces deux régions arborent un fort taux de représentativité des PME, ce sont les villes de Douala[133] (soit environ 95% des entreprises de la région du Littoral)[134] et de Yaoundé[135] (soit environ 90% des entreprises de la région du Centre)[136] qui supportent leur localisation soit, pour ces deux villes, environ 59% des PME installées au Cameroun. La dynamique économique de la ville de Douala, on l'a dit, s'est construite de façon évolutive depuis les indépendances. Elle a été fortement favorisée par les dispositifs institutionnels mis en place pour l'encadrement des entreprises, notamment les différents codes et chartes des investissements. Le mouvement s'est accru, à partir de 1980, avec le code des investissements de 1984 favorable au développement des PME.

I.2- POUR UNE APPROCHE PLUS LARGE DES DISPARITÉS DE CROISSANCE DES COMMUNES DE DOUALA

Le secteur industriel n'échappe pas à cette dynamique qui, il faut bien le reconnaître, est néanmoins loin d'être homogène à Douala (CUD, 2008, *idem* ; et 2009). Comme il a été souligné précédemment en effet, certains arrondissements ont une plus grande représentativité des activités industrielles que d'autres. On observe ainsi une préférence de localisation pour les arrondissements de Douala I (avec 31,38% des activités industrielles), suivi de l'arrondissement de Douala V (24,99%) et Douala III (24,61%). Les arrondissements de Douala IV et Douala II n'en concentrent, respectivement, que 6,09% et 12,48%. Cette situation engendre des questions pertinentes. Comme, par exemple, *qu'est-ce qui explique l'évolution et l'essor des PME industrielles dans la ville de Douala ?* Ou encore, *comment comprendre la*

---

[132] La charte des investissements du 19 avril 2002, modifiée le 22 juillet 2004, porte pour l'essentiel sur la promotion de l'entreprenariat comme moteur de valorisation du potentiel de compétitivité ; la loi N° 2010/001 du 13 avril 2010 portant promotion des PME au Cameroun ; la création en avril 2013 de l'Agence nationale de promotion des petites et moyennes entreprises (APME) chargée d'encadrer les PME camerounaises ; la création de la Banque camerounaise des PME (BCPME) dotée d'un capital initial de 10 milliards de F.CFA ainsi que l'institution du mécanisme spécial de financement des PME instauré en février 2013 ; et plus récemment la création de la Bourse de sous-traitance du Cameroun

[133] Capitale économique du Cameroun et chef-lieu de la région du Littoral.

[134] Ce qui représente environ 35% de PME du Cameroun.

[135] Capitale politique du Cameroun et chef-lieu de la région du Centre.

[136] Ce qui représente environ 24% des PME du Cameroun.

répartition géographique de ces entreprises ? Et, surtout, *quel est le poids des spécificités et des aspects territoriaux dans cette dynamique entrepreneuriale ?* Ou, enfin, *comment prendre en compte une telle dynamique de localisation dans une politique d'ensemble d'aménagement urbanisme ?* De manière générale d'ailleurs, il s'agit aussi de répondre aux interrogations théoriques fondamentales de l'économie urbaine et géographique "*Pourquoi là ?*" (Polèse, 1994), ou encore "*Qui se localise où ?*" (Krugman, 1991a).

En somme, le problème est de porter une attention toute particulière à la dynamique entrepreneuriale dans la ville de Douala et au-delà de la conception de l'efficacité économique réduite à la seule entreprise. Il s'agit en effet alors de prendre en compte une conception élargie de l'ensemble de son territoire. Celle-ci conduit à centrer l'analyse sur la notion d'effet géographique mesuré par la dynamique entrepreneuriale des territoires doualais. La dynamique des PME industrielles doit être expliquée en fonction de la localisation de celles-ci, au regard de la dynamique d'ensemble. Dans cette optique, l'on choisira de mobiliser l'analyse structurelle-géographique, bien connue des géographes et des économistes (Jayet, 1993 ; Delisle et Laine, 1998 ; Million, 2004 ; Carre et Levratto, 2011), pour attirer l'attention sur les disparités de croissance au sein du territoire doualais et sur leurs causes. Cette démarche s'inscrit dans un cadre de prospective territoriale et entrepreneuriale de la ville, pour permettre une plus grande visibilité de la dynamique industrielle locale, mais aussi pour comprendre les décisions de localisation des petites unités industrielles sur son territoire [137], en vue de l'adoption d'une vision adaptée d'aménagement urbanisme de la ville. Sachant que, par temps de mondialisation, les entreprises sont devenues l'un des vecteurs essentiels de la mise en place des « *ressources construites* » au profit des territoires (Pecqueur, 2007). Pour ce faire aussi, elles sont de plus en plus dirigées vers des configurations spatiales spécifiques de la production, dont la seule simple présence constitue aujourd'hui un des principaux leviers de l'attractivité territoriale[138].

II- QUEL POSITIONNEMENT CONCEPTUEL ?

Une brève revue de la littérature traitant de la dynamique territoriale de l'entreprenariat et, plus particulièrement, des relations entre la PME et le

---

[137] Rappelons aussi que la présente démarche s'inscrivait en droite ligne du travail mené au GREDLOS, et qui met l'accent sur l'espace comme facteur majeur dans la répartition des activités économiques et de la structuration des territoires de la ville de Douala, à travers la présentation de la matrice de contiguïté et la détermination des dépendances spatiales et de leur intensité.

[138] Il s'agit, généralement, des nouvelles configurations spatiales de la production industrielle comme les systèmes productifs localisés (ou SPL), des clusters, ou encore des agglomérations spécialisées ou polyvalentes, des systèmes agro-industriels localisés (ou SYAL), des espaces serviciels, et autres technopoles…

territoire est en effet nécessaire, pour bien comprendre les développements qui suivent, ainsi que la problématique générée pour la ville de Douala.

II.1- BREF RETOUR SUR LES APPORTS THÉORIQUES RÉCENTS

La théorie a depuis démontré l'importance et, surtout, l'intérêt qu'il y a à ne pas considérer le phénomène entrepreneurial uniquement du point de vue individuel. La création d'entreprises est en effet indissociable de son territoire. Dans cet ordre d'idées, l'apport de la géographie, en ce qui concerne la notion d'entreprise, est aujourd'hui largement vulgarisé. Celui-ci permet de dégager la dimension territoriale de l'entreprenariat en considérant son inscription dans un contexte particulier. En effet, toute entreprise est fondamentalement localisée dans un environnement qui dispose de sa propre identité, de ses caractéristiques spécifiques et de son histoire. Cette logique est confortée par de nombreux travaux portant sur les petites entreprises de la "*Troisième Italie*" et sur les trajectoires dynamiques d'agglomérations françaises et allemandes entre autres.

Ces travaux trouvent leur origine dans ceux de l'économiste anglais Alfred Marshal (1890, *idem*), qui constatait la vitalité du regroupement des PME engagées dans un même secteur[41] et aux côtés des grandes firmes aux fonctions intégrées, et initialement promises à absorber toute l'économie. L'explication de cette cohabitation, selon l'auteur, repose sur la mise en évidence d'externalités positives : les petites unités de production parviennent en effet à surmonter les handicaps en termes d'économie d'échelle par la coopération inter-firmes et une division du travail qui génère la proximité géographique. Cette coopération favorise la communication, la diffusion des savoir-faire, la mobilité et les échanges entre professionnels... Ces conditions font alors naître une "*atmosphère industrielle*" qui engendre une dynamique productive dans ces agglomérations que l'auteur nommait alors les "*districts industriels*".

Il s'agit en fait des aires de production géographiques où se colocalisent plusieurs PME/PMI pour bénéficier des effets externes mutuels. Ce type de configuration présente trois avantages qui sont :

- la concentration de nombreuses PME : ce qui génère la création sur place d'un marché du travail performant ;
- l'agglomération d'entreprises entraîne également la fourniture d'inputs spécialisés et variés et, surtout, à moindres coûts grâce à des relations personnalisées entre les acteurs. Ici, en outre, les relations interentreprises sont très denses (travail en réseaux), et
- en même temps, cette concentration est un facteur de diffusion et de circulation des informations, ce qui crée un terrain propice à l'innovation (Courlet, 2007).

[41] Ou partageant la même spécialité dans les bassins industriels.

Longtemps délaissés, les travaux de Marshall vont pourtant retrouver de la vigueur dans les décennies 1970 et 1980. De sorte que, et c'est le moins que l'on puisse en dire, les nouvelles configurations spatiales de la production industrielle (systèmes productifs localisés, clusters, technopôles, technopoles, espaces serviciels, systèmes agro-industriels localisés, agglomérations spécialisées, pôle de compétitivité, agglomération polyvalente….) apparaissent bien aujourd'hui comme des adaptations contemporaines des « *districts industriels* », jadis, théorisés par cet auteur.

II.2- DES TRAVAUX EMPIRIQUES ÉDIFIANTS

Les études menées sur la dynamique entrepreneuriale des régions italiennes[139] vont en effet faire renaître le constat marshallien. À partir des travaux empiriques sur les districts industriels au nord de l'Italie, constitués de réseaux de PME spécialisées, une explication plus socioéconomique des mécanismes d'agglomération voit le jour. À la suite de ces observations, Becattini (1979, *op.cit.*) définit le district industriel (DI) comme "*une entité socio territoriale caractérisée par la présence active d'une communauté de personnes et d'une population d'entreprises dans un espace géographique et historique donné*". Dans cette perspective, le DI constitue donc l'association, au niveau local, d'une structure productive et d'une structure sociale et communautaire particulière qui sont en interaction l'une avec l'autre (Sierra, 1997 ; Pecqueur, 2005). L'existence, au sein des réseaux de PME de la "*Troisième Italie*", d'une proximité technique importante, du fait que les entreprises regroupées localement appartiennent toutes à une même filière industrielle, crée le sentiment d'appartenance à la communauté industrielle locale qui est l'élément essentiel et constitutif du district (Brusco, 1986 ; Becattini, 1992).

En parallèle, des travaux de même nature menés par le Groupe de recherche européen sur les milieux innovateurs (ou GREMI), en filiation avec les analyses pionnières de Aydalot (1986), illustrent précisément les modalités proprement territoriales du processus d'innovation, en mettant en évidence les "*Milieux Innovateurs*". Ici, le développement et l'innovation seraient secrétés non plus par les grandes entreprises, fer de lance du système fordiste, mais par le territoire et le milieu, faisant référence au "*milieu entrepreneur*" et de la sorte, innovateur. Le milieu "*préexiste*" à l'entreprise. Il est à l'origine de celle-ci et, par la même, des dynamiques de développement et de croissance. Le but principal est de comprendre que l'innovation et la performance d'une organisation en général sont issues d'une dynamique locale d'apprentissage et de sélection résultant des interactions intra et extra firmes (Camagni et Maillat, 2006). Pour sa part, la notion de "*Système productif localisé*" (SPL), mise en

---

[139] On peut y voir, notamment, les travaux de Bagnasco (1977), Becattini (1979), Garofoli (1981), Brusco (1986).

avant presque parallèlement et dont la notoriété doit notamment aux travaux des économistes de l'université de Grenoble 2, a également résulté de l'observation empirique, plus exactement en France, des régions ou micro-régions, de petites agglomérations urbaines particulièrement dynamiques et structurées autour d'une spécialité (Courlet, 1986, 2007, *idem*, et 2008 ; Courlet et Pecqueur, 1996). Suivant cette approche, les processus locaux de coopération et de partenariat sont engendrés par l'existence d'une communauté de valeurs (sociales et professionnelles, voire religieuses), l'absence ou la faible implication des pouvoirs publics tant à l'origine de ces agglomérations que dans leur développement et l'historicité de l'ancrage local des entreprises. Ces relations ne sont pas seulement marchandes, elles sont aussi informelles et produisent des externalités positives pour l'ensemble des entreprises (Pecqueur, 1996, *ibidem* ; Essombè Edimo, 2007a, *idem* ; 2007b, *ibidem* et 2014*, op. cit*).

Les études dans les autres régions du monde (Mexique, Brésil, Inde, Pérou, États-Unis, etc.) ont rendu populaire le terme de "*cluster*"[140] pour designer des concentrations spatiales de PME, formalisées ou non, aux activités concurrentes ou complémentaires sur des segments plus ou moins spécialisés. Ces études parviennent aussi à des résultats significatifs en termes de contribution au développement et à la croissance régionale et nationale (Porter, 2000 et 2001 ; Faure et Labazé, 2005, *ibidem* ; Pecqueur, 2005). Bien que divers et varié, ce type de configurations spatiales de la production industrielle se distingue plus spécialement à la fois, par sa capacité à générer des projets innovants et à construire l'attractivité des territoires.

De même, nous l'avons dit plus haut, les analyses précédentes de Paul Krugman seront d'un apport considérable dans la dynamique d'agglomération. Le local ou le régional sont ici considérés comme des échelles majeures de la génération des économies externes. En prenant pour hypothèse que l'espace est hétérogène, la "*Nouvelle économie géographique*" dont cet auteur est l'initiateur va en effet chercher à comprendre les disparités spatiales de localisation des activités industrielles. Et de ce point de vue, avons-nous dit également, le modèle "*centre-périphérie*" qu'il propose est une tentative d'explication de l'organisation spatiale des dynamiques productives dans le territoire (Fujita et Thissé, 1997, 2003, *Op.cit.* ; Essombè Edimo, 2007b, *Ibidem.* ; Essombè Edimo et Ngo Balepa, 2013, *Op.cit.* ; Ndamcheu Bamen, 2012, Essombè Edimo et

[140] À l'exemple de la « *Silicon Valley* » en Californie ou du « *Kendall Square* » à Boston aux États-Unis, de « l'*Oxbridge* » à Cambridge ou du « *Silicon Ditch* » à Londres au Royaume-Uni, en France notamment « *l'Inovallée* » de Grenoble, et bien d'autres *cluster*s dans le monde. Rappelons qu'à la suite du Cabinet *OCO Consulting* (2005), *le cluster* est considéré comme définissant « *la présence sur un même territoire géographique de taille relativement limitée de nombreuses firmes (PME/PMI), de centres de recherche-développement, d'Universités, et d'organismes financiers. Tous très compétitifs, appartenant au même domaine de spécialisation et organisés au sein de réseaux de collaboration à la dynamique autonome, caractérisés par une innovation continue et des transferts d'innovations aisées* ».

Ndamcheu Bamen, 2014). De manière plus générale d'ailleurs, certes ce référentiel théorique et empirique peut paraître aujourd'hui relativement ancien. Mais les travaux plus récents encore, consacrés à l'analyse des districts industriels et autres systèmes productifs localisés ou les « milieux innovateurs » par temps de mondialisation, notamment en Italie (Bianchi, et Labory, 2011) n'en dénient pas pour autant le dynamisme. Toutes ces théories, ainsi que les travaux empiriques liés, fixent bien une relation entre le dynamisme économique et le territoire, et mettent en évidence l'importance de l'espace dans la dynamique entrepreneuriale. Comme le prédisait d'ailleurs Courlet (2008, *idem*, p. 8) : « *Nous pouvons dire que le territoire, conçu comme construction originale de relations entre acteurs économiques, s'affirme progressivement comme un support permettant de se situer par rapport à d'autres conceptions plus traditionnelles de l'économie spatiale* ». Dans toutes ces contributions, le développement territorial est abordé au travers de l'entrepreneuriat local qui, par ailleurs, est identifié comme en constituant la clé de voûte. Et, aujourd'hui encore, la pertinence de la démarche accordant une large place à la territorialisation se justifie par la nécessité de réduire la vulnérabilité générée par la mondialisation. Dès lors, il apparaît également intéressant de localiser et de comprendre le dynamisme entrepreneurial sur le territoire doualais.

III- CHOIX DE L'APPROCHE MÉTHODOLOGIQUE POUR L'ANALYSE DU CAS DE DOUALA

Outre le recours à l'analyse statistique classique déclinée par arrondissement, et qui présente le double avantage de cerner le phénomène entrepreneurial dans la ville et de dégager des ressemblances et des dissimilitudes dans la localisation des PME ici, l'on utilisera également à la fois, la méthode *Shift and Share*[141] et l'analyse économétrique qualitative multinomiale.

III.1- PRINCIPE ET IMPORTANCE DE L'ANALYSE SHIFT AND SHARE

Le principe de l'analyse *shift-share* repose sur l'estimation des effets sectoriels et des effets géographiques pour expliquer les différences entre les taux moyens d'attractivité des territoires. Jayet (1993, *op.cit.*) et Delisle et al (1998, *op.cit.*), par exemple, suggèrent de recourir à celle-ci afin de pouvoir comprendre les disparités de croissance entre les territoires. Cette méthode décompose la croissance de ces derniers en deux effets, à savoir *l'effet*

[141] Généralement utilisée pour les départements ou les régions, elle semble en effet aussi indiquée ici. Rappelons à cet effet que cette analyse a récemment connu de nouveaux raffinements, notamment pour tenir compte à la fois, des interactions spatiales et des effets temporels. Nous tiendrons plus particulièrement compte ici des travaux de Cheng S. (2011), ou encore d'Espa G.et al. (2013).

structurel et *l'effet géographique* qu'elle compare ensuite à la croissance nationale.

- ***De l'analyse simple…***

L'analyse *shift-share* (ou structurelle-géographique) vise donc d'une part à distinguer les régions en fonction de leur croissance et, d'autre part à identifier les raisons pour lesquelles elles diffèrent de leur potentiel. Elle permet de décomposer la croissance globale entre ce qui est lié aux tendances intrinsèques des secteurs économiques présents sur l'espace considéré et ce qui ressort du territoire en tant qu'entité composite autonome et, par là même, de déterminer les régions qui sont en progression (ou en récession) par rapport au référentiel c'est-à-dire, la croissance nationale (Million, 2004, *op.cit.* ; Carré et Levratto, 2011, *op.cit.*).

L'Effet structurel global est :

$$ES_r = \frac{\sum_r x_{irt}\left[1+\left(\frac{x_{inT}-x_{int}}{x_{\mathrm{int}}}\right)\right]-\sum_r x_{irT}}{x_{rt}} - \left(\frac{x_{nT}-x_{nt}}{x_{nT}}\right) \qquad (1)$$

Cet écart représente l'effet global de la spécialisation des arrondissements sur les activités industrielles en progression ou en récession. Il ne dépend pas du territoire et indique l'effet de l'appartenance au secteur i.

Pour sa part, *l'Effet géographique global* est :

$$EG_r = \left(\frac{x_{rT}-x_{rt}}{x_{rt}}\right) - \frac{\sum_r x_{irt}\left[1+\left(\frac{x_{inT}-x_{int}}{x_{int}}\right)\right]-\sum_r x_{irT}}{x_{rt}} \qquad (2)$$

Il représente l'effet global du comportement des activités industrielles sur l'arrondissement considéré. C'est l'effet, pour le secteur i, de l'appartenance au territoire r.

Au final, il en ressort *un effet total* sous la forme :

$$VET_r = ES_r + EG_r \qquad (3)$$

Aussi peut-on considérer les cas de figure ci-après :

$$VET_r \succ 0\, avec \begin{cases} ES_r \succ 0\, et\, EG_r \succ 0 & (1) \\ ES_r \succ 0\, et\, EG_r \prec 0\, mais\, |ES_r| \succ |EG_r| & (2) \\ ES_r \succ 0\, et\, EG_r \succ 0\, mais\, |ES_r| \prec |EG_r| & (3) \end{cases}$$

Dans cette configuration classique dès lors, un écart positif signifiera que la croissance des entreprises industrielles est plus rapide dans l'arrondissement considéré que dans le référentiel national pour l'une des trois raisons suivantes :

- un effet positif dû à la fois, à la structure de la région et à son comportement géographique (dynamisme ou attractivité) ;
- un effet positif dû à la structure de l'arrondissement, malgré un comportement géographique négatif (inertie ou faible attractivité). Dans ce cas de figure, la dynamique de l'arrondissement tient essentiellement à la structure sectorielle et les considérations strictement locales n'ont que peu d'importance ;
- un effet positif dû au comportement géographique positif, malgré une structure défavorable au départ (le dynamisme ou l'attractivité surcompensent la mauvaise spécialisation). Ce cas correspond à une indépendance partielle entre les mutations observées localement et les tendances économiques sectorielles. Il traduit une situation dominée par des avantages comparatifs naturels (géographiques), ou institutionnels et culturels (organisation, coopération, esprit d'entreprise, capacité d'innovation, etc.).

Le même raisonnement peut être conduit avec un écart total négatif.

En fait, cette analyse shift-share traditionnelle décompose la variation économique des territoires (VET) en trois composantes (Dunn, 1960) :

$$VET = CN + ESI + ER \tag{4}$$

Où CN , ESI et ER représentent la Contribution nationale, l'Effet de spécialisation industrielle et l'Effet régional respectivement.

Et dans la suite de notre analyse, du reste, VET est la variation dans le temps du nombre d'entreprises dans un arrondissement spécifique r , c'est-à-dire $\Delta x_r = (x_{rT} - x_{rt})$.

Ainsi, CN mesure la variation du nombre d'entreprises dans la ville de Douala sous l'hypothèse que le nombre d'entreprises dans la ville s'accroît avec le taux national. Sa spécification est

$$CN = \sum_i x_{irt} g_n \tag{5}$$

avec

$$g_n = \frac{x_{nT} - x_{nt}}{x_{nt}} \tag{6}$$

où x_{irt} est le nombre d'entreprises du secteur i de l'arrondissement r à l'année initiale t, et g_n est le taux de croissance national des entreprises dans la période $t-T$, x_{nt} et x_{nT} représentent respectivement le nombre d'entreprises dans le pays à l'année initiale et finale.

Pour sa part, EI mesure la spécialisation industrielle de la ville de Douala, c'est-à-dire :

$$ESI = \sum_i x_{irt}(g_{in} - g_n) \tag{7}$$

Avec

$$g_{in} = \frac{x_{inT} - x_{int}}{x_{int}} \tag{8}$$

Où g_{int} est le taux de croissance national des entreprises du secteur i dans la période $t-T$, x_{int} et x_{inT} sont respectivement le nombre d'entreprises du secteur i dans le pays à l'année initiale et finale. Cependant, si un arrondissement a une distribution favorable en industries, dans lequel il est relativement facile de créer des activités, cet arrondissement présente probablement une croissance rapide en nombre d'entreprises.

Enfin, ER mesure l'Effet régional, en termes d'avantages ou de désavantages, qui affectent les performances individuelles des industries et, par conséquent, leur variation en nombre d'entreprises dans la ville de Douala. Sa spécification est :

$$ER = \sum_i x_{irt}(g_{ir} - g_{in}) \tag{9}$$

$$g_{ir} = \frac{x_{irT} - x_{irt}}{x_{irt}} \tag{10}$$

Où g_{irt} est le taux de croissance des entreprises du secteur i dans l'arrondissement r entre la période $t-T$, x_{irt} et x_{irT} sont respectivement le nombre d'entreprises du secteur i dans l'arrondissement r à l'année initiale et finale.

Ainsi, la variation économique, qui représente le taux de croissance des entreprises dans l'arrondissement r (g_r), peut être décomposée de la manière suivante :

$$\Delta x_r = (x_{rT} - x_{rt}) = \sum_i x_{irt} g_n + \sum_i x_{irt}(g_{in} - g_n) + \sum_i x_{irt}(g_{ir} - g_{in}) \qquad (11)$$

- ***… à l'intégration de l'effet de voisinage***

Cependant, cette formulation traditionnelle (ou classique) de l'analyse shift-share ne prend pas véritablement en compte les interactions entre les régions voisines (ou **effets de voisinage**). Et c'est la version spatiale de cette analyse qui permet de surmonter cet inconvénient. L'idée principale étant que la décomposition des effets n'est pas spatialement indépendante c'est-à-dire que la performance d'une région peut être affectée par celle des régions voisines. L'introduction des dépendances spatiales dans l'analyse shift-share a été faite pour la première fois par Nazara et Hewings (2004). Ils incorporent un taux de croissance spatial $\breve{g}_r$ dans la décomposition de base, tel que :

$$\Delta x_r = (x_{rT} - x_{rt}) = \sum_i x_{irt} g_n + \sum_i x_{irt}(\breve{g}_{ir} - g_n) + \sum_i x_{irt}(g_{ir} - \breve{g}_{ir}) \qquad (12)$$

$$\breve{g}_r = \frac{\sum_s w_{rs} x_{sT} - \sum_s w_{rs} x_{st}}{\sum_s w_{rs} x_{st}} \qquad (13)$$

$$\breve{g}_{ir} = \frac{\sum_s w_{rs} x_{isT} - \sum_s w_{rs} x_{ist}}{\sum_s w_{rs} x_{ist}} \qquad (14)$$

Où W_{rs} traduit l'intensité du lien spatial qui existe entre l'arrondissement r et l'arrondissement voisin S. La matrice d'interactions spatiales W est la manière commune de formaliser la proximité spatiale entre les régions (Anselin, 1988). La spécification naturelle de la matrice n'existe pas, et la notion topologique de la proximité spatiale nécessite d'être introduite arbitrairement par les chercheurs (Espa et *Al.*, 2012). Dans le cas des zones d'étude irrégulières (telles que les unités administratives), la notion convenable de voisinage est basée sur la distance entre les centroïdes des régions (Espa et *Al.*, 2012).

Ainsi, dans les membres de droite de l'équation 12, la première composante mesurant la Contribution nationale (*CN*) est celle du shift-share classique. La seconde composante mesure cette fois-ci l'Effet spatial national de la spécialisation industrielle (ESNSI), et présente une valeur positive si le taux de croissance du secteur i considéré dans l'arrondissement voisin S de l'arrondissement r est supérieur au taux national. Pour sa part, la troisième composante de cette équation mesure l'Effet spatial local de la variation locale (ESLVL). Elle a une valeur négative lorsque la variation régionale est inférieure à celle des régions voisines, c'est-à-dire que l'arrondissement r considéré perd son avantage face aux influences positives des arrondissements voisins.

Comparativement à la version standard, l'analyse shift-share spatiale inclut deux effets : *un simple* et *un combiné*. L'effet combiné mesure la différence de plus d'un aspect en même temps et est, par ailleurs, caractérisé par des problèmes d'interprétation. Par exemple, l'Effet spatial national de la spécialisation industrielle $(\breve{g}_{ir} - g_n)$ de l'équation 12 mesure en même temps la différence sectorielle entre le secteur i et les autres secteurs, ainsi que la différence spatiale entre les voisines de la région r et la nation. Si l'effet combiné peut être décomposé en une séquence d'effets simples, un certain degré de prudence dans la décomposition des procédures est toutefois requis. Comme le montrent à cet égard Nazara et Hewings (2004), une trentaine de décompositions spatiales différentes peuvent être obtenues à partir de toutes les possibilités de combinaison des effets simples et combinés, et leur sélection peut seulement dépendre de l'objectif de la recherche.

D'une manière générale, l'interprétation des effets de voisinage est exclusivement basée sur la troisième composante de l'équation 12 (Mayor et Lopez, 2008). De façon prosaïque toutefois, l'information contenue dans cette composante peut être trompeuse comme, par exemple, dans le cas où l'effet de voisinage présente une valeur positive alors que la différence de performance entre les arrondissements voisins et le pays est négative. Dans un tel cas, l'effet compétitif de l'arrondissement r est principalement dû aux facteurs individuels plutôt qu'aux avantages de voisinage. Afin de surmonter cet inconvénient, la seconde composante de l'équation 10 peut être décomposée en deux effets simples :

$$(\breve{g}_{ir} - g_n) = (\breve{g}_{ir} - g_{in}) + (g_{in} - g_n) \tag{15}$$

Pour notre part, l'attention sera portée sur la première composante, $(\breve{g}_{ir} - g_{in})$, de l'équation 15 qui peut être interprétée comme la mesure de l'Effet spatial national de la variation locale (ESNVL). Elle fait apparaître conjointement deux effets (effet national et effet local). Il est donc possible de conclure qu'il existe effectivement une influence de voisinage. En particulier, nous pouvons espérer quatre scénarii possibles :

- scénario (a) : une valeur positive de ESLVL et une valeur positive de ESNVL ;

- scénario (b) : une valeur négative de ESLVL et une valeur positive de ESNVL ;
- scénario (c) : une valeur négative de ESLVL et une valeur négative de ESNVL ;
- scénario (d) : une valeur positive de ESLVL et une valeur négative de ESNVL.

Les scénarii (a) et (c) permettent de conclure à un avantage ou désavantage de compétitivité locale dû aux influences de voisinage. Tandis que dans les scénarii (b) et (d), l'avantage ou le désavantage de compétitivité locale est dû aux caractéristiques individuelles de l'arrondissement r considéré.

La décomposition adoptée dans l'analyse est la suivante :

$$\Delta x_r = \sum_i x_{irt} g_n + \sum_i x_{irt}(g_{in} - g_n) + \sum_i x_{irt}(\breve{g}_{ir} - g_{in}) + \sum_i x_{irt}(g_{ir} - \breve{g}_{ir}) \quad (16)$$

En d'autres termes :

$$CE = CN + EI + ESNVL + ESLVL \quad (17)$$

Au final, l'équation 16 peut être appliquée aux données sur la localisation dans la ville de Douala.

III.2- L'ANALYSE ÉCONOMÉTRIQUE QUALITATIVE MULTINOMIALE

Ordinairement, l'objectif de l'économétrie est de vérifier l'adéquation d'un modèle à la réalité observée et de mesurer le taux de réaction des phénomènes expliqués aux phénomènes explicatifs (Dor, 2009). Ainsi, la confrontation du modèle aux données exige que l'on exprime celui-ci sous forme « manipulable », c'est-à-dire dans notre cas présent, de donner la représentation fonctionnelle de la dynamique entrepreneuriale à Douala. C'est, précisément, considérer que l'approche économétrique permet d'estimer les variables qui expliquent le dynamisme d'une région par rapport à une autre, à travers le choix de localisation des entrepreneurs. Le modèle économétrique développé ici répond aux préoccupations relevant des facteurs ayant une influence sur la dynamique entrepreneuriale et, par là même, le choix stratégique de localisation des entreprises à Douala.

Compte tenu du caractère multinomial des modalités de la variable dépendante de notre modèle, les méthodes statistiques traditionnelles doivent être remplacées par des méthodes spécifiques, notamment celles à variable qualitative (modèles Logit et Probit). Ces modèles ont été mis en œuvre dès les années 20 (Thurstone, 1927), puis appliqués plus récemment sur des données économiques (McFadden, 1981). Les Logit et Probit donnent généralement des résultats relativement similaires (Davidson et Mackinnon, 1984). Les variables à analyser étant qualitatives, et avec des propriétés bien déterminées, l'on peut donc utiliser une modélisation économétrique conséquente. Le recours à une spécification logistique multinomiale (LM)[142] s'en trouve dès lors justifié, puisque la variable « Localisation » est polytomique[143]. Le modèle LM de localisation à estimer est tel que l'on observe n individus (PME), répartis dans j arrondissements. La probabilité pour la $i^{ème}$ PME de se localiser dans l'arrondissement j dépend de k variables explicatives représentées par le vecteur X_{ik}. Cette probabilité est représentée par l'expression :

$$p_{ij} = P(j / x_i) = \frac{\exp(x_i \beta_j)}{1 + \sum_{h=1}^{j-1} \exp(x_i \beta_h)}, \text{ pour } j = 1, \ldots, j-1$$

où β est le vecteur de $(k+1) * j - 1$ paramètres à estimer.

Ce vecteur est composé de trois groupes de variables territoriales dont *l'environnement institutionnel* (capté par la forme juridique, la typologie et la nature de l'entreprenariat) et *économique du territoire* (régime d'imposition, chiffre d'affaires), ainsi que des *caractéristiques de l'entrepreneur* (âge, sexe, niveau d'instruction du promoteur et la nationalité).

Cependant, il convient de préciser qu'en ce qui concerne les estimations du modèle LM, une distinction est faite entre les variables continues et les variables catégorielles. Pour les premières, l'estimation donne directement l'effet de la variable explicative continue sur la probabilité d'apparition de la variable dépendante. Par contre, pour les variables catégorielles, le modèle va définir pour chacune une modalité comme référence par rapport aux autres modalités de la même variable. La spécification du modèle à estimer est donc :

$$y^* = \alpha + \beta X_i + \varepsilon$$

avec y^* une variable catégorielle polytomique et dont les modalités sont :

$$y^* = \begin{cases} 1\, si\, localisation = Douala\, 1 \\ 2\, si\, localisation = Douala\, 2 \\ 3\, si\, localisation = Douala\, 3 \\ 4\, si\, localisation = Douala\, 4 \\ 5\, si\, localisation = Douala\, 5 \end{cases}$$

---

[142] Rappelons que le modèle logit multinomial a été introduit à la fin des années 60 par McFadden (1968).

[143] Les différentes modalités prises dans ce modèle sont les arrondissements de la ville de Douala.

La situation de référence est l'alternative $Y = 5$ où la PME a une préférence de localisation pour l'arrondissement de Douala V (base outcome = 5)[144].

Il y a lieu, cependant, de noter que la régression LM utilise la méthode du maximum de vraisemblance pour estimer les paramètres du modèle. Du fait de la non-linéarité du modèle, ces paramètres sont estimés par itération. Cette méthode est essentiellement probabiliste et fournit des coefficients de régression β_j à partir desquels on calcule des Odds Ratio (OR) ou des rapports de chances ($\exp(\beta)$). Et ces ratios sont calculés de la manière suivante :

$$OR_{\hat{\beta}_j} = \begin{cases} \exp(\hat{\beta}_j) - 1, si \exp(\hat{\beta}_j) > 1 \\ 1 - \exp(\hat{\beta}_j), si \exp(\hat{\beta}_j) < 1 \end{cases}$$

Ainsi, un OR supérieur à 1 dans une catégorie indique qu'il y a une plus grande probabilité de survenance de l'évènement étudié. Par contre, lorsqu'il est inférieur à 1, il signifie une probabilité plus faible que l'évènement se produise dans la catégorie considérée par rapport au groupe de référence. Enfin, l'estimation des paramètres du modèle est réalisée par la méthode du maximum de vraisemblance à partir du logiciel *Stata* version 12.

III.3- CARACTÉRISATION DES PROMOTEURS ET DES PME DANS LES COMMUNES DOUALAISES

Rappelons que les données utilisées ici sont essentiellement secondaires. Elles sont issues du recensement général des entreprises au Cameroun (INS, 2010, *idem*). Le choix de cette base de données s'est imposé en raison de la rigueur avec laquelle elles ont été collectées et de la disponibilité des informations sur la localisation des entreprises en activité dans le pays. Enfin, pour la commodité de l'analyse, l'année de référence sera 2002. Cette date s'impose ici parce qu'elle est celle de la dernière charte des investissements (19 avril 2002), et qui portait pour l'essentiel sur la promotion de l'entreprenariat comme moteur de valorisation du potentiel de compétitivité. De même que l'on s'intéresse aux petites unités industrielles installées dans la ville de Douala. Après épuration de la base de données de l'INS (2010, *op. cit*), 2 675 petites unités industrielles ont été retenues. Il en ressort des observations à la fois, sur le comportement des promoteurs en matière de localisation des firmes et sur la dynamique des territoires à Douala.

[144] L'on considère, comme vu précédemment, que l'arrondissement de Douala V est bien le nouveau pôle de localisation des unités industrielles (Essombè Edimo, 2007a, *idem* et 2007b, *idem* ; Ndamcheu, 2012, *idem*).

- **Enseignements quant aux promoteurs doualais**

Ainsi, l'âge moyen des entrepreneurs à Douala est de 39 ans. Un résultat qui montre qu'en moyenne, les promoteurs de PME ne sont pas jeunes. Est en effet considérée comme « jeune » au Cameroun, une personne âgée de 15 à 35 ans. La majorité des promoteurs a un âge compris entre 30-39 ans, soit une proportion de 35,03%. Cependant, l'analyse par arrondissement montre que la moyenne d'âge la plus élevée est à Douala I (avec 42 ans), suivi de Douala IV et de Douala II avec, respectivement, une moyenne d'âge de 41 ans et de 40 ans. Les arrondissements de Douala III et Douala V ont les moyennes d'âge les moins élevées, soit 31 ans. L'entrepreneur le plus âgé (95 ans) est à Douala IV et le plus jeune à Douala V. Ces promoteurs ont également un niveau d'instruction moyen : 46% d'entre eux présentent un niveau de l'enseignement secondaire, 31% ont le niveau primaire et, seulement, 10% de ces promoteurs ont le niveau de l'enseignement supérieur. Dans le cadre des arrondissements, la caractéristique est presque la même. Exception faite de quelques différences observées, par exemple, à Douala II où aucun promoteur de PME n'est diplômé de l'enseignement supérieur.

Les résultats montrent que les hommes sont plus entreprenants que les femmes. En effet, 64% des entrepreneurs sont de sexe masculin. Les écarts les plus significatifs sont repérables à Douala I et Douala II avec, respectivement, 76% et 75% d'entrepreneurs masculins. De même, les plus petits écarts sont à observer à Douala III et Douala V avec, respectivement, 54% et 56% d'entrepreneurs masculins. Pour ce qui est de la nature exacte des créations d'entreprises, il en ressort que 95% de ces PME sont des créations initiales et, seulement, 2% sont des reprises d'activités ou des rachats d'un fond existant. La tendance est presque la même au niveau des arrondissements. L'on note ainsi, pour Douala I, 4% de reprises d'activités et 1% de fusions, contre 2% d'acquisitions à Douala II et 1% de location-gérance d'un fonds de commerce à Douala IV. Les pourcentages de créations initiales de PME les plus élevés se retrouvent à Douala III et Douala V avec, respectivement, 97% et 98%. Les résultats montrent également que les PME de la ville sont relativement jeunes. La moyenne d'âge des PME est de 6 ans. Les plus jeunes localisées à Douala III et Douala V avec, respectivement, 4 ans et 5 ans et les moins jeunes sont à Douala I, soit 7 ans. Les moyennes d'âge des PME sont de 6 ans pour les arrondissements de Douala II et Douala IV. De plus, 40% de ces PME sont des ateliers et 21% sont des magasins de vente. Seulement 2% sont des bureaux d'études.

Au niveau des arrondissements, les PME de Douala I sont essentiellement constituées de 43% d'ateliers, 42% de magasins de vente et 12% de bureaux d'études. À Douala II, on dénombre 70% de magasins de vente et 28% d'ateliers. De même, à Douala IV, on note 41% d'ateliers, 39% de magasins de vente, 10% d'usines et 7% des bureaux d'études pour l'essentiel. Cependant, les caractéristiques des arrondissements de Douala III et Douala V sont presque identiques. Ce sont, pour l'essentiel, 74% d'ateliers et 22% de magasins de vente pour Douala III et 75% d'ateliers et 23% de magasins de vente puis 2% de bureaux d'études pour Douala V. Cette analyse descriptive permet donc d'observer l'existence de fortes ressemblances entrepreneuriales entre les arrondissements de Douala III et Douala V. Une caractéristique forte qui ne saurait être éludée dans l'aménagement de la ville.

- **Mesure de la dynamique des territoires doualais : analyse structurelle-géographique**

La décomposition shift-share spatiale de la variation des entreprises dans les territoires doualais (VET) a été entreprise à partir des équations 14 et 15 ci-dessus. Les données ont été disponibles pour la période de l'étude 2002-2009. Les résultats de cette décomposition peuvent être présentés de la manière suivante (**Tableau 15**).

Tableau 15 : Notation des variables pour l'analyse shift-share.

Ville	Arrondissement	VET	CN	ESI	ESNVL	ESLVL
Douala		1280,00	2074,87	-32,81	-262,30	-499,77
	Douala 1	170,00	887,38	-49,77	-86,62	-580,99
	Douala 2	225,91	205,11	30,71	-21,14	11,23
	Douala 3	460,00	412,38	10,16	-8,17	45,62
	Douala 4	41,00	168,41	-7,88	-75,69	-43,84
	Douala 5	403,00	401,59	9,88	-2,47	-6,00

Source : INS(2010) : RGE 2009, *idem* et traitement de l'auteur.

D'où il advient que la composante nationale (CN) est positive pour tous les arrondissements. En d'autres termes, nous recherchons une tendance commune dans la variation du nombre d'entreprises, afin que l'écart entre ces tendances soit dû à l'effet territoire (ESNVL et ESLVL) ou de la spécialisation industrielle (ESI). En intégrant l'interprétation du **Tableau 16** ci-dessous pour percevoir les effets de voisinage, l'on arrive également à rendre compte, en particulier, de la relation entre ESNVL et ESLVL.

Tableau 16 : Interprétation des effets de voisinage dans l'analyse spatiale shift-share.

ESNVL Effet Spatial National de la Variation Locale		
	Désavantage territorial (b)	**Avantage de voisinage (a)**
	Désavantage de voisinage (c) **Douala I** **Douala IV** **Douala V**	**Avantage territorial (d)** **Douala II** **Douala III**

ESLVL

Effet spatial local de la variation locale

Source : Espa et *al.* (2012), *idem.*

Notons, par ailleurs, une détérioration générale des effets de voisinage qui se manifeste par un mouvement commun des territoires vers le bas du cadran. Car pour tous les territoires, la valeur de ESNVL est négative. Seuls les arrondissements de Douala II et Douala III présentent un avantage territorial. Par contre, la spécialisation industrielle a un effet positif dans le taux de croissance des entreprises dans les arrondissements de Douala II, Douala III et Douala V.

III.4- ANALYSE ÉCONOMÉTRIQUE : ÉVALUATION DES PROBABILITÉS DE LOCALISATION DES ENTREPRISES DANS LA VILLE DE DOUALA

Avant de présenter les résultats de l'estimation économétrique, il convient de préciser entre autres que la plupart des entreprises concernées ici sont des PME (comme on l'a précédemment vu en effet, les firmes doualaises sont essentiellement des petites et moyennes entreprises). Par ailleurs, les valeurs numériques des coefficients du logit n'ont pas d'interprétation directe du fait que la variance résiduelle n'est pas normalisée. Cependant, nous nous intéresserons au signe des variables pertinentes et aux réactions proportionnelles de la variable expliquée, suite aux changements proportionnels du niveau des variables explicatives c'est-à-dire, les élasticités.

Après réalisation des tests portant sur la multi-colinéarité des variables, l'indépendance des modalités prises par le modèle LMN et la qualité de l'ajustement (McFadden, 1981 ; Amémiya, 1983), les résultats obtenus permettent les interprétations qui suivent pour les différents arrondissements[145]. Globalement, du reste, le modèle est statistiquement valide. Bien que le pseudo R^2 de McFadden soit relativement faible (12,83%)[146]. En effet, le khi-deux du modèle (1020,79) est significatif à 1%. L'interprétation des résultats se fait de façon relative par rapport à la modalité de référence qui est l'arrondissement de Douala V. Ainsi :

- ***En ce qui est de l'arrondissement de Douala I***

L'âge du promoteur, notamment la tranche [35-60 ans] est significatif au seuil de 10%. Son signe positif traduit la préférence de localisation (pour l'entrepreneur de cette tranche d'âge) pour l'arrondissement de Douala I par rapport à Douala V. Les promoteurs sont de sexe masculin (probabilité significative à 1%) et, pour la plupart étrangers (probabilité significative au seuil de 1%). Cette caractéristique fait d'ailleurs ressortir le poids de l'histoire dans la localisation dans cet arrondissement. En effet, des quartiers historiques

[145] Voir également en annexe le tableau des résultats de la régression logistique multinomiale.

[146] Le pseudo R^2de McFadden est généralement utilisé en première analyse pour voir la qualité de l'ajustement. Il s'interprète de manière analogue au R^2. Toutefois, parce qu'il reste généralement faible, son utilisation et son interprétation restent limitées.

tels que Bonanjo, Akwa, Bali, Bonapriso... sont aussi ceux dans lesquels l'on retrouve un grand nombre d'entrepreneurs étrangers ou expatriés. Cet arrondissement était, et l'est toujours, la localisation principale (résidences et activités économiques) des étrangers et expatriés de la ville. Ces variables influencent positivement les décisions de localisation dans la commune. L'effet marginal montre que, pour ces variables, une augmentation de leur proportion de 10% se traduirait par un accroissement de la probabilité de localisation de 1,34% et de 0,67% pour l'âge et le sexe du promoteur, et de 0,86% pour sa nationalité.

Pour ce qui est du niveau d'études du promoteur toutefois, ceux des promoteurs qui ont fait des études secondaires et supérieures présentent un signe négatif aux seuils de 10% et de 5% respectivement. Le niveau d'études des entrepreneurs permet de faire ressortir, à quelques exceptions près, les motivations d'entreprenariat dans cet arrondissement. Cela montre que le fait d'avoir fait des études secondaires ou supérieures n'implique pas forcément que la personne concernée soit capable de créer et de manager une PME. Malgré l'introduction des filières entreprenariat dans les universités publiques et privées au Cameroun, les diplômés n'ont en général pas les moyens de financement pour créer leur entreprise. Ils se lancent à la recherche d'emploi et travaillent, le plus souvent, dans un domaine pour lequel ils n'ont pas été formés. Cette caractéristique peut les disqualifier dans l'insertion dans un réseau d'entreprises spécialisées ou dans les situations de sous-traitance. Ce sont des critères "*a priori*" qui peuvent primer sur des critères d'expérience, de relations sociales, de capital social ou de proximité… Le calcul de l'effet marginal montre que si la proportion des promoteurs ayant fait les études secondaires et supérieures augmentait de 10%, la probabilité qu'ils se localisent dans cet arrondissement diminuerait de 0,72% et de 0,06% respectivement.

De plus, les petites unités industrielles dont les établissements sont des magasins ou des bureaux d'études, influencent positivement la localisation à Douala I et sont significatives, chacune, au seuil de 1%. Ces éléments confirment le caractère administratif de la localisation industrielle dans cet arrondissement. Ces unités sont pour la plupart des sièges sociaux, des entreprises à industrie légère, ou encore des entreprises de services, de recherche et développement ou, enfin, des industries offrant des services à d'autres industries. L'effet marginal montre que, si les proportions de ces modalités croissaient de 10%, leur probabilité de localisation augmenterait de 0,76% et 3,16%, respectivement, pour les magasins de vente et les bureaux d'études.

Néanmoins, les entrepreneurs préfèrent reprendre des entreprises plutôt que d'en créer dans cet arrondissement. Les reprises d'activités ont une influence significative à 1% sur les décisions de localisation des PME, relativement à l'arrondissement de Douala V. Son signe positif traduit le fait que les entrepreneurs ont une préférence plus forte pour les reprises (rachats, fusions, location, acquisitions, héritages…), et moins prononcée pour la création initiale des entreprises. Cette situation trouve une explication dans la faible disponibilité foncière et le coût élevé de cette dernière dans cet arrondissement. L'effet marginal montre qu'une augmentation de 10% se traduirait par un accroissement de 2,04% de cette probabilité de localisation. C'est ce qui pourrait expliquer l'âge des entreprises industrielles présentes dans cet arrondissement. En effet, la tranche d'âge [10-20 ans] est significative à 10% et de signe positif. Cela pourrait traduire également le niveau d'implication des unités industrielles de cet arrondissement dans le réseau d'entreprises de la ville. Les spécialistes (Sergot, 2005 ; Richaud, 2004, par exemple), estiment ordinairement que cette tranche d'âge est aussi celle dans laquelle les entreprises sont traditionnellement en croissance. Elles sont dynamiques et possèdent un avantage relatif en matière de technologie par rapport aux entreprises industrielles moins jeunes (considérées comme inexpérimentées) ou plus âgées (qui peuvent développer une inertie spatiale du fait de l'encastrement trop poussée dans un territoire et n'innovent plus). L'effet marginal montre que l'augmentation de 10% de la proportion des petites unités industrielles se situant dans cette tranche d'âge se traduirait par une augmentation de leur probabilité de localisation de 0,81%.

Plus encore, le régime d'imposition a une influence positive et significative au seuil de 10% sur les probabilités de localisation. L'effet marginal montre que l'augmentation de la proportion des entreprises soumises au régime de base (réel ou libératoire) de 10% accroîtrait la probabilité de localisation de 0,55%. Par contre, les entreprises réalisant un chiffre d'affaires compris entre [15-50 millions] influencent négativement les probabilités de localisation au seuil de 1%. L'effet marginal montre que si leur proportion augmentait de 10%, leur probabilité de localisation diminuerait de 0,36%.

- ***Pour ce qui est de l'arrondissement de Douala II***

Le sexe et la nationalité du promoteur ont une influence positive et significative à 1% chacun sur les décisions de localisation dans cet arrondissement. Les étrangers de sexe masculin ont une préférence plus forte de localisation pour leur entreprise ici. Cet arrondissement, tout comme celui de Douala I, est l'une des premières destinations des étrangers et expatriés de la ville. Que ce soit pour la localisation des activités économiques ou pour le besoin de résidence. L'effet marginal montre qu'une augmentation de 10% de la proportion des entrepreneurs expatriés de sexe masculin se traduirait par un accroissement de 2,06% et 0,55% respectivement. Néanmoins, le niveau d'instruction des entrepreneurs a des influences négatives à 1% sur les décisions de localisation des unités industrielles dans cet arrondissement. Ceci tend à suggérer, notamment, que la formation des entrepreneurs, quel que soit leur niveau d'instruction (primaire, secondaire et supérieur) n'est probablement pas en adéquation avec l'entreprenariat industriel. Le calcul de l'effet marginal montre que si le nombre d'entrepreneurs ayant fait des études primaires, secondaires et supérieures augmente de 10%, la probabilité qu'ils localisent leurs petites unités industrielles dans cet arrondissement diminuerait de 0,73%, de 0,77% et de 1,58% respectivement.

De plus, ces entrepreneurs ont une préférence positive pour les magasins de vente. Cette modalité est significative à 1%. De ce fait, le caractère administratif de cet arrondissement s'en trouve confirmé, tout comme celui de Douala I (Essombè Edimo, 2007b, *Idem*). Si la proportion des magasins de vente augmentait de 10%, la probabilité de localisation dans cet arrondissement s'accroîtrait de 2,17%. Cependant, le chiffre d'affaires a des influences négatives (à 10% pour les entreprises dont le chiffre d'affaires si situe dans les tranches [15-50 millions] et [50-100 millions], et à 1% pour celles dont le chiffre d'affaires se situe dans la tranche [100-500 millions]) sur la localisation. Si leur proportion augmentait de 10%, la probabilité de localisation dans cet arrondissement diminuerait respectivement de 0,92%, de 0,77% et de 0,64%.

- ***Concernant l'arrondissement de Douala III***

Ici, seul le niveau d'instruction du promoteur influence les décisions de localisation. Les promoteurs ayant fait des études secondaires et universitaires influencent négativement à 10% respectivement cette décision. La commune dispose d'une zone industrielle (Bassa) et de deux centres de production industrielle (Ndokoti et St Michel). Les petites unités industrielles font preuve d'inexpérience de la part de leur promoteur, du fait de l'inadéquation entre l'instruction acquise par ces derniers et la décision entrepreneuriale. Le calcul de l'effet marginal montre que si la proportion des entrepreneurs ayant fait des études secondaires et supérieures augmentait de 10%, la probabilité de localisation diminuerait, respectivement, de 0,24% et de 0,75% relativement à l'arrondissement de Douala V.

- ***Pour le cas de l'arrondissement de Douala IV***

Les promoteurs étrangers influencent positivement la localisation des entreprises industrielles et ont une préférence pour les reprises d'activités. Leur significativité à 10% traduit aussi, dans cet arrondissement, le coût et la disponibilité fonciers. Jadis, le rôle de cet arrondissement était de déconcentrer et de décongestionner les arrondissements de Douala I et Douala II, parce qu'il offrait également des conditions idéales pour la localisation industrielle. Ainsi, dans les années 60 est créée la zone industrielle de Bonabéri, dont la situation géographique était un atout pour l'implantation des entreprises à travers son ouverture vers l'intérieur du pays et le reste du monde (voies maritime, terrestre, ferroviaire et aérienne).

Cependant, le problème que cet arrondissement était censé résoudre pour le centre de la ville de Douala se pose désormais avec acuité à lui-même. Autrefois rural et très peu occupé, celui-ci est en effet devenu en quelques décennies un territoire dont la planification industrielle et l'urbanisation n'ont pas suivi la dynamique des activités économiques et résidentielles (Essombè Edimo et Ngo Balepa, 2013, *op. cit.*). Cette situation a pour conséquence majeure, pour les entrepreneurs surtout, la rareté foncière et le coût très élevé des terrains, lorsqu'ils sont disponibles. C'est ce qui pourrait expliquer ici que la préférence pour les reprises (rachat, fusion, location, acquisition, héritage,...) soit beaucoup plus accentuée que celle pour les créations initiales qui auront besoin d'espaces à aménager. Le calcul de l'effet marginal montre que si la proportion des entrepreneurs étrangers et des reprises d'activités augmentait de 10%, la probabilité de localisation augmenterait de 0,11% et de 0,20% respectivement, relativement à l'arrondissement de Douala V.

De plus, ces investisseurs ont une préférence pour les magasins de vente, les complexes spécialisés et les bureaux d'études dont l'influence sur la localisation est positive pour chaque modalité et significative à 5% pour les bureaux d'études et à 10% pour les autres. Si la proportion de ces établissements augmentait de 10% dans cet arrondissement, la probabilité que les entrepreneurs s'y localisent augmenterait de 0,36% pour les magasins de vente, de 0,27% pour les bureaux d'études et de 1,24% pour les complexes spécialisés. Notons, en outre, que les entreprises soumises au régime d'imposition réel, de base ou libératoire, influencent positivement à 5% les probabilités de localisation tandis que celles réalisant un chiffre d'affaires compris entre [15-50 millions] ont une influence négative à 5% dans cet arrondissement. Si la proportion de ces entreprises augmentait de 10% à Douala IV, leur probabilité de localisation augmenterait de 0,59% pour celles dont le régime d'imposition est de base, réel ou libératoire, et diminuerait de 0,41% pour celle réalisant un chiffre d'affaires compris entre [15-50 millions].

En tout état de cause, l'analyse des probabilités de localisation ci-dessus confirme la préférence des entrepreneurs pour l'arrondissement de Douala V pour l'implantation de leurs unités industrielles. Elle explique par la même occasion pourquoi cette commune de la ville est, depuis quelque temps, devenue une aire émergente de la localisation industrielle à Douala. Il en ressort également que le dynamisme entrepreneurial, mesuré par la localisation des entreprises, reste très inégal, très dispersé et spatialisé dans le territoire doualais. Certains des arrondissements sont très dynamiques et s'identifient à des territoires qui gagnent, au sens entrepreneurial.

Cette analyse permet donc à la fois d'avoir une plus grande visibilité de la dynamique industrielle locale, d'expliquer la dynamique contrastée des territoires doualais et de mieux comprendre les décisions de localisation des petites unités industrielles dans la ville. Ce qui, par ailleurs, instruit largement sur une politique d'aménagement urbanisme adaptée à la dynamique entrepreneuriale à l'œuvre dans la ville. De façon générale, la localisation de ces petites unités industrielles est de plus en plus périphérique, conséquence des effets externes d'agglomération, notamment de la congestion au centre. Elle demeure aujourd'hui largement influencée par les dispositions locales. Et l'arrondissement de Douala V, jadis rural et très peu occupé, est le nouveau pôle de localisation industrielle. Les principaux résultats de l'analyse économétrique montrent que la nature de la PME, le niveau d'instruction du promoteur, son âge et le chiffre d'affaires réalisé ou réalisable affectent significativement les probabilités de localisation, avec des effets et des intensités variant en fonction du territoire de localisation.

Ainsi, polarisation et fragmentation de la localisation des entreprises (industrielles et de services) à Douala sont désormais organisées sur deux niveaux : les grandes firmes (internationales, nationales et transnationales et, surtout, les sièges des entreprises de toute sorte) au centre, et les usines (internationales, transnationales et mono régionales) en périphérie. Par la même occasion, il paraît nécessaire pour les pouvoirs publics, par exemple, d'opter pour une dynamique contrôlée des territoires dans la ville de Douala, notamment à travers l'élaboration d'une politique de localisation et de relocalisation spécifiques aux PME industrielles locales. Le cas de Bonabéri (ou Douala IV) apparaît à cet effet assez représentatif d'une situation de congestion d'un espace de production générant désormais, l'absence d'une planification urbaine aidant, des effets répulsifs à la fois, pour les entreprises et les populations avoisinantes.

Chapitre 8

DYNAMIQUE INDUSTRIELLE
ET CONGESTION À DOUALA IV

« ...Tout ce en quoi nous croyons est la vérité.
Et la vérité est une certitude absolue ».

En effet, Douala IV ou Bonabéri (**Carte 2,** *supra*) a été choisi très tôt, avec Bassa[147], par les pouvoirs publics afin de desserrer économiquement le centre de la ville de Douala déjà en pleine croissance et en voie de congestion industrielle à l'époque (Mainet, 1985). Ce choix a résulté de sa proximité, de son accessibilité et de la disponibilité des terrains. Cet arrondissement va ainsi accueillir plusieurs établissements industriels depuis 1963, au point de devenir aujourd'hui l'une des principales concentrations de la production industrielle dans la métropole doualaise. Ce statut encourage également l'urbanisation incontrôlée, ce qui entraîne divers blocages et désagréments autant pour les entreprises que pour les populations riveraines, entre autres, et qui amène déjà à songer aussi à sa déconcentration[148].

Comment comprendre ces dynamiques rapides et quels en sont les effets induits ? La croissance de la production à Bonabéri et la congestion de plus en plus forte qui en découle s'expliquent par les atouts que lui confère sa situation à la périphérie de la métropole doualaise. Il s'agit donc d'analyser les rapides mutations de Bonabéri, un espace industriel et suburbain, en insistant sur leurs facteurs et leurs conséquences multiformes, tout en montrant également que l'absence de suivi des normes spatiales de planification et de développement urbain pourrait compromettre la pérennité du développement dans un espace donné. Bonabéri a donc été, depuis les années 60, un territoire d'implantation industrielle permettant de décongestionner le centre de la ville de Douala. Bien que spatialement irrégulière, le mouvement de localisation des entreprises dans cet espace ira se densifiant. Les externalités générées par l'agglomération des

---

[147] Un autre quartier périphérique de la ville de Douala et qui se trouve dans l'arrondissement de Douala III.

[148] Le présent chapitre reproduit l'essentiel d'un texte co-publié en décembre 2013 avec A.S Ngo Balépa de l'Université de Douala (département de géographie) sous le titre exact de «*Bonabéri à Douala : dynamique de localisation des entreprises et congestion d'un espace de déconcentration industrielle* », in *RESEF*, n° 4, déc.

firmes et la localisation diffuse des activités (congestion spatiale), ajoutées à une urbanisation croissante, apparaissent désormais comme les facteurs répulsifs posant, pour Bonabéri, le problème de sa propre décongestion.

I- ESPACE INDUSTRIEL, DYNAMIQUES DE LOCALISATION ET DE RATTRAPAGE : UN REPÉRAGE DES APPROCHES THÉORIQUES

La localisation des activités a, de tout temps, été un champ d'investigation fécond pour de nombreuses disciplines (géographie, économie…). Les travaux qui en sont issus sont multiples. Nous retiendrons ici, à la fois, les analyses liées aux modèles de « rattrapage » et celle, plus récente, de la « *Nouvelle économie géographique* » de P. Krugman (1991a, *idem*, 1991b, *idem,* et 1998, *idem*).

I.1- ESPACE INDUSTRIEL ET LOGIQUE DE RATTRAPAGE

L'espace industriel, défini comme lieu de fonctionnement de l'activité industrielle (C. Cabanne, 1984 ; A. Nonjon, 1995), résulte de facteurs naturels ou humains et se répartit en un ***espace industriel de droit,*** officiellement affecté à l'industrie et spécialement aménagé à cet effet. On peut même y voir comme un « *site spécialement aménagé pour accueillir des activités industrielles et se référant à des documents d'urbanisme (POS, SDAU, PDU*[149]*, etc.)* » (Million F., 2004). Dans ce cadre aussi, du reste, le souci consiste à répondre à la fois, aux objectifs de développement et d'aménagement du territoire. Mais, l'espace industriel peut aussi ne pas avoir été conçu juridiquement. Il s'agit alors ***d'un espace de fait,*** occupé par les établissements industriels de façon spontanée, sans répondre aux exigences particulières d'une planification spatiale (C. Cabanne, *op.cit*. 1984).

Cette double tendance, celle des pouvoirs publics et celle de certains acteurs privés, conduit naturellement les premières localisations d'entreprises industrielles à former, dans un premier temps, des concentrations urbaines. Le phénomène de déconcentration ou de desserrement intervient, dans un second temps, en relation avec le niveau de croissance économique. Comme l'observent, par exemple, M. Catin et C. Van Huffel (op.cit., 2003) « *De manière globale, les mécanismes économiques conduisent naturellement le phénomène de concentration urbaine à s'accroître durant les premières phases du développement, puis à s'amenuiser lorsque les pays arrivent à un certain niveau d'industrialisation* ». L'on doit également à P. Bairoch (1985), faut-il le rappeler, l'établissement d'une relation dynamique entre la croissance économique, par exemple, et l'urbanisation. La première prenant cependant la forme d'un accroissement de la production agricole engendrée par le progrès

[149] POS = Plan d'occupation des sols, SDAU = Schéma directeur d'aménagement urbain et PDU = Plan directeur d'urbanisme.

technique de culture. Cette croissance entraîne un « *surplus agricole* » qui constituera la principale cause de l'émergence des villes[150].

Carte 4 : L'arrondissement de Douala IV (Bonabéri) dans la communauté urbaine de Douala (CUD).

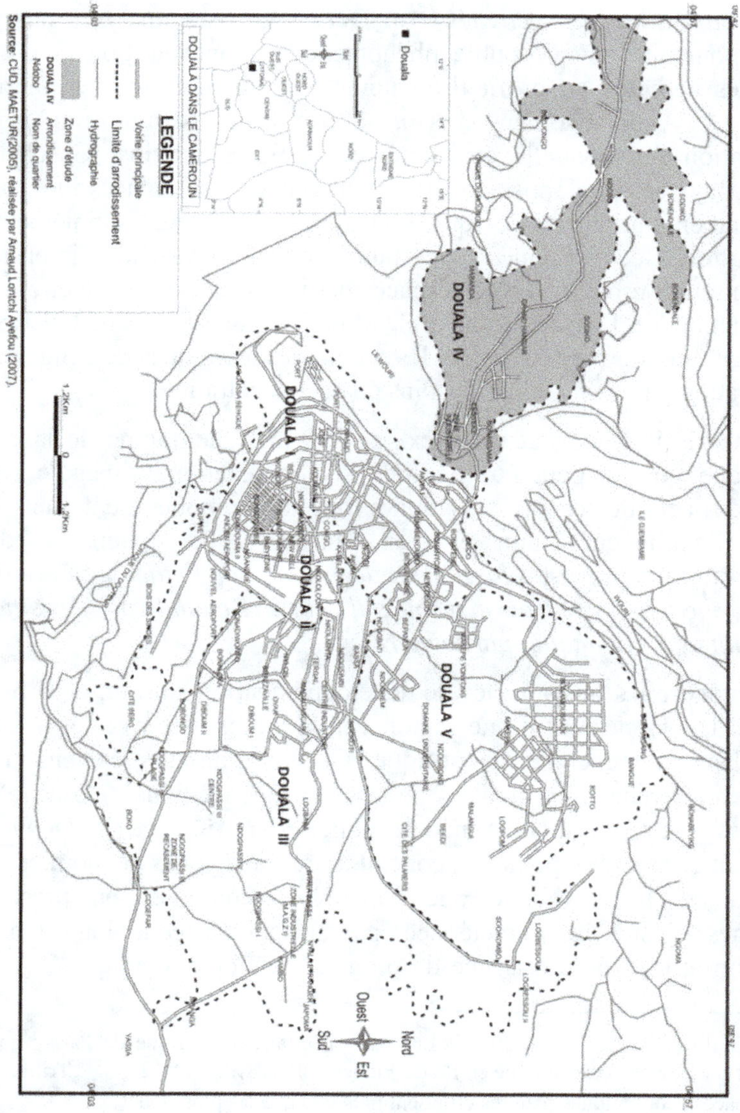

---

[150] Rappelons également que J. Jacobs (1969) dans « *The economy of the cities* » montrait aussi que la ville devenait ensuite un centre d'innovations qui ont pour conséquence l'augmentation de la productivité agricole et, par là même, du surplus agricole. Si bien qu'on a pu déduire qu'il y a, depuis l'émergence de la civilisation, un processus *d'auto-renforcement* de la concentration urbaine qui s'appuie essentiellement sur les piliers que sont l'innovation et la croissance.

Depuis longtemps les villes évoluent par un phénomène de dilatation, avec une croissance urbaine soumise à un double phénomène, à savoir la concentration spatiale de la population dans les zones urbaines et l'extension de ces dernières. De sorte que « *la plupart des villes des pays développés ont connu une recomposition économique des centralités urbaines liée au processus de suburbanisation des activités* [151]». De nombreuses analyses observent en effet la poursuite de ce double phénomène de concentration et d'étalement urbain des activités au profit d'un nombre réduit de sites périphériques ou centraux (A. Aguilera-Belanger et *al.*, 2004). Cette évolution qui génère une spécialisation fonctionnelle croissante des espaces urbains (Gaschet, 2003). Dans les pays en développement (PED) en général, les espaces industriels sont principalement urbains. Ce qui constitue un facteur supplémentaire de concentration économique et humaine. Lorsqu'elle intervient, la déconcentration urbaine vers les espaces périphériques se révèle être un facteur de production de l'espace industriel. Mais les zones d'accueil périphériques connaissent aussi progressivement les problèmes identiques de congestion dus à l'urbanisation galopante et des besoins de déconcentration.

Là encore, il se dégage qu'il existe bien une géographie de la croissance économique qui ne peut être ignorée si l'on examine l'inégale répartition spatiale des activités et l'urbanisation à long terme, notamment, dans les PED. Comme l'expliquent Catin et Van Huffel (2003, *idem),* le degré de concentration urbaine est « *largement déterminé par l'étape de développement dans laquelle le pays se trouve, même s'il peut être modulé par des situations et des politiques économiques particulières* ».

Comprendre les mécanismes de développement et, surtout, de diffusion des effets de développement d'une région vers d'autres est, à cet égard, un souci ancien dans la recherche scientifique. Ceci a d'ailleurs également pu être analysé en référence aux modèles de convergence (régionale) dont le cadre de base, c'est-à-dire le modèle néoclassique de *croissance endogène* et qui, moyennant certaines hypothèses, conclut au rattrapage des économies[152]. L'idée de rattrapage n'est valable que parce les économies en présence sont homogènes, c'est-à-dire caractérisées par une même technologie (fonction de production et taux de croissance du progrès technique identiques)[153]. Proposés

---

[151] J. Le Gallo et R. Guillain (2008), « Le centre d'affaires historique de Paris : quel pouvoir structurant sur l'espace économique en Ile-de-France ? », in R.E.I., n° 123, 3ème Trim., p. 65.

[152] Les espaces économiques pauvres croissent plus vite que les plus riches.

[153] De même, les fonctions de production sont à rendements d'échelle constants et la productivité marginale des facteurs demeure décroissante. Rappelons que les théories de la croissance endogène mettent aussi en avant, outre le rattrapage des économies, les autres points comme la constance des taux de capital par tête, de celui de la production par tête et de celui de la consommation par tête (ce qui explique la convergence à long terme de l'économie vers un état de croissance régulier), taux qui, eux-mêmes, sont identiques au taux de progrès technique. Par ailleurs, les taux de croissance de la production totale, de la consommation totale et du capital

sur la base d'un renouvellement des travaux de R. Sollow (1956) et de T.W. Swan (1956), les modèles de convergence ont ceci de particulier qu'ils introduisent dans la croissance des mécanismes d'accumulation endogènes un « facteur de croissance » qui permet d'expliquer et de soutenir l'augmentation du progrès technique. Ainsi en est-il de R. Lucas (1988) qui estime que la croissance est liée au capital humain. Pour P. Romer (1990 et 1994), l'accumulation d'innovations est également fonction de la diversification des biens intermédiaires et l'accumulation du capital humain est un moyen de diversifier les inputs et de les rendre encore plus efficaces. Tout comme R.J. Barro (1990) enfin pour qui l'on ne doit pas non plus négliger le rôle du capital public dans le processus de la croissance (notamment les dépenses en infrastructures, ou encore dans les domaines de l'éducation, de la recherche...).

Mais, comme nous l'avons vu dans les chapitres précédents, la géographie de la croissance, tout comme celle de la localisation, fait aussi référence aux économies d'agglomération et aux effets polarisateurs.

I.2- LE CARACTÈRE INDÉNIABLE DES FORCES D'AGGLOMÉRATION

Nous avons déjà eu l'occasion de le montrer à plusieurs reprises[154], l'interaction croissance économique et urbanisation (ou l'espace) est en effet une problématique qui a toujours intéressé les théoriciens de tous bords (économie, géographie,....). Il en va ainsi d'A. Smith (1776), qui en a laissé une interprétation qui, aujourd'hui encore, reste assez moderne. L'auteur place en effet la ville au centre d'un processus d'auto-entretien de la croissance. Dans le schéma proposé, l'échange est identifié comme favorisant la spécialisation et la division du travail qui, de son côté, va conduire à un accroissement de la productivité et, par ricochet, à une augmentation des échanges. Pour sa part, A. Marshall (1890, *op. cit),* avec son concept « *d'industrie localisée* » ou de « *district industriel* » dont il est l'initiateur, a montré, comme nous l'avons vu précédemment, comment la colocalisation des firmes sur un territoire donné engendrait des économies externes (ou des « *économies d'agglomération* ») dont l'origine était triple, à savoir la proximité d'un nombre important

---

total dépendent aussi du taux de croissance naturel de la population. Sur les nombreux travaux de synthèse concernant les théories de la croissance endogène, nous restons redevable de B. Amable et D. Guellec (1992), « Les théories de la croissance endogène », in *Revue d'Economie Politique*, n° 102, vol. 3, pp. 313/77. Plus généralement, cette idée de « rattrapage » avait également été utilisée, jadis, entre pays sous-développés et pays industrialisés. En considérant en effet que le sous-développement était un « retard de croissance », l'on pensait alors que la réalisation d'un certain nombre d'investissements permettrait d'en sortir et de « rattraper » les économies développées. On peut voir, sur ce sujet, notamment A.O. Hisrchman (1984), « Grandeur et décadence de l'économie du développement, in *L'économie comme science morale et politique*, Gallimard, ou Essombè Edimo (1995), *Quel avenir pour l'Afrique ?: financement et développement*, Ed. Silex/Nouvelles du sud, Paris.

[154] On peut se référer, par exemple, à Essombè Edimo (2007a, *op. cit* et 2008, *op. cit*).

d'activités, la présence d'une main-d'œuvre abondante (ou bassin de main-d'œuvre stable) et la diffusion des connaissances (ou externalités technologiques).

Une telle configuration (ou concentration) permettait alors de comprendre que l'agglomération des firmes en un endroit engendre des effets externes qui, à leur tour, sont source de croissance. De même, Lucas (1988, *op. cit.*) suggère que les interactions de capital humain participent efficacement à la dynamique de croissance endogène et auto-entretenue au niveau de la ville. De son côté, Maillat (1999) montre comment la ville, à travers ses diverses fonctions (objectivisation des institutions, ancrage dans le bâti, symbolisation et combinaison productive), génère des interactions qui permettent de soutenir un développement de type régional endogène en termes de « *milieu innovateur* ». Ce qui met en évidence le rôle indéniable du système urbain dans le développement.

Enfin, comme vu précédemment, Krugman (1991a, 1991b et 1998, *idem*), avec « *la Nouvelle économie géographique* », a pu fournir une explication de l'inégal développement régional. De sorte qu'à la question de savoir pourquoi les activités économiques ont tendance à se concentrer (ou à s'agglomérer) en un petit nombre d'endroits au lieu de se répartir dans l'espace, l'auteur propose une réponse en termes de « *forces d'agglomération* » et de « *dispersion* ». L'explication, développée dans le cadre de son approche « *centre/périphérie* », permet d'aborder, outre les questions de localisation des activités, celles de développement. Elle amène, par ailleurs, à comprendre la cause de la concentration industrielle au "centre" et la présence de l'inégalité en "périphérique" en faisant apparaître les grandes forces de polarisation et de dispersion urbaine (Catin, 2000 ; Catin et Van Huffel, 2003, *op. cit* ; Essombè Edimo, 2007a, *op. cit*). Deux effets sont d'ailleurs mis en évidence par l'auteur : ***l'effet aval***, provoqué par le comportement des consommateurs et ***l'effet amont***, induit par celui des firmes. Tous les deux mettent en évidence la logique d'agglomération et la dynamique d'attraction.

Ce qui, *in fine*, permet de comprendre pourquoi les concentrations industrielles s'effectuent au « centre » (et où il existe alors des forces d'agglomération) en ignorant totalement les régions « périphériques ». Outre le fait que la proximité favorise et engendre des interactions individuelles, l'importance d'un mouvement de concentration sur un espace y sera garantie par l'existence de processus cumulatifs ou de « *causalité circulaire* [155] ». Comme l'expliquent avec pertinence Baumont et Huriot (1999, p. 137), selon la « Nouvelle économie géographique », deux conditions centrales sont nécessaires à la formation d'une concentration : il faut d'une part, que les agents

[155] Et que, dans une contribution ultérieure, l'auteur appelle encore les « *processus d'auto-organisation* », voir P. Krugman (1998), *L'économie auto-organisatrice*, De Boeck, Bruxelles.

économiques sentent un intérêt à être proches les uns des autres et, d'autre part que cette attraction soit d'une « *ampleur suffisante et touche suffisamment d'individus pour générer d'importantes concentrations comme celles qu'on rencontre dans les régions « centre » ou dans les villes* ». La présence de processus cumulatifs aidant, par ailleurs, une petite agglomération d'activités (même minimale) engendre un mouvement auto-entretenu apte à produire de très fortes concentrations d'activités. Selon Krugman toutefois, ce mouvement peut aussi générer ses propres limites en développant des *forces de dispersion.* Ce qui aura pour conséquences de freiner le processus, de limiter la taille de la concentration et/ou de favoriser de nouveaux centres de concentration (centres secondaires,….)[156].

II- BONABÉRI : UN ESPACE INDUSTRIEL GÉNÉRÉ PAR LA NÉCESSITÉ DE DÉCONCENTRER DOUALA

En fait, Bonabéri comme espace industriel, naît à la fois de l'impérative nécessité de décongestionner le centre de la ville (Douala I et II), du fait de sa proximité avec la ville et, surtout, du port de cette dernière.

II.1- LA NÉCESSITÉ DE DÉCONCENTRER LE CENTRE URBAIN DE DOUALA

La congestion rapide des principaux « centres industriels » dans la ville de Douala, à savoir la zone portuaire, Akwa, ou Bali (**Carte 3**), la croissance démographique et l'urbanisation galopante conduisent en effet l'autorité tutélaire française, dès 1932, à penser à d'autres sites d'accueil pour déconcentrer les établissements industriels de plus en plus nombreux. C'est que dès cette époque, les établissements commerciaux et les entrepôts du port occupent déjà de la place à Douala. De même que la population et les activités augmentent, tout comme la demande en localisation industrielle (Mainet, 1985, *op. cit*).

Dans ce contexte, Bonabéri apparaît vite comme la pièce maîtresse du développement spatial de Douala (Kengne Fodouop, 1977). Tant et si bien que la planification du développement spatial se projette aussi sur cet espace. Le Plan directeur d'urbanisme (PDU) que présente l'architecte Jean Dorian en 1956 pour une ville de Douala de 300 000 habitants répartit les fonctions de la ville, en même temps qu'il redéfinit les emprises du port et projette vers la périphérie nord-ouest (c'est-à-dire, à Bonabéri) trois secteurs susceptibles de recevoir des localisations industrielles. Il faudra cependant attendre 1959 pour voir les débuts de son application ; l'administration française ayant d'abord jugé

[156] Comme on l'a souligné précédemment aussi, de nombreuses critiques ont été émises sur cette théorie de Krugman, dont la non-prise en compte des comportements stratégiques des firmes, ou encore l'importance des relations sociales,…. On peut aussi voir à ce sujet, entre autres, C. Courlet (2008), *L'Economie Territoriale*, PUG, *ibidem,* et Chapitre 3, *supra.*

les dépenses de ce plan très fastueuses. Pourtant, c'est ce programme d'aménagement qui est repris par le Schéma directeur d'aménagement et d'urbanisme (S.D.A.U) de 1983[157] (**Carte 5**). Les industries chimiques et celles de transformation de bois seront les premières à occuper, en 1963, la « zone industrielle » prévue à Bonabéri : une localité, dans l'ensemble, amphibie, mais qui était cependant disponible.

[157] Il reste d'ailleurs maintenu de nos jours, malgré des prescriptions incompatibles avec les enjeux du développement urbain actuel tels que stipulés dans la loi n°2004/003 du 21 avril 2004. Rappelons aussi que la loi sur le Code de l'urbanisme du Cameroun, dans l'article 38, prévoit que chaque ville plus de 100 000 habitants doit se doter d'un Plan d'occupation du sol (POS), d'un Plan directeur d'urbanisme (PDU) et celles de moins de 100 000 habitants d'un Plan sommaire d'urbanisme (PSU).

Carte 5 : Schéma directeur d'aménagement et d'urbanisme (SDAU) de Bonabéri en 1983.

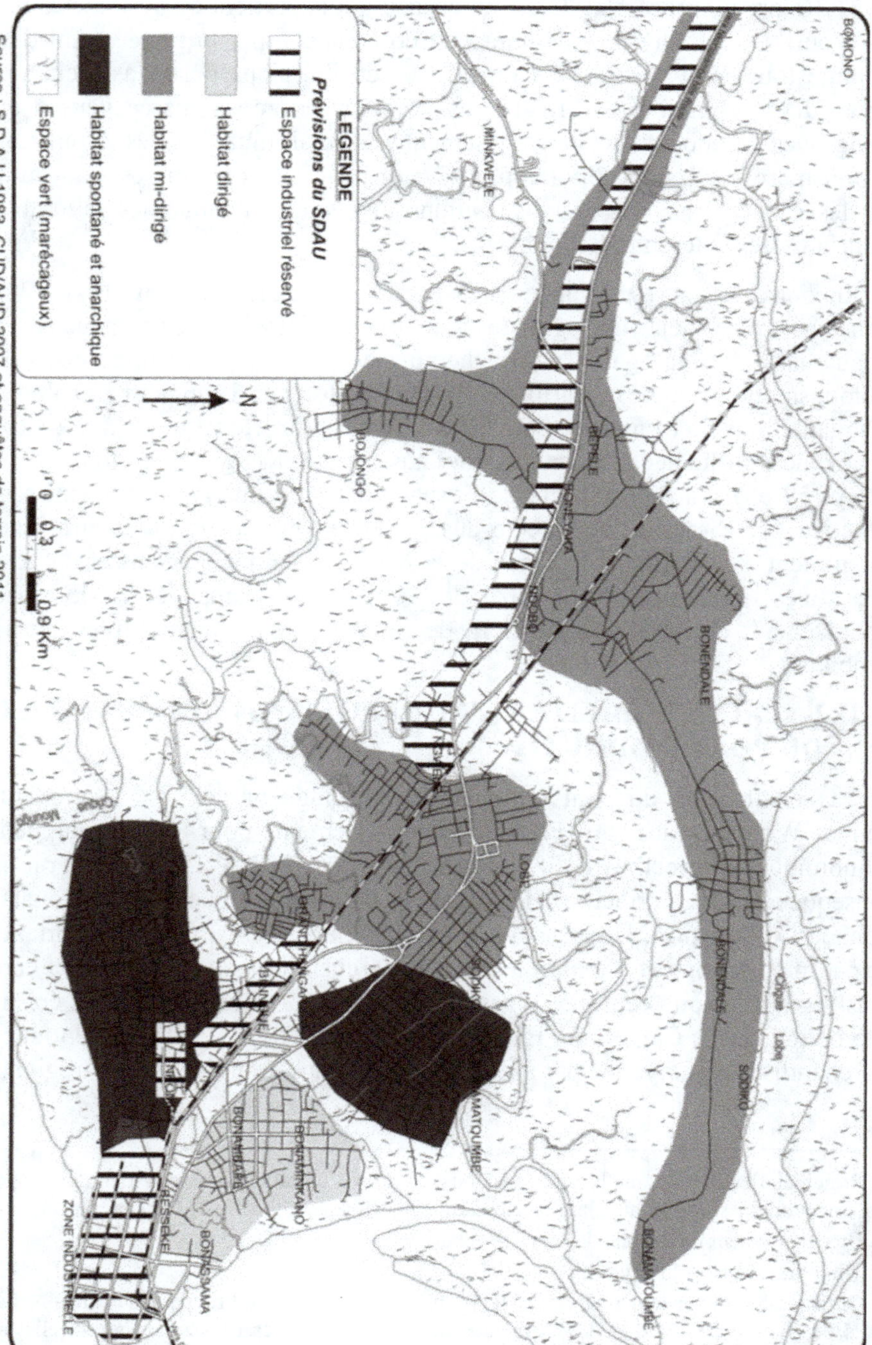

Bonabéri occupe en effet la partie nord-ouest de la ville de Douala, entre 4°03 - 4°06 de latitude nord et 9°35 - 9°41 de longitude est, sur une superficie de 53,36 km² au relief plat. C'est un espace qui appartient au système estuarien du Wouri[158] dont l'hydrodynamique est commandée par la marée semi-diurne. Comme tout ce système, c'est un milieu sensible appartenant à la classe des zones dites « humides ». Malgré ses nombreuses zones marécageuses et de mangroves à l'époque, cet arrondissement présentait toutefois des terrains libres et bon marché (Kengne Fodouop, 1977, *op. cit.*), les entreprises étant attirées par les espaces qui ont des dispositions physiques et humaines favorables à leurs activités (Mérenne-Schoumaker, 2002).

En outre, avant 1955, année marquant l'ouverture du pont sur le Wouri, Bonabéri offre déjà une grande animation de style urbain avec le port « bananier » et la gare d'un chemin de fer en direction de l'ouest (Nkongsamba). Il a été construit sur 170 km de long en 1906 pour l'exploitation des plantations du Mungo[159]. Sa zone d'influence directe va jusqu'à Foumban[160] et sa zone d'influence indirecte est tout aussi vaste (Kengne Fodouop, 1977, *op. cit.*, p. 59-60). La disponibilité de l'espace dans la zone est également rendue effective par l'implication directe des politiques publiques d'industrialisation, notamment avec la mise en place de la Mission d'aménagement et de gestion des zones industrielles (MAGZI [161] . Celle-ci va ainsi doter le quartier Bonassama[162] d'une zone industrielle de 192 ha à la suite de multiples déblais et remblais.

II.2- L'ACCESSIBILITÉ PAR LA PROXIMITÉ DE LA VILLE ET DU PORT DE DOUALA

La construction du pont rail-route d'une longueur de 1840 mètres sur le fleuve Wouri, grâce au Fonds d'investissement pour le développement économique et social (FIDES), et inauguré le 22 mai 1955, va avoir pour conséquence de permettre désormais l'interdépendance entre Douala et Bonabéri. Par le port, Douala, tout comme Bonabéri, est un point important des flux d'importations et d'exportations des marchandises au Cameroun et dans la sous-région Afrique centrale. Il assure près de 90% (PAD, 2012) des échanges internationaux du Cameroun. Et, avec une capacité de 7,5 millions de tonnes de marchandises en moyenne par an, ce port est le plus grand de la sous-région.

---

[158] Principal fleuve arrosant la ville de Douala, un bras mort de l'océan Atlantique, et qui a également donné son nom au département administratif logeant la ville de Douala.

[159] Un département limitrophe de celui du Wouri.

[160] Toujours à l'ouest du pays.

[161] Organisme créé par le décret n° 71/DF/95 du 1er mars 1971, modifié par les décrets N°73/483 du 25/08/73 et N°80/474 du 5/12/1980, chargée de créer et de gérer les zones industrielles sur le territoire national.

[162] Entrée sud de Bonabéri et un des quartiers de cette localité.

Les réseaux routier et ferroviaire de l'agglomération doualaise n'offrent que des dessertes de mauvaise qualité avec les pays voisins. Une bonne desserte terrestre nationale relie cependant Bonabéri aux grandes régions agropastorales infranationales du Mungo, de l'ouest, du nord-ouest et même du nord du pays. De telles infrastructures de desserte et les facilités d'accès qu'offre la zone bonabérienne vont rapidement favoriser les localisations de grandes entreprises d'industries lourdes comme de celles utilisant des matières premières pondéreuses (à l'instar de CIMENCAM, la SCRM et Cie, CIBEC, ALPICAM, CALCO, SOTICAM...). Quelques-unes de ces entreprises localisées bénéficient d'ailleurs du régime de la zone franche [163]. D'autres dispositifs macro-institutionnels (conduisant à l'encouragement de l'initiative privée des nationaux, le code des investissements promulgué par la loi n° 60/64 du 27 juin 1960 et qui offrait divers avantages fiscaux…), contribueront également à cultiver la compétitivité territoriale de Bonabéri, au point d'en faire un cadre d'accueil intéressant même pour les investissements étrangers (à l'exemple des usines NESTLÉ-Cameroun ou Canada Dry) (Essombè Edimo, 2007a, *idem*).

III- UNE DYNAMIQUE INDUSTRIELLE ET SPATIALE IRRÉGULIÈRE ET DÉSÉQUILIBRÉE

Bien que perceptible, le mouvement de localisation des activités industrielles à Bonabéri demeure irrégulier. Il aboutira néanmoins à la mise en place de trois principaux « quartiers industriels » dans cet espace.

III.1- UNE DYNAMIQUE INDUSTRIELLE FORTE BIEN QU'IRRÉGULIÈRE

Avant 1940, les activités économiques de Bonabéri étaient agraires ou artisanales, faute principalement de disponibilités en énergie électrique, de capitaux extérieurs ou d'épargne locale, et d'infrastructures de communication. L'année 1948 marque le point de départ des implantations d'entreprises dans la localité. Le « *Department For International Development* » (DFID) [164], par exemple, s'implante à proximité de la zone portuaire de Bonabéri et s'active dans la transformation du bois. Mais jusqu'en 1961, la localité ne connaît pas de nouvelles implantations. Celles-ci ne décollent réellement qu'en 1962, avant de se poursuivre ensuite de façon très discontinue (**Graphique 1**) jusqu'à ce jour.

De 1962 à 1979, grâce à la planification quinquennale du développement économique et social, aux différents codes des investissements et autres

---

[163] Il s'agit d'une des conséquences indirectes des politiques publiques d'industrialisation conduites par l'Office national des zones franches industrielles (ONZFI) (Ngo Balépa, A. 2012).

[164] DFID aurait la responsabilité de l'intégralité du programme d'aide extérieure du Royaume-Uni, de sa conception jusqu'à son exécution et son évaluation, et aurait participé à la création de la CDC en 1948 avec une branche d'exploitation de bois située à Bonabéri.

mesures incitatives des politiques macro-institutionnelles d'industrialisation[165], 37 unités de production (dont CIMENCAM, ALPICAM, SAFCA, SITRACEL) y sont implantées. Elles se localisent, pour l'essentiel, dans la zone industrielle MAGZI de Bonabéri (ou ZIBO). De 1979 à 1992, Bonabéri accueille près de 80 unités de production dominées par la branche agroalimentaire (20%), les industries chimiques et métallurgiques (15%) et de transformation du bois (11%).

Graphique 32: Dynamique quantitative des implantations industrielles à Bonabéri de 1948 à 2010.

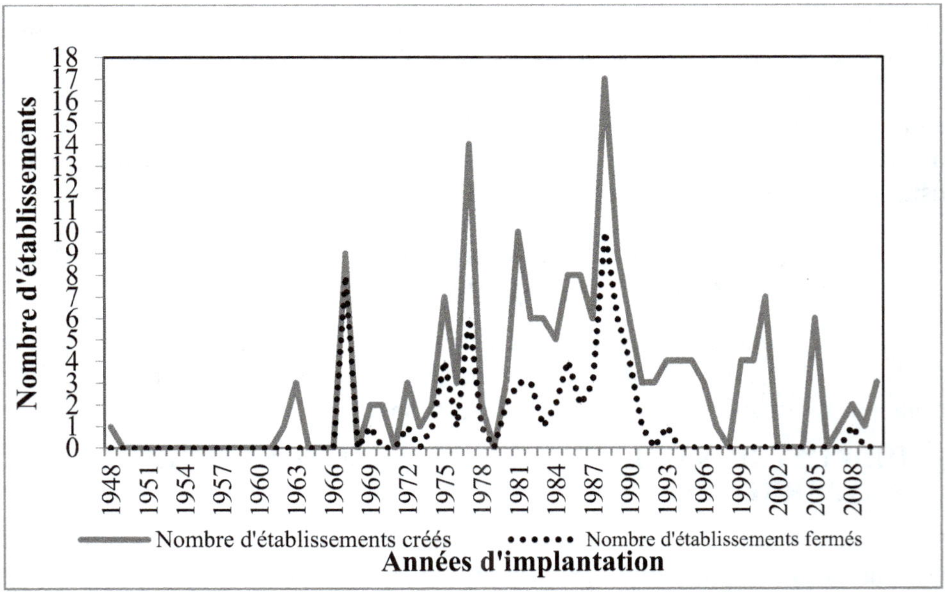

Source : INS (2010), Recensement général des entreprises (RGE), *op. cit.*, et enquêtes de terrain 2010.

Toutefois, ces débuts des années 90 sont aussi une période où l'économie camerounaise est frappée de plein fouet par la crise économique. Et celle-ci va très vite se matérialiser par de multiples fermetures d'entreprises. On peut citer, par exemple dans le cadre de Bonabéri, la Nouvelle brasserie (NOBRA), une industrie de la boisson ouverte en 1982 à Boadibo (à la limite du département du Wouri et celui du Mungo). Cette dernière réalisait, notamment, des recettes annuelles de 800 millions à 1 milliard de FCFA[166] et a pourtant dû déposer le

[165] Telles que la création des zones industrielles MAGZI, la mise en place du CAPME (Centre national d'assistance aux petites et moyennes entreprises créé par le décret n° 70/DF/7 du 20/05/1970 et Fonds d'aide et de garantie des crédits aux petites et moyennes entreprises créé par le décret n° 75/238, d'avril 1975).

[166] De 1 220 millions à 1 524 millions d'euros.

bilan en 1988, à la suite d'importants endettements. À sa fermeture, ses locaux vacants seront ensuite occupés, pour quelques années, par la société « Canada Dry » avant que cette unité ne se délocalise ensuite au profit de la zone portuaire industrielle de Bonabéri. Aujourd'hui, cet espace est une friche industrielle exploitée par des populations avoisinantes pour des cultures vivrières saisonnières.

Dans le même ordre d'idées, la Société camerounaise des engrais (SOCAME), spécialisée dans la fabrication et la distribution des engrais chimiques pour la sous-région Afrique centrale et située dans la zone portuaire, fera également faillite en 1980 pour des raisons financières, notamment avec un endettement de 1,49 milliard de F CFA (Touna Mama, 1996), et de pollution environnementale. La plupart de ces fermetures ou des reconversions industrielles ont été justifiées par les taxes élevées, la crise économique et l'étroitesse du marché. Ainsi, le long des routes Nationales n° 3 et n°5 qui traversent Bonabéri en direction de l'ouest et du sud-ouest, se succèdent aujourd'hui des entreprises abandonnées ou des sites en état de délabrement avancé. Ainsi en est-il de Ndobo (banlieue ouest de Bonabéri), où les installations de la société de fabrication de yaourts (SILAC) sont aujourd'hui encore couvertes de moisissures et de rouille, tout autant que les bâtiments ayant, jadis, abrité les processus de production des sociétés PLASTICS & CO, de SAMSUNG, de ECAMET ou de MOONTIGER, dans la zone industrielle MAGZI de Bonabéri.

De 1992 à 2010, les implantations d'entreprises sont restées fortement irrégulières à Bonabéri. Toutefois, les fermetures deviennent moins courantes et les nouvelles implantations récentes concernent majoritairement de petites entreprises dans une dynamique générale de croissance quantitative des créations de firmes, et qui témoignent de la sortie de crise de l'économie camerounaise.

III.2- UNE TRAME SPATIALE MARQUÉE PAR UNE DYNAMIQUE DÉSÉQUILIBRÉE

Le SDAU de 1983 (**Carte 4**) prévoyait à Bonabéri des espaces économiques réservés pour les futures extensions industrielles, des zones d'habitation et une zone industrielle aménagée, destinée à concentrer les établissements (surtout polluants) vers la périphérie. Ce projet est respecté et, en fonction du lieu d'implantation des établissements, certains quartiers environnants comme Bonassama, Ndobo, Boneyaka, Ngwele, Mabanda et, peu à peu, les quartiers comme Bonjongo et Minkwele, prennent aujourd'hui le qualificatif de *« quartiers industriels »*. De sorte que dans l'ensemble, l'espace industriel de Bonabéri se décline actuellement en trois zones de forte concentration d'activités industrielles (**Cartes 6 et 7**), à savoir :

- ***la zone Ngwele-Ndobo-Bepele-Minkwele*** : (à l'ouest de Bonabéri), et qui n'est ni aménagée ni équipée pour recevoir les établissements industriels. Elle concentre pourtant quelque 44% des entreprises industrielles bonabériennes et apparaît ainsi comme la première importante zone d'implantation. L'activité ici repose principalement sur les industries alimentaires avec des établissements comme NESTLÉ Cameroun, SCRM, NOSUCA, La PASTA S.A, TORRECAM, et sur les industries chimiques et cosmétiques des établissements comme FME AGROCHIMIE, Compagnie BATOULA, FAYADORT S.A, Parfumerie GANDOUR, ou encore VITAL Cosmétique;

- ***la zone MAGZI*** est, quant à elle, une zone aménagée et équipée en infrastructures. Située au sud-est de l'arrondissement de Douala IV, dans le quartier Bonassama, à la traversée immédiate du fleuve Wouri par la ville de Douala, elle concentre 39% des entreprises industrielles de Bonabéri. Celles-ci sont essentiellement des industries chimiques et métallurgiques comme ADER CAM, BOCOM RECYCLING, CIMENCAM, COMETAL... ;

- enfin, ***la zone d'implantation Sodiko-Grand Hangar-Mabanda*** concentre, de son côté, 17% des entreprises de Bonabéri. Les branches dominantes y sont la métallurgie de construction, les bâtiments et travaux publics (ou B.T.P), le long de la route Nationale N°3 et, à l'intérieur des quartiers, et l'industrie du bois avec des firmes comme ALPICAM, MÉTALUX…

Carte 6 : La dynamique spatiale de l'industrialisation de Bonabéri.

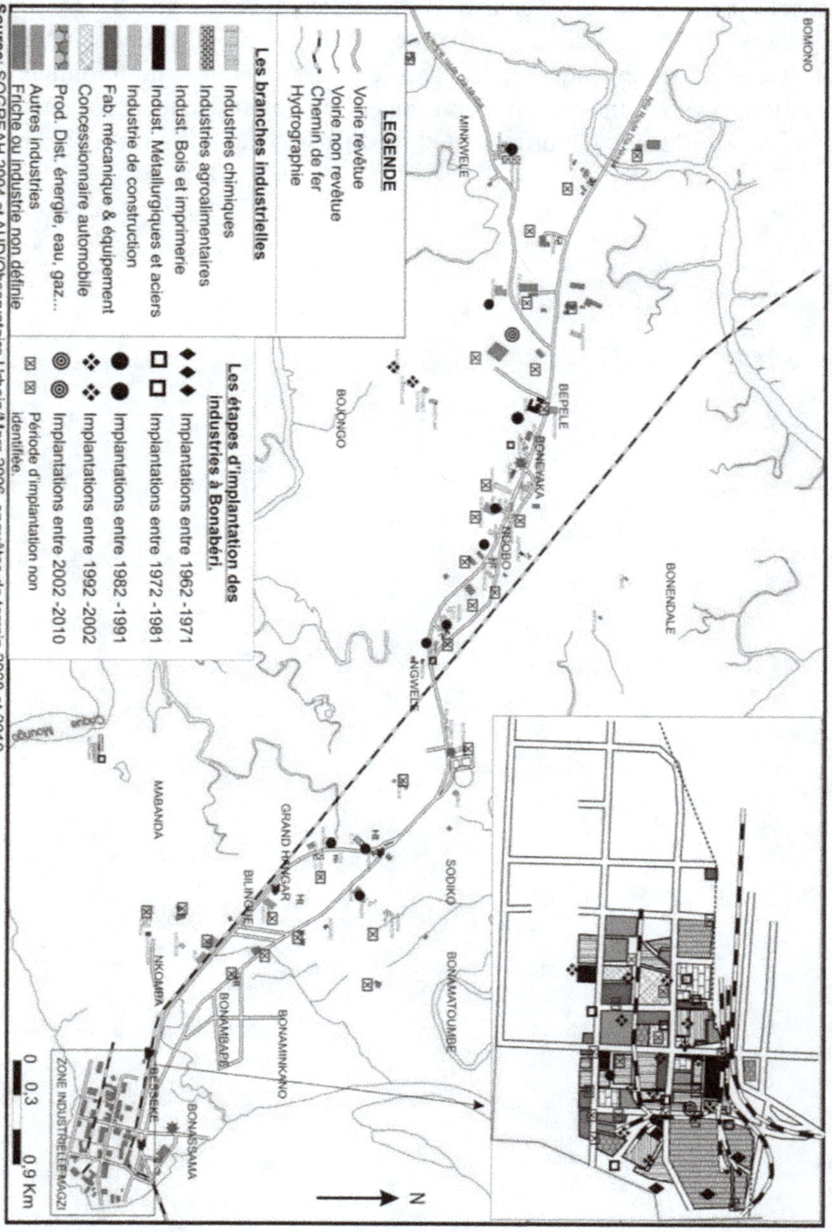

Bonabéri est ainsi passé d'un espace dominé par les activités agraires à celui où l'industrie est omniprésente. La ville affirme dès lors une «*vocation de zone industrielle* » en accueillant plus de 55 entreprises industrielles en 1982 puis quelque 128 unités en 2009 (INS, 2010) et qui s'activent aujourd'hui autour d'une multitude de branches (**Graphique 30**, *infra*).

Si bien que conçu, au départ, comme une solution de décongestionnement industriel pour Douala, Bonabéri est donc devenu un des « *poumons industriels* » (Essombè Edimo, 2007b) de la ville et, au-delà, du Cameroun tout entier. Cette position industrielle, par-delà des facteurs traditionnels de la localisation, trouve une explication dans les interdépendances territoriales génératrices d'effets de débordement et de diffusion des activités.

Carte 7: Répartition spatiale des industries selon les quartiers de Bonabéri.

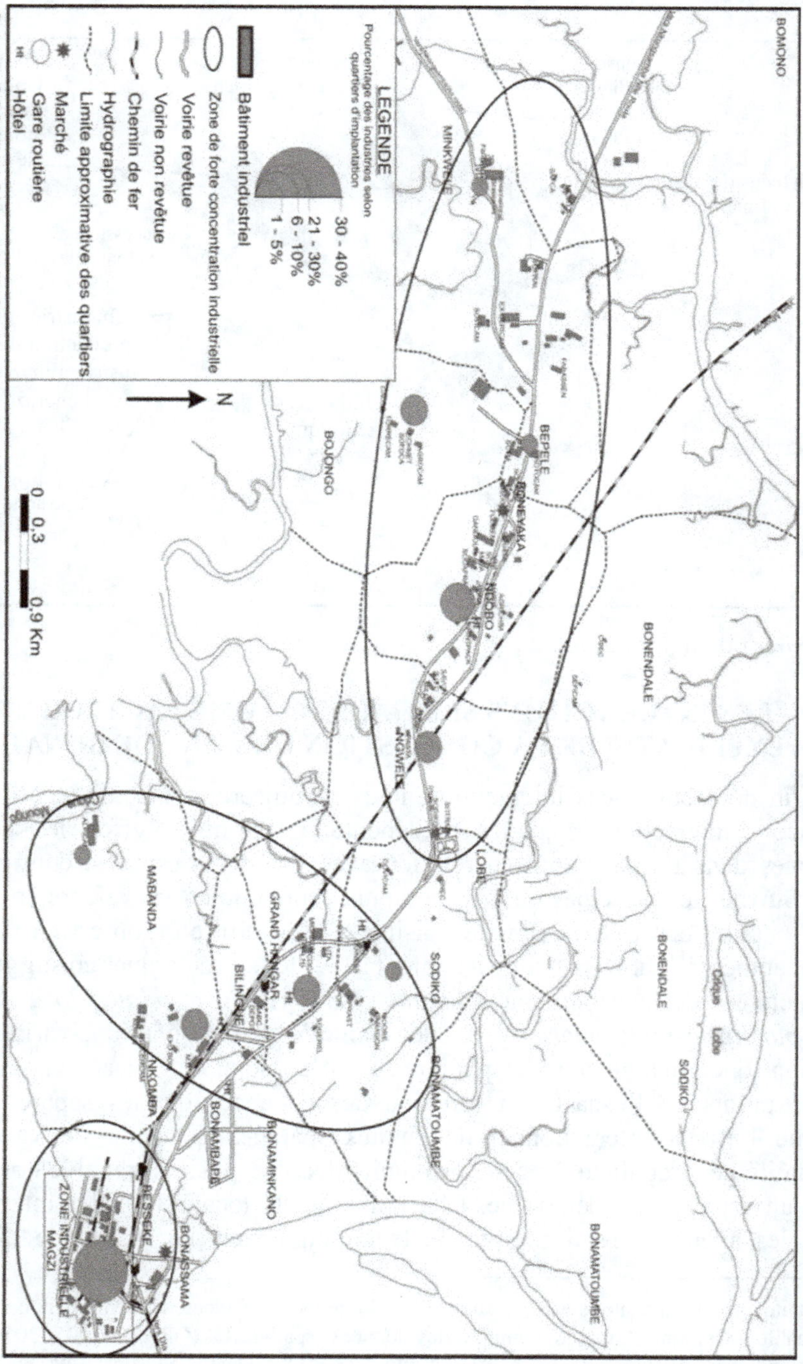

Source: SOGREAH 2004 et AUD/Observatoire Urbain/Mars 2006 et 2011.

Graphique 33 : Répartition par branche des activités industrielles à Bonabéri en 2009.

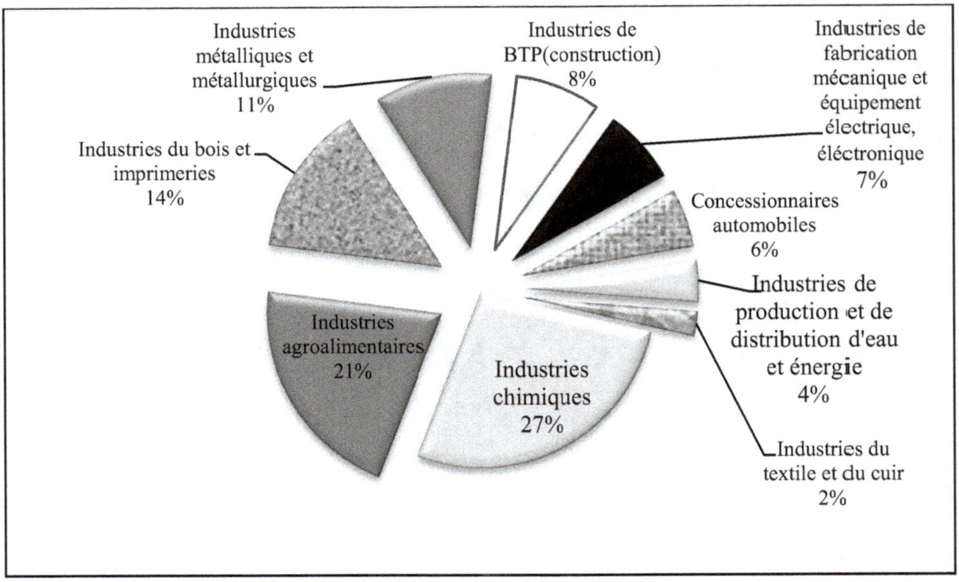

Source : INS (2010), *idem*.

IV- LES INTERACTIONS SPATIALES COMME FACTEUR EXPLICATIF DE LA CONGESTION URBAINE DE BONABÉRI

Afin de montrer ces interactions, nous mobiliserons une fois encore notre matrice d'interactions spatiales précédente. C'est qu'en effet, les activités réparties dans l'espace sont en relation avec les autres espaces, contiguës ou non. Suivant les principes de la géographie économique, les valeurs en un lieu sont fonction des valeurs dans le voisinage, c'est-à-dire qu'on est en présence d'une autocorrélation spatiale[167]. Tobler (1979) le fait remarquer en suggérant la première loi de la géographie suivante : "*Everything is related to everything else, but closer things more so*". L'idée étant d'exprimer, pour une variable, une relation fonctionnelle entre les phénomènes d'un point de l'espace vis-à-vis des autres points de l'espace, en fonction des distances qui les séparent. Cela évoque l'aspect interactionnel des unités spatiales du point de vue de la proximité géographique. Et cette proximité décrit la position relative des agents dans un espace-plan déterminé. Elle renvoie à la localisation des interactions entre les agents et rend compte de leur éloignement en termes de distance,

[167] L'autocorrélation spatiale est « la corrélation d'une variable avec elle-même (autocorrélation) attribuable à l'organisation géographique des données (spatiales) » (Oliveau, 2005, 2010, *idem*). Rappelons, par ailleurs, que la matrice d'interdépendances spatiales, ainsi que les tests de dépendance spatiale (indices global et local de Moran) des activités industrielles et de services de la ville de Douala ont été présentés dans le **Chapitre 6,** *supra*.

exprimée en fonction du temps et/ou des coûts à supporter pour la franchir (Angéon et Callois, 2005, *idem*). Une telle analyse permet donc, comme on l'a vu précédemment, la saisie de la répartition et de la diffusion des activités dans l'espace doualais, et relève par la même occasion les éléments déterminants de la congestion urbaine de Bonabéri. Les instruments utilisés pour la détermination des interactions spatiales sont la matrice de pondérations spatiales et le test de dépendance spatiale (global et local) de Moran (Anselin, 1995 ; Le Gallo, 2000, 2001, 2002 ; Oliveau 2005, 2010 ; Bourdin, 2010, 2011 ; Dube et *al,* 2011).

IV.1- MATRICE D'INTERACTIONS SPATIALES : DES RAPPELS NÉCESSAIRES ET INDISPENSABLES

Nous l'avons montré précédemment en effet[168], la dépendance spatiale est généralement modélisée grâce à la matrice d'interactions spatiales, notée *W* et qui permet de spécifier les liens spatiaux qui existent entre chaque élément de l'espace étudié. Comme noté précédemment aussi, nous utilisons la même matrice spatiale. Celle-ci représente une matrice carrée qui a autant de lignes et de colonnes que de zones géographiques. Rappelons une fois encore que la méthode utilisée pour construire cette matrice d'interactions spatiales dans la ville de Douala est celle recourant à la distance spatiale euclidienne. La distance entre le CBD[169] de chaque arrondissement est mesurée.

De façon analytique, disions-nous, $W = \begin{cases} d_{ij}^{-1}\ si\, i \neq j \\ 0\, sinon \end{cases}$ avec

$d_{ij} = \sqrt{(x_i - x_j)^2 + (y_i - y_j)^2}$ (distance euclidienne)

La matrice des distances euclidiennes entre les arrondissements de la ville de Douala, avons-nous dit précédemment, se présente ainsi qu'il suit :

$$D = \begin{pmatrix} 0 & 2,22 & 8,33 & 3,03 & 8,33 \\ 2,22 & 0 & 5,88 & 4,55 & 7,69 \\ 8,33 & 5,88 & 0 & 9,10 & 6,25 \\ 3,33 & 4,55 & 9,10 & 0 & 7,14 \\ 8,33 & 7,69 & 6,25 & 7,14 & 0 \end{pmatrix}$$

Pour sa part, la matrice d'interactions spatiales (*W*) construite à partir de la matrice *D* ci-dessus est :

---

168 *Cf.* **Chapitre 6**, *Supra.* Ce travail de présentation des interactions spatiales à Douala y étant déjà effectué, nous n'en reprenons ici que quelques éléments permettant d'éclairer le lecteur.

169 Cf. *supra.*

$$W = \begin{pmatrix} 0 & 0,45 & 0,12 & 0,33 & 0,12 \\ 0,45 & 0 & 0,17 & 0,22 & 0,13 \\ 0,12 & 0,17 & 0 & 0,11 & 0,16 \\ 0,33 & 0,22 & 0,11 & 0 & 0,14 \\ 0,12 & 0,13 & 0,16 & 0,14 & 0 \end{pmatrix}$$

Cette matrice définit l'interaction spatiale qui existe entre les différents arrondissements de la ville.

Enfin, les indices d'autocorrélation, ainsi que les différents tests de dépendance spatiale effectués sur la base de l'indice de Moran (global et local), ont été expliqués et calculés.

IV.2- TESTS DE DÉPENDANCE SPATIALE DES ACTIVITÉS DANS LA VILLE DE DOUALA

La forme de l'indice global de Moran, ses conditions d'interprétation, ainsi que sa définition comme un *Local Indicator of Spatial Association* (ou LISA), ont été posées et analysées précédemment. Seuls quelques rappels sont repris ici en vue de mettre en évidence le fait que lorsque deux variables sont géographiquement proches, celles-ci auront tendance à se ressembler, tout autant que leurs interactions seront dépendantes. Ce qui se traduit notamment par l'interdépendance en matière de distribution des activités entre les arrondissements de Douala, généralement aussi appréhendé en termes d'effets de débordement productif.

- Test global de Moran

L'indicateur de Moran global, rappelons-le, se présente sous la formule

$$I_M = \frac{\sum_i \sum_j w_{ij}(x_i - \bar{x})(x_j - \bar{x})}{\sum_i (x_i - \bar{x})^2}$$

Ce qui, on le sait, revient à calculer le rapport de covariance spatiale sur la variance entre chaque arrondissement et l'arrondissement qui peut être considéré comme (spatialement) central. Le degré d'autocorrélation spatiale global de Moran pouvant être testé en utilisant la configuration "centre-périphérie" des activités industrielles et de services dans la ville de Douala. On obtient alors :

- Test global de Moran des activités industrielles dans la ville de Douala

Un indice global de Moran des activités industrielles de la ville de Douala est $I_M = -0,0235$ et qui traduit une distribution aléatoire des activités industrielles à Douala.

- Test global de Moran des activités de services dans la ville de Douala

L'indice global de Moran des activités services de la ville de Douala est, pour sa part, $I_M = -0,7496$. Une valeur de l'indice qui montre la structure concentrique des activités de services entre les arrondissements du centre et de la périphérie. En effet, les arrondissements centraux, Douala I et Douala II, regorgent d'un grand nombre d'entreprises de services (banques, assurances, hôtels…). De même, ils concentrent les centres administratifs et de décision des entreprises industrielles installées en périphérie (Douala III, IV et V). Ce schéma est celui préconisé par la politique de localisation des activités économiques dans cette ville.

Ces résultats expliquent que la structure spatiale industrielle de la ville de Douala est distribuée de façon aléatoire, et que la dynamique des activités qui se développent dans ses arrondissements centraux a une influence négative dans celles des arrondissements périphériques et vice versa. Cette distribution aléatoire des activités naît, elle-même, du fait de la prolifération des PME (surtout les PE et TPE) dans la ville. Elles se localisent d'ailleurs, pour la plupart, en marge des dispositions institutionnelles et d'aménagement du territoire. Elles sont également, dans la majorité des cas, des firmes mono régionales (sur le même lieu d'implantation, ces firmes polarisent leur centre de décision, leurs activités de production, de stockage, de distribution et de commercialisation).

2- Pour ce qui est du test local de Moran des activités de services et industrielles dans la ville de Douala

L'indice local de Moran apporte en effet des précisions importantes sur les autocorrélations spatiales entre les différents arrondissements de la ville et permet de mieux éclairer la concentration des activités à Bonabéri (Douala IV). Les tests de Moran local et global ont déjà été effectués pour la ville de Douala, et sont présentés dans les **Tableaux 13** et **14** précédents.

Ainsi le test local de dépendance spatiale (**Tableau 12**), par exemple, montre bien que l'arrondissement de Douala IV (ou Bonabéri) est influencé par les arrondissements de Douala I et Douala II (arrondissements centraux) de 1,92 et 0,74 respectivement par les activités de services et de 1,76 et 0,57 respectivement par les activités industrielles[170]. Mais, la commune de Douala IV est également influencée par les arrondissements de Douala III et Douala V (autres arrondissements périphériques) de 0,34 et 0,46 respectivement par les activités de services et de 0,55 et 0,70 respectivement par les activités

[170] Rappelons en effet que le plan d'aménagement industriel de la ville de Douala, institué dans les années 70, dotait l'arrondissement de Douala IV d'une zone industrielle (activités de production, industries chimiques, bois, stockage, manutention). Les firmes s'y sont installées tout en localisant cependant leur siège social (centre de décision, administration) dans les arrondissements de Douala I et Douala II.

industrielles. Il apparaît entre ces arrondissements périphériques de fortes dépendances qui s'expliquent notamment par une concurrence infrastructurelle avec Douala III (commune qui dispose aussi d'une zone industrielle à Bassa et de deux centres de fabrication industrielle à St Michel et Ndokoti).Toute cette concurrence confirme aussi, et comme il a été montré précédemment, l'émergence récente de l'arrondissement de Douala V en matière de localisation industrielle du fait, entre autres, de divers « avantages différenciatifs » (Pecqueur, 2007) dont il dispose (main-d'œuvre abondante, prix accessible du foncier, ou encore la démographie galopante (environ 300 hbts/km²) pouvant être convertie en marché potentiel…).

Cependant, comme évoqué *supra*, plusieurs auteurs (Krugman 1991a, *idem*, 1991b, *idem,* et 1998, *idem* ; Catin et Van Huffel, 2003, *op. cit,* entre autres) suggèrent également que le mouvement de concentration des activités et son importance dans un espace sont garantis par l'existence d'un processus autorégulateur. En présence d'un tel processus, une agglomération d'activités, même minimale, pourrait engendrer de très fortes concentrations d'activités, mais générer également ses propres limites, en développant des *forces de dispersion*. Ce qui aura pour conséquences de freiner le processus, de limiter la taille de la concentration et/ou de favoriser de nouveaux centres de concentration (centres secondaires). À Bonabéri en effet, les mutations susmentionnées se sont désormais accompagnées d'un certain nombre de problèmes. Au point que la commune se voit désormais contrainte, à son tour, de distribuer sa «centralité» industrielle.

V- APPARITION PROGRESSIVE DES FACTEURS RÉPULSIFS

La question de la poursuite d'une activité industrielle durable se pose en effet désormais à Bonabéri, compte tenu de la persévérance d'un certain nombre d'indicateurs défavorables. Les premiers établissements industriels s'implantent à Bonabéri dans un espace très peu habité, et dépourvu d'activités de production notables[171]. Mais l'industrie étant source de développement et d'urbanisation, son apparition y a aussi généré des sollicitations diverses qui ont conduit à des modifications considérables sur les rapports de l'homme avec l'espace. De sorte qu'aujourd'hui, des interrogations liées aux perspectives de ce territoire surgissent en effet pour savoir si cet arrondissement ne serait pas devenu, à son tour, répulsif.

V.1- RÉDUCTION DES TERRAINS DISPONIBLES ET HAUSSE DU PRIX DU FONCIER

Cet ensemble d'effets résulte de l'afflux des populations à Bonabéri et de la mise en place conséquente des infrastructures et autres équipements

[171] Cf. *Supra.*

d'accompagnement à la fois, pour la population et les entreprises industrielles. L'industrie est un facteur majeur de développement des sociétés humaines. Elle contribue au renflouement du budget des États et des collectivités locales, à la création des services, à l'extension du territoire, ou encore à la distribution des biens et services, en même temps qu'elle offre des emplois et des revenus aux populations. Celles-ci affluent à Bonabéri dont la croissance urbaine est désormais extrêmement forte : en 1987, l'arrondissement nouvellement créé de Douala IV comptait 65 431 habitants (République du Cameroun, 1987) et n'était composé que de trois quartiers (Bonassama, avec la Z.I.BO[172], Besseke, et une petite partie de Nkomba). Selon les données récentes, cette population totale s'élevait à 242 821 habitants en 2005 et désormais répartis dans 17 quartiers[173]. La densité moyenne y est aujourd'hui de 8 433 habitants au km^2, pour une moyenne nationale de 41,6 habitants/km^2 en 2010 et contre une densité régionale de 141,5 hab/km^2. Les constructions incontrôlées de logements qui en résultent entrent désormais en compétition avec l'industrialisation sur des espaces fonciers auparavant pourtant réservés à cette dernière.

Les pouvoirs publics et les communes locales accompagnent ce processus par la création de services administratifs divers. Ainsi, Bonabéri a été érigé en « arrondissement de Douala IV » en 1987[174]. De même, les actions de promotion des établissements scolaires, des centres de santé et autres commerces, ou encore la délocalisation des gares routières desservant les régions de l'Ouest, du Sud-ouest et du Nord-ouest, et même le centre-ville de Douala, apparaissent comme autant de facteurs contribuant à la densification de Bonabéri et à la réduction des terrains disponibles. Si bien que, malgré l'état amphibie de la zone, de moins de 100F CFA à 150 F CFA en 1948, le prix du mètre carré de terrain est actuellement établi à 22 500F CFA au quartier Sodiko, par exemple, par la Société d'aménagement de Douala (ou SAD[175]).

V.2- L'IMBRICATION DE L'INDUSTRIE ET DE L'HABITAT

Le problème de l'imbrication de l'industrie et de l'habitat est celui qui se pose désormais avec le plus d'acuité dans cet espace. En effet, dans la zone industrielle portuaire (MAGZI), à Ndobo et à Mabanda, la population a suivi l'industrialisation. Cette situation pose le problème d'éventuelles extensions spatiales pour les établissements industriels, ainsi que celui de la circulation interne, ou encore celui de la gestion des déchets. Cette compétition entre

---

[172] Rappel Zone industrielle de Bonabéri.

[173] Bucrep (2011), « Données du 3ème RGPH : la population du Cameroun en 2010 », Yaoundé. Mais les chiffres officiels du RGPH sont vraisemblablement sous-estimés, puisque les projections démographiques de 2010 font état de 450 000 habitants pour cet arrondissement.

[174] Loi n° 87-15 du 15 juillet 1987 portant création des communautés urbaines.

[175] La SAD (ou Société d'aménagement de Douala) est en fait, la société immobilière de la communauté urbaine de Douala.

l'industrie et l'urbanisation est désormais observée à l'intérieur de la zone industrielle planifiée (**Photo 1**). De sorte qu'aujourd'hui, nombre d'établissements industriels se retrouvent pratiquement envahis par l'urbanisation anarchique. On peut noter, à cet égard, le cas des unités de production comme ALPICAM à Mabanda, EXOBOIS, KORES, ou SOCERCAM, par exemple.

Photo 1 : Insertion de l'habitat spontané dans la Z.I.BO-M.A.G.Z.I.

(A : habitat ; B : bâtiment industriel)

L'expansion urbaine pose aujourd'hui des problèmes à l'extension des établissements industriels et qu'elle étouffe de plus en plus. De même qu'elle engendre des problèmes de la circulation interne et de la gestion des déchets. En 1970, 15 unités industrielles étaient implantées à Bonabéri, tandis que l'urbanisation s'étendait dans les quartiers Bonambapé, Bonassama et Bésséké (**Carte 8**). Mais, l'urbanisation évolua très rapidement au point de consommer, outre les zones inconstructibles, les espaces auparavant attribués à l'industrialisation. Il en résulte des conflits courants entre ces entreprises et la population au sujet de la pollution environnementale, des problèmes de santé et d'occupation de terrain. Autant de désagréments que l'altitude faible du relief et le mauvais fonctionnement des drains (qui exposent la ville aux inondations permanentes) aggravent.

À Bonabéri, comme dans toute la ville de Douala, par ailleurs, l'économie formelle, moteur du développement, est généralement « *freinée par des facteurs d'ordre général, mais aussi par la vétusté des infrastructures techniques et logistiques : le système des transports n'a guère évolué depuis des décennies (.. .), par la vétusté des infrastructures ferroviaires, par les congestions permanentes des axes routiers dans l'agglomération (...), la médiocrité du cadre urbain et des conditions de fonctionnement des services urbains (transports par exemple)* » (CUD, 2009, p. 16). À cela il faut ajouter les difficultés administratives, la fiscalité élevée, la contrebande, l'exigüité du marché national et la concurrence des produits étrangers (d'origine chinoise ou nigériane) qui perturbent les potentialités des industries locales. Autant de facteurs qui contribuent à entraver le fonctionnement des unités de production industrielle dans l'agglomération, ainsi que dans l'espace bonabérien (CUD, 2008, *idem*).

Carte 8 : La compétition spatiale entre l'industrie et la croissance urbaine.

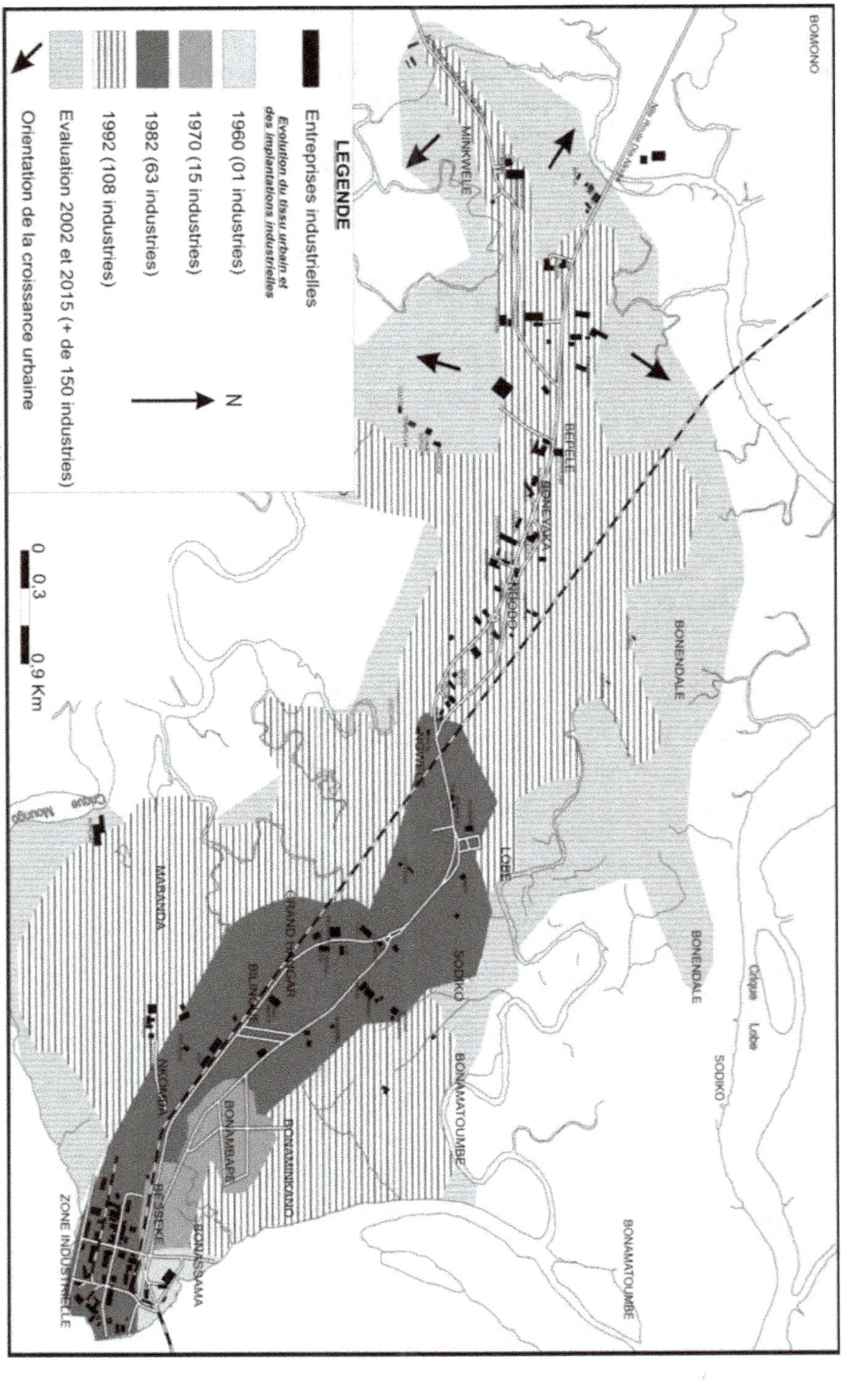

Source: CUD, Novembre 2008, enquêtes de terrain 2011.

V.3- PROBLÈMES ENVIRONNEMENTAUX ET DES VOIES DE COMMUNICATION

À Bonabéri, les atteintes environnementales du fait des industries sont de plus en plus nombreuses (pollution du milieu, c'est-à-dire dégradation du milieu naturel par les substances chimiques, les déchets solides industriels ou ménagers, les nuisances sonores et olfactives entre autres) et constituent autant de risques de santé pour les populations riveraines. On peut retenir, par exemple, à Bojongo et à Mabanda, des déchets de bois ou des résidus de papeterie jonchant les abords des routes, des drêches des brasseries agglutinées à même le sol, ainsi que des eaux résiduaires de forte température (41°C) coulant à l'air libre et qui sont issues de l'usine FERMENCAM à Minkwèle. On peut tout aussi bien relever le cas des unités chimiques et de transformation du bois (CIMENCAM, ADER, GANDOUR, ALPICAM, ..) qui renvoient de la poussière et des fumées dans l'air, et dont la pollution se trouve aggravée par la pratique courante des incinérations des déchets solides à l'air libre.

Au total, le rétrécissement de l'espace foncier disponible, tant pour les industries que pour une population locale dont la croissance s'est largement accélérée au cours des dernières décennies, a désormais instauré une vive compétition pour la consommation de l'espace. L'absence du suivi de la planification urbaine aidant, des logements spontanés et anarchiques encombrent aujourd'hui des terrains industriels au point d'entraver l'expansion des entreprises dont, par ailleurs, les externalités environnementales (déchets, nuisances…) se font de plus en plus prégnantes. Autant de facteurs qui, comme hier pour le centre de Douala, tendent à déconstruire « *l'attracti-compétitivité* [176]» territoriale de Bonabéri à l'heure de l'économie globale, et posent avec acuité la problématique du décongestionnement de cet espace de production suburbain.

[176] Expression initiée par Essombè Edimo (2008), « Douala et l'attractivité territoriale en zone CEMAC à l'heure de l'économie globale », in Revue *ENJEUX,* n°34-35. Issue à la fois, de *la compétitivité* (capacité des entreprises et des territoires à conquérir des marchés) et de *l'attractivité* (aptitude des territoires à attirer les investissements et la main-d'œuvre qualifiée et à les conserver), cette contraction aura été utilisée par l'auteur pour signifier que dans une économie globalisée comme celle de ce début du siècle, l'attractivité et la compétitivité territoriales vont de pair, et imposent désormais aux territoires de construire et de sauvegarder leurs avantages compétitifs pour espérer attirer les investissements sur leur sol.

Chapitre 9

QUELLES RÉPONSES INSTITUTIONNELLES ?

S'adapter encore et toujours…

« Tout arrive par les idées. Elles produisent des faits qui ne leur servent que d'enveloppe »,
FRANÇOIS-RENE DE CHATEAUBRIAND

I- QUE SAIT-ON DÉSORMAIS SUR LA LOCALISATION DES ENTREPRISES À DOUALA ?

En matière de localisation des firmes à Douala, et dont la plupart sont des PME, quelques enseignements peuvent à présent être retenus de façon certaine. À leur manière, d'ailleurs, ils traduisent les caractéristiques saillantes de la dynamique entrepreneuriale locale. Et l'on peut difficilement continuer à les ignorer dans les stratégies de planification urbaine à Douala. Ainsi, il est désormais clairement établi :

- l'existence d'une forte dépendance spatiale entre les arrondissements centraux et les arrondissements périphériques (Douala III et Douala IV), en matière de localisation des entreprises ;

- l'émergence de Douala V comme nouveau centre de production : avec, certes, des délocalisations encore limitées des usines des communes centrales vers cet arrondissement périphérique, et une activité entrepreneuriale encore largement dominée par des PME mono régionales ;

- l'existence de fortes ressemblances entrepreneuriales entre les arrondissements de Douala III et Douala V ;

- la confirmation de Bonabéri (Douala IV) comme « zone de désengorgement industriel » de la ville (en industries et en services). Toutefois, cet arrondissement apparaît lui aussi aujourd'hui congestionné. De sorte que la pérennité de l'activité industrielle et le bien-être des populations riveraines se dressent désormais ici comme un défi à relever pour la compétitivité de ce centre de production.

II- LES RÉPONSES INSTITUTIONNELLES ACTUELLEMENT ENVISAGÉES

Dans le cadre du renforcement de l'attractivité de la ville l'exécutif municipal, comme nous l'avons vu précédemment, a fait procéder à une importante étude sur la « *stratégie de développement de la ville de Douala et de son aire métropolitaine (ou CDS) : horizon 2025* » en 2008. Les conclusions de celle-ci ont ensuite servi de membrane nourricière pour l'élaboration du « *Plan de directeur d'urbanisme de Douala à l'horizon 2025* » (ou PDU), et qui a été publié en 2012.

Dans une analyse de très bonne facture et sans concessions, le CDS de 2008 propose d'abord un diagnostic assez élaboré de l'économie de la ville. Puis, intégrant à la fois les insuffisances des réalisations infrastructurelles qui avaient été envisagées dans le document de cadrage de l'action urbaine qui datait de 1983 (ou le SDAU) et les impératifs occasionnés désormais par l'accélération de la mondialisation, ou encore la croissance urbaine et le développement de la pauvreté entre autres, le PDU de 2012 énonce alors les « défis » majeurs à relever pour la ville, ainsi que des actions importantes à réaliser plus spécifiquement pour l'aménagement industriel. Dans le cadre de notre démarche, trois de ces actions retiennent particulièrement l'attention. Pour la ville, elles se déclinent de la manière suivante :

1- Aménager un «Central Business District» (ou CDB) à Douala I : « *L'objectif du CBD de Douala est d'offrir, aux entreprises et à la population, un complexe intégré de qualité architecturale et urbanistique élevée réunissant dans le même ensemble construit et aménagé des résidences, de l'immobilier de bureau, des commerces de haut standing, des hôtels, des services aux entreprises et un centre de réunion et de congrès capable d'accueillir des rencontres au niveau national et international...* » (p. 161). Dans la foulée, il a été proposé une justification assez instructive du CBD (**Encadré n°1**).

2- L'aménagement d'une « zone logistique et industrielle » à Douala I, en bordure du port, mais débordant cet arrondissement jusqu'à l'aéroport (Douala III), en passant par Douala II (Bonapriso-Youpwè/Bois des singes). Plus exactement, « *située dans la continuité du domaine portuaire (ladite zone) borde le domaine aéroportuaire avec ouverture sur la Crique du Docteur et la Dibamba* » (**Carte 6**). Il s'agirait alors d'une zone exclusivement dédiée « *aux activités logistiques (entrepôts, dépôts, magasins, groupage et dégroupage, transports, etc.), aux services logistiques et étroitement liés à ces activités (transitaires, transporteurs, assurances, banques) et aux activités industrielles en relation avec la fonction logistique (conditionnement, fabrication de palettes, d'emballages, entretien et vente de matériel de levage et de véhicules,* *etc.) et secondairement aux services nécessaires au personnel et aux visiteurs de la ZLI (restauration, centre de vie, infirmerie, sûreté et sécurité)* » (p. 239).

Et, comme pour le « CBD » précédent, la mise en place de la zone logistique industrielle sera largement argumentée (**Carte 9** et **Encadré n°2**).

3- Enfin, il est envisagé un accroissement de l'offre en zones industrielles, et la création des zones d'activités aux portes de la ville. À cet effet également, trois principales zones nouvelles ont été proposées (pp. 184/85) :

- une zone à l'entrée est : couvrant 670 ha, et qui comporte actuellement deux sites, respectivement de 420 ha et de 220 ha ;

- une seconde à l'entrée ouest : couvrant 750 ha, et

- une troisième au sud de la ville, au contact du port, de l'aéroport et du centre-ville. Avec une superficie de 180 ha, elle se situerait alors dans la stricte continuité de la zone portuaire actuelle.

Carte 9 : Aménagement suggéré et desserte d'une plate-forme multimodale au contact du port et de l'aéroport.

Source : CUD (2012), « *Le PDU à l'horizon 2025* », *op. cit*, Douala, p. 140.

Encadré 2 : Justification du projet de CBD.

En tant que capitale économique du pays, la ville de Douala doit se doter des moyens nécessaires pour redynamiser son centre et son niveau d'infrastructures afin de conserver sa compétitivité au niveau régional. Force est de constater que la ville manque cruellement d'une zone urbaine centrale de niveau international, comparable à celles qui sont offertes dans des villes comme Dakar, Abidjan, Nairobi, et même dans des villes plus petites (Ouagadougou). Les milieux économiques se plaignent d'un cadre urbain médiocre, sans aucun cœur prestigieux dans lequel ils pourraient loger leurs bureaux et accueillir « dignement » leurs partenaires d'affaires. Les autorités déplorent l'absence d'un lieu qui permette d'accueillir des congrès ou réunions de niveau régional ou international et d'héberger des manifestations culturelles d'une certaine importance. Enfin, on peut regretter l'absence d'un lieu symbolique de l'Autorité urbaine où pourraient se regrouper les grands bâtiments publics (Hôtel de ville, Gouvernorat, Administrations), mais également des banques, de l'immobilier de bureau, des hôtels et des logements de haut standing dotés d'équipements de loisirs et de distractions dignes d'une capitale à l'échelle de la sous-région.

Une telle zone centrale est un préalable indispensable à l'installation du siège de grandes sociétés et d'institutions internationales. C'est pourquoi il est maintenant important de reprendre un projet, sur des bases réalistes et de réaliser une opération d'urbanisme réussie, même si dans une première phase, elle devait rester « d'ampleur modeste ».

Il faut ajouter à ces arguments le fait que, si les grands projets prévus dans l'étude « Cameroun 2035 » se réalisent, ce qui paraît être le cas déjà pour le port en eau profonde de Kribi, Douala verrait son trafic portuaire baisser, et surtout, tout le trafic de transit entre l'arrière-pays et l'international se détourner progressivement vers le port en eau profonde (aluminium, fer, bauxite, etc.). L'expérience montre que ces détournements de flux ne se font pas rapidement, et que l'inertie des investissements impose généralement une assez grande continuité aux activités économiques. Il n'en restera pas moins que, dans cette perspective, Douala devrait développer une stratégie pour attirer ou maintenir à Douala les services tertiaires liés à ces grands projets (directions, stratégie, comptabilité et services financiers, bureaux d'affaires internationaux, etc.). Or, cette transition vers des activités tertiaires « de commandement » des entreprises ne pourra réussir que s'il existe un quartier des affaires de niveau international (qui fait encore défaut dans la ville) et si les conditions de vie des hauts cadres expatriés ou nationaux sont rendues plus attractives. Le CDS est une pièce essentielle pour amorcer la création d'un centre d'affaires compétitif.

Source : CUD (2012), Le PDU de Douala, *op. cit*, p. 140.

Encadré 3 : Justificatif de la « Zone logistique industrielle ».

L'agglomération de Douala doit sa croissance et son rayonnement économiques à sa fonction logistique ; interface quasi unique entre les transports maritimes et terrestres pour le Cameroun, le Tchad, la RCA et une partie du Congo.

Cette fonction est actuellement exercée dans des conditions plutôt difficiles avec des équipements et des infrastructures partiellement désuètes. Les inconvénients de cette situation sont énumérés dans le rapport sur le diagnostic, à savoir :

• encombrement de la zone portuaire, en partie parce que les magasins servent de dépôt durable à certaines entreprises d'import et export, incapables de trouver en ville des terrains et des bâtiments appropriés à ces activités ;

• mauvaises conditions de stockage dans et hors du port ;

• encombrement des réseaux du centre-ville et des accès aux zones industrielles par un trafic lourd, y compris des conteneurs qui n'ont pas leur place sur des réseaux urbains ;

• parcage et chargement des camions TIR dans des conditions inadéquates (sur des terrains vagues) le long de l'axe lourd (surtout à l'entrée est, et souvent dans le centre urbain) ;

• faible développement des activités logistiques proprement dites (conditionnement, groupage et dégroupage des envois, recherche des meilleures chaînes et filières logistiques). Ces activités sont réservées aux grandes entreprises qui les organisent pour leurs produits, mais sont encore élémentaires et coûteuses pour les moyennes entreprises, qui les organisent elles-mêmes de façon peu professionnelle.

Ces défauts ont été occultés pendant un certain temps parce que les entreprises souffraient de contraintes encore plus importantes, mais elles pèsent assez fort sur la compétitivité (une étude de la Banque mondiale montre que le coût de livraison d'un conteneur venant d'Europe et livré en ville de Douala (hors du port) est comparable au coût vers Ouagadougou, capitale enclavée et éloignée des ports). Il y a donc un fort gain de compétitivité à réaliser en rationalisant les opérations de logistique sur un site adéquat, spécialisé, adapté aux techniques modernes de conditionnement et de manutention et disposant des équipements de télécommunications nécessaires à l'optimisation de la fonction logistique internationale.

Une ville port comme Douala, doublée de la principale zone de production industrielle du Cameroun, devra disposer dans 5 ans, d'une plateforme logistique compétitive. Une telle plateforme n'est pas simplement un terrain réservé et doté d'infrastructures minimales, mais une zone d'activité spécialisée, disposant d'un équipement *ad hoc*, et faisant l'objet d'une gestion centralisée pour toutes les fonctions qui peuvent être « mutualisées » (entretien, gestion des infrastructures communes, voirie interne, éclairage, assainissement, nettoyage, sécurité incendie et accidents chimiques, gardiennage, promotion et publicité institutionnelle, extension, location de matériel et de bâtiments, mise à disposition temporaire d'entrepôt sous forme de location de courte durée ou prise en charge par des entreprises privées spécialisées de produits demandant des conditions de stockage spécifiques, fourniture de services, entretien maintenance du matériel des autres entreprises, réparation de véhicules, et de matériel de manutention). Une zone logistique moderne n'est donc pas seulement un site avec des infrastructures banales, mais une véritable entreprise de fourniture de services. C'est pourquoi il s'agit par excellence d'une entreprise qui devrait être réalisée en partenariat public-privé (PPP).

Depuis la rédaction de ce texte, en 2009, l'option de réaliser le port en eau profonde de Kribi a été prise et le chantier est lancé. Il est donc probable que, dans 5 ans, une grande partie du trafic arrivant à Douala, pour alimenter sa population et ses industries, sera débarquée à Kribi et parviendra dans la métropole économique par voie de terre depuis le port en eau profonde (axe lourd et voie ferrée). Le volume sera peut-être moins important, car les exportations venant de l'arrière-pays seront dirigées vers Kribi depuis Edéa. En revanche, si on veut éviter la lente asphyxie des activités industrielles de Douala, il est important que la chaîne logistique reliant la ville au Cameroun et au port de Kribi soit fortement améliorée, car la situation de monopole, dont la ville jouit encore aujourd'hui, aura disparu.

La construction du port de Kribi imposera donc une amélioration de la compétitivité de toute la chaîne logistique vers et à partir de la ville. Les surcoûts et les retards, qui sont aujourd'hui compensés par la situation de monopole, ne seront plus acceptables, car ils grèveront directement la capacité concurrentielle de la ville face à Kribi.

Source : CUD (2012), « *Le PDU de Douala à l'horizon 2025* », *op. cit*, p. 170.

III- QUELLES LEÇONS EN TIRER ?

Dans l'ensemble, si les solutions proposées (CBD, ZLI, ..) demeurent assez éclairantes, elles ne semblent toutefois pas pouvoir résoudre les problèmes spécifiques de localisation en termes de besoins en zones d'activités aménagées dans l'intérieur des autres arrondissements. Un besoin criant et de plus en plus vécu à Bonabéri, par exemple, avec un engorgement « industriel » patent, et qui y a généré l'apparition et l'exacerbation des problèmes occasionnés par cette congestion.

De son côté, Douala V apparaît comme un espace industriel émergent. Rien pourtant n'est prévu en termes de réserves foncières pour des aménagements industriels adaptés aux entreprises qui, de plus en plus, s'y installent. Or, comme le montrent les analyses (INS, 2010, *op. Cit*) et les études empiriques précédentes, la grande majorité des firmes doualaises est constituée de TPE. De sorte qu'en termes d'aménagement urbanisme, on aurait pu penser à la constitution ou à la création, en parallèle, des « zones d'activités » par arrondissement ou en bordure des différentes communes de la ville.

En fait, face à des méso-problèmes intra-communes, les réponses projetées semblent essentiellement macro-dimensionnées. Des restructurations envisagées le sont pour la ville dans son ensemble. Celles-ci sont supposées générer ensuite des « effets d'entraînement » devant permettre la résolution des problèmes intra-communaux en matière d'aménagement industriel. Une telle approche en termes de « poulie principale » et de « poulies secondaires [177]» paraît, à tout le moins, curieuse à plus d'un titre :

1- Les analyses précédentes ont montré que les localisations des entreprises à Douala ne se font pas uniquement en considération des calculs économiques. Même s'il y a aujourd'hui des firmes qui décentralisent leurs activités dans d'autres arrondissements. À Douala V, par exemple, la grande majorité des entreprises ici est dominée par des firmes mono régionales et, surtout, qui œuvrent à la satisfaction des besoins des ménages (ou des consommateurs) de proximité ;

2- Les cas des engorgements actuels de Douala IV (Bonabéri) et de Douala III (Bassa) semblent insister sur la nécessaire mise en place, parallèlement aux réponses infrastructurelles prévues, des réserves foncières pour un aménagement des zones d'activités en bordure immédiate des communes. Ce qui permettrait de répondre aux besoins de « l'industrialisation de proximité » et de l'encouragement des systèmes productifs localisés à la lisière de celles-ci. Sachant, par ailleurs, que l'engorgement actuel des zones industrielles est également dû à l'urbanisation spontanée. Comme à Bonabéri où, désormais, il existe une concurrence larvée entre l'industrie et l'habitat. Ici d'ailleurs, la compétition « *entre l'industrie et l'urbanisation est désormais observée à l'intérieur de la zone industrielle planifiée. De sorte qu'aujourd'hui, nombre d'établissements industriels se retrouvent pratiquement envahis par l'urbanisation anarchique* » (Essombè Edimo et Ngo Balépa, 2013, *op. cit*, p. 69) ;

3- En outre, comme le suggèrent les phénomènes de dépendance spatiale ci-dessus (**Tableaux 12** et **13**, *supra*), même le désengorgement intra-muros des entreprises à Douala semble se dérouler selon une logique linéaire, partant de Douala I à Douala II, puis de ce dernier vers Douala III, et ainsi de suite, accompagnant au passage un processus de dilatation de la ville ;

4- Parallèlement aux solutions envisagées donc, ces réserves foncières pour aménagement industriel de proximité eussent été capitales aussi parce qu'avec un taux de croissance de 6,4% par an, l'on prévoit qu'en 2025, la ville aura largement débordé ses limites administratives. Or, même si le PDU de 2012 prévoit « *d'augmenter l'offre en zones industrielles et zones d'activités aux portes de la ville* » (p. 184), il reste flou quant à la notion même de « portes de la ville ». En outre, ces zones d'activités ne sont ni explicitées ni spatialement localisées. Or, les dynamiques ci-dessus décrites par les entreprises en matière de

[177] Par référence à l'analyse des « pôles de croissance », jadis, théorisés par F. Perroux (1955).

localisation à Douala militent aussi et surtout pour une politique en faveur de la mise en place, sinon d'une offre des zones industrielles par arrondissement, du moins pour la création des zones d'activités soit en bordure, soit dans l'intérieur de chacune des communes de la ville. Dans certains cas d'ailleurs, il n'eût point été de trop de penser également en termes de « jardins d'entreprises» pour une action complémentaire. Partout dans le monde, la réflexion sur les localisations industrielles en milieu urbain conduit à déterminer avec exactitude les causes et les conséquences de cette dynamique, en vue d'une meilleure intégration de l'industrie dans les villes. Et l'on insiste, à chaque fois, sur la nécessité de la promotion d'une nouvelle politique d'aménagement des espaces urbains où le secteur secondaire trouverait sa place à travers, par exemple, la construction de petits parcs d'activités (Schoumaker, 1977, entre autres). Il apparaît ainsi la nécessité d'une gouvernance formulant des politiques en termes d'acteurs et d'échelles, en vue de promouvoir dans chaque cas des solutions d'équité et d'efficacité.

À cet égard aussi, l'exemple de « l'usine pilote » du GICAM[178] à Bonabéri (Douala IV) eût pu également être l'occasion d'une réflexion approfondie et de l'intégration des « *jardins d'entreprises* » pouvant ensuite être accompagnés dans une démarche globale de mise en place d'une dynamique de véritables « systèmes productifs localisés » ou de clusters par exemple. D'autant qu'avec l'avènement prochain du port en eau profonde de Kribi, notamment, un certain nombre d'activités de transformation (produits primaires, filière bois, agroalimentaire,..) se déplaceraient dans cette ville. Douala se devrait donc de penser à une diversification accrue de son industrie et qui intègrerait le tertiaire supérieur et la finance nationale et internationale, par exemple. Là encore, le PDU demeure aphone pour l'aménagement urbanisme conséquent. Adieu, la « *City de Londres* » ! Pour ne citer que cet exemple.

5- On le sait aujourd'hui en effet, les retournements spatiaux ayant succédé à la crise du fordisme ont permis, la mondialisation aidant, de (re)découvrir le territoire et de lui accorder une place importante dans le développement économique. Dès lors, celui-ci n'est plus considéré comme un simple support des facteurs de localisation, mais bien plus comme un acteur possédant des modes de régulation et d'organisation spécifique (Savy et Veltz, 1995), et que les firmes intègrent dans leurs stratégies d'investissement. Cette nouvelle dimension spatiale du développement va d'ailleurs relancer le rôle de la proximité des acteurs dans la construction des territoires et de leurs ressources (Pecqueur, 2005,

[178] Groupement Interprofessionnel du Cameroun c'est-à-dire, la principale organisation patronale du pays.

op. cit). De sorte que l'on admet que deux types de proximités interviennent généralement dans la construction des territoires, à savoir :

- la proximité géographique : qui décrit la position relative des agents dans un espace plan déterminé, et renvoie à la localisation des interactions et de coopération entre les agents. Elle rend compte de leur éloignement et se mesure en termes de distance exprimée en fonction du temps et/ou des coûts à supporter pour la franchir. Mais également de,

- la proximité organisée : et qui, pour sa part, identifie l'espace de rapport des individus. De ce point de vue, les acteurs proches sont ceux qui appartiennent au même espace de rapport et entre lesquels s'établissent des interactions de nature différente. Elle renvoie également à l'espace de représentation des individus (sont désignés comme proches des acteurs qui se ressemblent et qui partagent le même espace de valeurs et de règles, de modèles de pensée et d'action).

Or, cette notion de proximité constitue le principal catalyseur d'une construction de ressources territoriales. Simplement parce que pour que celle-ci puisse être effective, il faut non seulement que les firmes soient géographiquement proches, mais aussi que de nouvelles formes de gouvernance permettant la coopération des différents acteurs situés soient mises sur pied. Dans ce contexte, si l'aménagement des zones industrielles représente bien un moyen pour faire émerger la première forme de proximité qu'est la proximité géographique, l'existence du second type de proximité va, pour sa part, dépendre de la capacité des entreprises installées dans la zone industrielle à pouvoir s'organiser et coopérer avec les autorités locales, notamment, à travers leur levier de développement territorial qu'est l'Agence de développement. Car comme le rappelaient avec pertinence Pecqueur et Zimmermann (2002), le fait que deux agents soient voisins n'implique pas nécessairement une meilleure coordination.

Dans le cadre d'une politique d'attraction des investissements et des compétences, la globalisation ayant désormais mis en place un « marché des territoires », ces derniers sont plus que jamais en concurrence. De sorte que les collectivités locales ont désormais intégré deux logiques dans leur stratégie de compétitivité : une ascendante et une descendante. L'ascendante est principalement menée au travers (ou en coordination étroite) avec des acteurs d'un nouveau type (Agences de promotion industrielle, Agence de développement, cabinets-conseils…), en vue de la mise en œuvre d'une politique de développement local de l'industrialisation [179]. Il s'agit donc dorénavant pour l'agence de développement, par exemple, de produire des

[179] Par temps de mondialisation, à vrai dire, cette action consiste de par le monde à promouvoir le développement local des nouvelles configurations spatiales de la production industrielle (SPL, clusters,…).

conseils et d'être une force de proposition d'actions concrètes en vue de favoriser l'industrialisation locale (mesures idoines de fiscalité locale, d'aménagement...), mais aussi d'être le bras séculier de l'action directe de ce développement industriel (concevoir et proposer des structures d'accompagnement pour les entreprises...).

Tout autant que, dans le cadre de la démarche descendante de la politique territoriale d'attractivité, il s'agira de mettre en œuvre l'action de prospection et de promotion au service des objectifs du développement industriel local (marketing territorial sur base d'un diagnostic SWOT, élaboration d'une politique de développement local des entreprises, définition d'un programme de prospection et réalisation des instruments promotionnels y afférents...). Or, comme le reconnaît assez justement encore le PDU de 2012 pour Douala (p. 12), « *Les grands projets de développement (en cours) notamment portuaires et industriels à Kribi et à Limbé incitent à repenser la gouvernance à l'échelle de la région métropolitaine de Douala. Dans cet esprit, il est suggéré de mettre en place une Agence spéciale de développement à l'échelle de la Région dont les missions seraient à la fois de mettre en cohérence la programmation des grands chantiers et de les mettre en œuvre, en relation étroite avec les collectivités territoriales impliquées* », on peut se demander quel est exactement le rôle de la seule agence locale actuelle de développement du pays, à savoir « l'Agence de développement de Douala » (ou A2D).

Sa configuration en tant que véritable outil de positionnement ou, tout simplement, cheville ouvrière du développement de la ville tarde à se dessiner. Alors qu'elle aurait pu, de ce fait, disposer d'un savoir-faire qui aurait été d'un grand apport pour la promotion de l'*agence spéciale* ici envisagée à l'échelle régionale. Malheureusement, l'A2D brille par le vide à la fois de son contenu et de son action, notamment en matière d'ingénierie territoriale. Alors même qu'il s'agit d'un instrument qui, sous d'autres cieux et par temps de mondialisation, a pour mission première de produire des prestations d'ingénierie du territoire (audit de la compétitivité, positionnement de la ville, accompagnement dans l'implantation des firmes...). De toute évidence, ce n'est donc pas demain la veille que l'A2D s'attèlera à sa glèbe territoriale à Douala. Quel gâchis !

En fait, le PDU de 2012 aurait également pu être l'occasion de faire rentrer la ville dans une véritable ère de développement territorial. Et, comme le note avec pertinence Landel (2007), partout ailleurs celui-ci se caractérise aujourd'hui par :

- une ouverture des marchés, et qui impose dorénavant aux territoires de se construire des politiques de compétitivité ;

- la création de nouveaux systèmes de gouvernance qui intègrent d'autres acteurs. Le territoire ne devrait plus être le monopole de l'État ou des seuls acteurs politiques. Car d'autres acteurs d'origine économique, sociale ou environnementale le réclament pour résoudre leurs problèmes ;

- les acteurs locaux qui visent désormais la création de ressources territoriales : un processus qui passe par la mobilisation de ressources spécifiques et à partir desquelles les acteurs des territoires vont rechercher une compétitivité par la différenciation, grâce à des qualités spécifiques en parallèle à une mobilisation systématique des patrimoines et identités locales.

Dans ce contexte également, à moins de vouloir décourager la dynamique entrepreneuriale locale, dont on sait qu'elle est désormais non négligeable dans la plupart des communes de la ville, il apparaît indispensable de la mieux observer dorénavant. De manière sinon à en anticiper les besoins (fonciers...), du moins à être capable de l'accompagner. Au risque de s'entendre dire, comme sous d'autres cieux, « qu'elle a déjà donné. Et elle n'a toujours pas été livrée ». Plus que jamais donc, à Douala aussi, l'exécutif municipal est mis « *au défi d'agir efficacement dans une conjoncture incertaine* » (Bailly, 1999, p.272).

CONCLUSION GÉNÉRALE

Comme l'observait encore l'ONUDI (2009, p. iv) «*L'une des caractéristiques les plus frappantes du processus de mondialisation a été le déplacement rapide de la production industrielle des pays développés vers les pays en développement, s'appuyant sur certaines évolutions, dont la décision des sociétés transnationales de spécialiser la production, la mise en place de chaînes d'approvisionnement internationales et la libéralisation des échanges. De ce fait, le processus de production a pu être divisé en étapes, les divers éléments et services pouvant être externalisés – et souvent confiés à des pays en développement bénéficiant d'avantages compétitifs. Là où ce processus a réussi, ce qu'on appelle le "commerce de tâches" qui en a été le corollaire a eu un impact spectaculaire au niveau de la croissance économique et commerciale, de la réduction de la pauvreté et du progrès social ».* La mondialisation est donc loin d'être un « vase clos ». Et il y a bien des pays qui en bénéficient grâce à la mise en place des avantages construits. Ce qui leur permet, par le truchement de transferts des investissements, de participer au « commerce des tâches » aujourd'hui largement dessiné par le processus international de la fabrication industrielle.

Les territoires rivalisent désormais pour intégrer, grâce aux investissements, la chaîne internationale de production et, par là même, ledit « commerce des tâche s» est désormais devenu la pierre angulaire de l'économie mondiale. De ce fait, il s'est créé un marché des territoires. Et, comme sur tous les marchés, celui-ci vit au rythme de l'offre et la demande. Il y a bien désormais des territoires qui « gagnent » (Benko et Lipietz, 1992), et qui conjuguent des avantages concurrentiels divers, dont l'existence en leur sein des ressources construites. Tout comme, il y a également des espaces qui « perdent ».

Pour ce qui est de la ville de Douala, plus précisément, au-delà de tous débats théoriques, la localisation des activités industrielles s'y conjugue aujourd'hui avec une dilatation spatiale de la ville. Selon un schéma désormais bien établi, à savoir que les usines se logent de plus en plus en périphérie. Alors que le centre en abrite les sièges. Dorénavant aussi, polarisation et fragmentation de la localisation des entreprises (industrielles et de services) à Douala se retrouvent organisées sur deux niveaux : les grandes firmes (internationales, nationales et transnationales et, surtout, les sièges des entreprises de toute sorte) au centre, et les usines (internationales, transnationales et mono régionales) en périphérie. Tout le problème est désormais de savoir les observer, pour les mieux accompagner (notamment en matière d'aménagement des sites de localisation adéquats), et pour une meilleure intégration des entreprises dans la ville. Plus que jamais donc, « *la route du nouvel homme reste à faire* », disait Monod (1998, p. 39). Celle de la ville de Douala aussi. Et, comme pour cette dernière également, « *la fameuse montagne des Béatitudes ne demande qu'à surgir, à condition que naisse, au sens mental,* l'*Homo erectus* ».

Bibliographie de la deuxième partie

Aguilera-Bélanger A. et D. Mignot (2004), « Urban sprawl, polycentrism and commuting », dans *Urban Public Economic Review*, n°1.

Amable B. et D. Guellec (1992), « Les théories de la croissance endogène », in *Revue d'Economie Politique*, n° 102, vol. 3.

Amémiya T., (1983), « Non-linear regression model », In Griliches, Z., et Intriligator, M. D. (Ed.) *Handbook of Econometrics*, Vol. I, Chapter 6, Amsterdam, North-Holland.

Arbia G. et Petrarca (2011), Effects of MAUP on spatial econometric models", dans Revue *Letters in Spatial and resource Sciences*, n° 4, vol. 3.

Anselin L. (1988), *Spatial Econometrics: Methods and Models*, Kluwer Academic Publishers.

Anselin, L. (1995), "Local indicators of spatial association – LISA" in *Geographical Analysis*, Vol. 27, n° 2.

Aydalot P. (1986), *Milieux Innovateurs en Europe*. GREMI, Paris,

Bagnasco A. (1977) : *Tre Italia. La problematica territoriale dello sviluppo italiano*. Il Mulino, Bologna.

Bailly A. (1999), « Pour un développement social urbain durable », in Bailly A. et Huriot J.M. (1999)(Dir.), *Villes et croissance*, Anthropos, Paris.

Bailly A. et Huriot J.M. (éds) (1999), *Villes et croissance : théories, modèles, perspectives*, Ed. Anthropos, Paris.

Bairoch P. (1985) : *De Jéricho à Mexico. Villes et économie dans l'histoire*, Gallimard.

Barrot R.J. (1990), "Government spending in a sample model of indigenous growth", dans *Journal of Political Economy*, n° 98, vol. 5.

Baskin (1966), *Central places in southern Germany*, Englewood Cliffs Prentice Hall.

Cliff A.D. et Ord, K. J. (1981), « Spatial processes. Models and applications », dans Revue *The Incorporated Statistician*, Vol. 5, n° 3.

Baumont C. et J. M. Huriot (1999), « L'interaction agglomération-croissance en économie géographique », in A. Bailly et J.M. Huriot J. M. (1999), *Villes et croissance : théories, modèles, perspectives*, Ed. Anthropos, Paris.

Becattini G. (1979) : Dal settore industriale al distretto industriale. Algune considerazioni sull'unita de indagine dell'economia industriale, *Rivista di Economia e Politica Industriale*, vol. 2.

Becattini G. (1992), « Le district marshallien : une notion socio-économique », in Benko, G. et Lipietz, A. (Eds), *Les régions qui gagnent*, PUF, Paris.

Benko A. et A. Lipietz (1992) (éds), *Les Régions qui gagnent. Districts et réseaux : les nouveaux paradigmes de la géographie économique*. PUF, Coll. « *Économie et Liberté* », Paris.

Bianchi P. et Labory S. (2011), « Industrial Policy after the Crisis: the Case of the Emilia-Romagna Region" in Italy, disponible sur http://www.regionalstudies.org/uploads/ conferences/presentations/international-conference-2011/bianchi.pdf

Bourdin S. (2010), « Repenser le futur de la politique de cohésion européenne pour les pays d'Europe centrale et orientale : la prise en compte de l'espace géographique comme piste de recherche », *Bulletin de la Société Géographique de Liège*, vol. 54.

Bourdin S. (2011), « Une approche prospective de la configuration des disparités économiques régionales au sein de l'Union européenne par la modélisation et la simulation », Rencontre des jeunes chercheurs du GDR Modys organisé à Tours en décembre 2009, publié sur *MPRA Paper*, No. 41307, posted 28 September 2012, 00:34 UTC.

Braudel F. (1979), *Civilisation matérielle et capitalisme, XVIe et XVIIe Siècles : le temps du monde*, A. Colin, Paris.

Brusco S. (1986), "Small firms and industrial districts: the experience of Italy", dans Keeble D. et Warner E. 1986 (Eds.) *New firms and regional development in Europe*, London, Croom Helm.

Bucaille A. et de Beauregard B.C. (1987), *PMI : enjeux régionaux et internationaux*, Economica, Paris.

BUCREP (2005), *Données du 3e RGPH : répertoire actualisé des villages du Cameroun*, Vol. IV, T.7, Yaoundé.

BUCREP (2010), Rapport de présentation des résultats définitifs du recensement 2005, Yaoundé.

BUCREP (2011), Données du 3e RGPH : la population du Cameroun en 2010, Yaoundé.

Cabanne C. (1984), *Lexique de géographie humaine et économique*, Dalloz.

Camagni R. et Maillat, D. (2006), *Milieux Innovateurs : Théories et politiques*, Economica, Anthropos, Paris.

Chabault D. (2006), *Les systèmes territoriaux de production : revue de littérature et approches théoriques d'un concept évolutif.* CERMAT-IAE, Université de Tours.

Capelo R. (2007), "A forecasting territorial model of regional growth, the MASST model", dans *Annals of Regional Science*, Vol. 41.

Chateaubriand F.R. de (1975), *Le génie du christianisme*, Réédition Flammarion, Paris.

Carré D. et Levratto N. (2011), *Les performances des territoires : les politiques locales, remèdes au déclin industriel*, Le Manuscrit, Paris.

CEA/BSR (2012), *Les économies de l'Afrique centrale 2012 : les défis énergétiques en Afrique centrale*, Ed. Je Publie.

Cheng S. (2011), "Business cycle, industrial composition or regional advantage? : decomposition analysis of a new firm formation in the United States", dans Revue *The Annals of Regional Science*, n°47.

Christaller W. (1933): *Die zentralen Orte in Süddeutschland*, Université d'Iéna. G. Fischer (trad. anglaise partielle par Ch.W. Baskin (1966), Central Places in Southern Germany, Englewood Cliffs Prentice Hall).

Catin M., Lesueur J.Y. et Y. Zenou (2000), *Stratégies, concurrence et mutations industrielles*, L'Harmattan, Collection Emploi, industrie et territoire, Paris.

Catin M., et Van Huffel C. (2003), « Concentration urbaine et industrialisation », in Revue *Mondes en Développement* Vol.31-2003/1-n°121.

Cliff A.D. et Ord, K. J. (1981), "Spatial processes, models and applications", dans Revue *The Incorporated Statistician*, Vol. 5, n° 3.

Cohen J. (1988), *Statistical Power Analysis for the Behavioral Sciences*, Ed. L. Erlbaum Associates.

Courlet C. (1986), « Industrialisation et développement : analyses traditionnelles et mouvements récents », dans *Économie et Humanisme*, n° 289.

Courlet C. et Pecqueur B. (1996), « Districts industriels, systèmes productifs localisés et développement », dans Abdelmalki, L. et Courlet, C. (Eds.) (1994) : *Les nouvelles logiques du développement*, L'Harmattan, Paris.

Courlet C. (Dir)(2007), *Territoire et développement économique au Maroc : les systèmes productifs localisés*, L'Harmattan, Paris.

Courlet C. (2008), *Economie territoriale*, PUG.

Courlet C. (2014), *Le moment territoire*, www.industrie-territoire.com

CUD (2008a), « Stratégie de développement de Douala et de son aire métropolitaine : phase 1, Diagnostic « rapport sur l'économie formelle « », Douala.

CUD (2008b), « Stratégie de développement de Douala et de son aire métropolitaine : position concurrentielle de Douala (situation régionale, aménagement du territoire et compétitivité) », nov. CUD, Douala

CUD (2009), « Stratégie de développement de la ville de Douala et de son aire métropolitaine ». Rapport final, Douala.

CUD (2012), « Plan directeur d'urbanisme de Douala à l'horizon 2025 », CUD, Douala.

Davidson R. et Mackinnon J.-G. (1984), « Convenient specification tests for Logit and Probit models », dans *Journal of Econometrics*, vol. 25.

Delisle J.P. et Laine F. (1998), « Les transferts d'établissements contribuent au desserrement urbain », in *Économie et Statistique*, N° 311.

Dor E. (2009), *Econométrie*, Ed. Pearson Éducation, Coll. Synthex.

Dube J., Baumont C. et D. Legros (2011), « Utilisation des matrices de pondérations en économétrie spatiale. Proposition dans un contexte spatio-temporel. Documents de travail », Equipe *Analyse et Modélisation des Interactions Economiques*, Laboratoire d'économie et de Gestion, Université de Bourgogne.

Dunn Jr. E.S. (1960), "A statistical and analytical technique for regional analysis", dans *Papers and Proceedings of the Regional Science Association*. Vol. 6.

Essombè Edimo (1995), *Quel avenir pour l'Afrique ? financement et développement*, Ed. Silex/Nouvelles du sud, Paris.

Essombè Edimo J. R. (2005), « Le développement territorialisé à Douala : fondements et repérage des modalités institutionnelles d'une dynamique nouvelle », in Revue *Mondes en Développement*, Vol.33-2005/2-n°130, pp. 111-130.

Essombè Edimo J.R. Nya Bonabébé (2007a), *Spatialité et développement économique à Douala : entre le hasard et la nécessité*, L'Harmattan, Paris.

Essombè Edimo J.R. Nya Bonabébé (2007b), « Localisation périphérique des entreprises industrielles et création de nouvelles centralités à Douala », in Revue *Mondes en Développement*, n°137.

Essombè Edimo J.R. Nya Bonabébé (2008), « Douala et l'attractivité territoriale en zone CEMAC à l'heure de l'économie globale », in Revue *ENJEUX*, n°34-35.

Essombè Edimo J.R. Nya Bonabébé et Ngo Balépa A.S. (2013), « Bonabéri à Douala : dynamique de localisation des entreprises et congestion d'un espace de déconcentration industrielle », in Revue *Subsaharienne d'Économie et de Finance*, n° 4, nov.

Essombè Edimo J.R. Nya Bonabébé (2014), « Dynamique territoriale de la concentration et de la déconcentration des entreprises à Douala : polarisation et effets de diffusion », in Revue *Innovation & Développement*, n°1.

Essombè Edimo J.R. Nya Bonabébé et Ndamcheu Bamen (2014), « Dépendance spatiale et localisation des entreprises industrielles à Douala », in Revue *Innovation & Développement*, n°1.

Espa G. et al. (2013), "Decomposing regional business change at plant level in Italy : a novel spatial shift-share approach", dans *Papers in Regional Science*, Online First.

Fauré, Y.A. et P. Labazé (2005), « Les territoires productifs des agglomérations de PME dans les pays du Sud : modèles et problèmes », dans Antheaume, B., (Ed.), *Le territoire est mort, Vivent les territoires ! : Une (ré)fabrication au nom du développement*, IRD, Paris.

Fractal B. (1988), « La preuve par des chiffres », in *Les héros de l'économie*, ouvrage Coll. Ed. Autrement, Paris.

Fujita M. et Thisse J.F (1997), « Économie géographique : problèmes anciens et perspectives nouvelles », in *Annales d'Économie et de Statistique*, n° 45.

Fujita, M. et Thisse, J. F. (2003), *Economie des villes et de la localisation*, De Boeck, Bruxelles.

Gaschet F. (2003), « Emergence de pôles secondaires et rôle des macro-agents urbains au sein de l'agglomération bordelaise », in *Revue d'Economie Régionale et Urbaine*, n° 5.

Guillaumont P. (1987), « Afrique : endettement d'euphorie et endettement de pénurie », in « *La dette : mutation ou catastrophe ?* », F. JEAN (dir), Edition FLSF, Paris.

Hisrchman A.O. (1984), « Grandeur et décadence de l'économie du développement », in *L'économie comme science morale et politique*, Gallimard.

I.N.S. (2000), Annuaire statistique du Cameroun, Yaoundé.

I.N.S. (2004), Annuaire statistique du Cameroun, Yaoundé.

INS (2005), EESI, Yaoundé.

INS (2007), ECAM 3 : résultats pour Douala et Yaoundé, Yaoundé.

INS (2010), Recensement Général des Entreprises : RGE 2009, Yaoundé.

Jacobs J. (1969), *The economy of the cities*, N.Y. Random House.

Jayet H. (1993), *Analyse spatiale quantitative*, Economica, Paris.

Jayet H. (2001), « Econométrie et données spatiales : une introduction à la pratique », in *Cahiers d'Économie et Sociologie Rurales*, N° 58-59.

Julien P. A. (1993), "Small businesses as a research subject: some reflections on knowledge of small business and its effects on economic theory", dans *Small Business Economics*, N°5.

Joyal, A. (1997), « PME et développement territorial » dans Julien, P. A. (Ed.), *PME : bilan et perspectives*, Presses Interuniversitaires, Québec.

Kengné Fodouop F. (1977), « Bonabéri dans Douala : autonomie et interdépendance », Thèse de Doctorat 3ecycle, Université de Bordeaux III.

Krugman P. (1991a), "Increasing returns and economic geography", dans *Journal of Political Economy*, n° 99, vol. 3.

Krugman P. (1991b), *Geography and trade*, Cambridge, Mass, MIT Press.

Krugman P. (1991c), *Geography and trade*, MIT Press, Cambridge, Ma.

Krugman P. (1998a), *L'économie auto-organisatrice*, Ed. De Broeck, Bruxelles,

Krugman P. (1998b), *Pop internationalisme*, MIT Press, Cambriege, Ma (traduction française « *La mondialisation n'est pas coupable* », par R. Boyer et P. Salama, La Découverte, Paris).

Laffitte P. et A. Marc (2010), *Méthodes d'analyse des autocorrélations spatiales*. Travail d'Etude et Recherche, Département d'Enseignement et de Recherche en Informatique et Technologies Urbaines, Ecole des Ingénieurs de la Ville de Paris, Ecole Supérieure du Génie Urbain.

Le Gallo J. (2000), *Économétrie Spatiale 1 : autocorrélation spatiale*. Document de travail du Latec, n° 2000 – 05, Université de Bourgogne, Pole d'Économie et de Gestion, Dijon.

Le Gallo J. (2001), *Économétrie Spatiale 2 : Hétérogénéité Spatiale*. Document de travail du Latec, n° 2001 – 01, Université de Bourgogne, Pole d'Économie et de Gestion, Dijon.

Le Gallo J. (2002), « Econométrie spatiale : l'autocorrélation spatiale dans les modèles de régression linéaire », *Économie et Prévision*, vol. 155, n°4,

Le Gallo J. et R. Guillain (2008), « Le centre d'affaires historique de Paris : quel pouvoir structurant sur l'espace économique en Ile-de-France ? », in *Revue d'Economie Industrielle*, n° 123, 3e Trim.

Lucas R. (1988), "On the mechanism of economic development", dans *Journal of Monetary Economics*, vol 22.

Maillat D. (1999), « Interaction entre système urbain et système de production localisé : une approche du développement régional endogène en termes de « milieux innovateurs « », in Bailly A. et Huriot J.M. (éds) (1999), *Villes et croissance : théories, modèles, perspectives*, Ed. Anthropos, Paris.

Mainet G. (1985), *Douala, croissance et servitudes*. L'Harmattan, Coll. « *Villes et entreprises* », Paris.

Marshall A. (1890), *Principles of Economics*, trad. Française de la 4e édition 1871, LGDJ, Paris.

Mc Fadden D. (1968), "The Revealed Preferences of a Government Bureaucracy: Economic Growth Project", dans *Technical Report* n° 17, Berkeley. (Document remanié et publié en 1975 et 1976, parus dans *The Bell Journal of Economic and Management Science*).

Mc Fadden D. (1981), "Econometric Models for Probabilistic Choice", dans Manski, C. et Mc Fadden, D. (Ed.), *Structural Analysis of Discrete Data with Econometric Applications*, Harvard University Press.

Mérenne-Schoumaker B. (2002), *La localisation des industries: Enjeux et dynamiques*, PUR, Paris.

Million F. (2004), « L'impact des zones d'activité sur la localisation des entreprises en milieu urbain : le cas de la périphérie lyonnaise », XLe colloque de l'ASRDLF, sur « Convergences et disparités au sein l'espace européen : les politiques régionales à l'épreuve des faits », Laboratoire d'Économie des Transports, Bruxelles, Sept.

Mouafo D. (1991), « Les zones industrielles MAGZI de Douala (Cameroun) », *Revue de Géographie du Cameroun*, Vol. X, n°1, Université de Yaoundé.

Mougoué B. (1992), « Croissance urbaine à la périphérie des métropoles Yaoundé et Douala », Revue *de Géographie du Cameroun*, Vol. XI, n° 1, 1992.

Monod Th. (1998), *Le chercheur d'absolu*, Folio-Gallimard, Paris.

Nazara S. D et Hewings G.J.D. (2004), "Channels of synthesis forty years on integrated analysis of spatial economic system", *J. Georgr. Syt.* Vol. 7

Ndamcheu Bamen, G. D. (2012), « Attractivité territoriale de la ville de Douala et localisation spatiale des entreprises industrielles », Mémoire de DEA, UFD Techniques Quantitatives, Faculté des Sciences Economiques et de Gestion, Université de Yaoundé II – Soa.

Ngo Balépa A. S. (2012), « Le régime de la zone franche industrielle au Cameroun (ZFIC) : Résultats mitigés d'une stratégie d'industrialisation porteuse d'espoirs », in *Les Cahiers d'Outre-Mer,* N° 259, Vol. 65, juillet-septembre 2012.

Nonjon A. (1995), *Comprendre l'économie mondiale*, Collection Ellipses, Paris.

OCO Consulting (2005), « A cluster-based approach to attracting FDI », Communication au Colloque "ANIMA" sur les clusters, 4/5 Déc. Marseille.

Oliveau, S. (2005), *Les indicateurs locaux d'association spatiale (LISA) comme méthode de régionalisation : Une application en Inde*. UMR Géographie, Université de Provence.

Oliveau, S. (2010), « Autocorrélation spatiale : leçons du changement d'échelle », dans *L'Espace Géographique*, N°1.

ONUDI (2009), Rapport sur le développement industriel dans le monde : résumé analytique, Washington DC.

ONU-Habitat/PNUD (2006), Document de stratégie nationale de réduction de la pauvreté en milieu urbain, Yaoundé.

OSEED (2006), Données socioéconomiques générales de Douala, CUD, mai, CUD, Douala.

Pecqueur B. (1992), *Le développement local*, Syros, Paris.

Pecqueur B. (1996)(éd), *Dynamiques territoriales et mutations économiques*, L'Harmattan, Paris.

Pecqueur B. (2005), *Quel « tournant territorial » de l'économie mondiale globalisée* ? Institut de Géographie Alpine, Université Joseph Fourier, Grenoble, France.

Pecqueur B. (2007), « L'économie territoriale : une autre analyse de la globalisation », in Revue *Economie Politique*, n° 33, fév-mars.

Pecqueur B. et Zimmermann J.B. (2002)(eds), *Économie de proximité*, Hermès, Paris.

Perroux F. (1955), « Note sur la notion de « pôle de croissance », in Revue *Economie Appliquée*, n°1-2, Paris.

Polèse M. (1994), *Économie urbaine et régionale*, Economica, Paris.

Porter M. (2000), *Competitive Advantage - Creating and Sustaining Superior Performance*. Simon & Schuster Ed., New York.

Porter M. (2001), "Strategy and the Internet", dans *Harvard Business Review*, n° 57.

Pumain D. (1993), « L'espace, le temps et la matérialité des villes », in Lepetit B et Pumain D. (éds) (1993), *Temporalités urbaines*, Anthropos, Paris.

Razafindrazaka T. (2009), « L'entrepreneuriat comme outil de développement territorial : construction d'un référentiel théorique », Communication au Colloque international sur « La vulnérabilité des TPE/PME dans un environnement mondialisé », Université de Québec Trois-Rivières, 27/29 mai.

République du Cameroun (1967), Recensement Général de la population et de l'Habitat, Yaoundé.

République du Cameroun/MINUH(1984), SDAU de la ville de Douala, Yaoundé.

République du Cameroun (1987), Démo 87 : 2d Recensement Général de la population et de l'habitat, Yaoundé.

République du Cameroun (1987), Loi n° 87-15 du 15 juillet 1987 portant création des communautés urbaines, Yaoundé.

République du Cameroun/PNUD (2000), Etudes socioéconomiques régionales du Cameroun : Province du Littoral, Yaoundé.

République du Cameroun (2004), Charte des investissements, Yaoundé.

République du Cameroun (2009), DSCE, Yaoundé.

Riverin N. et Prouxl, M. A. (1997), « Les disparités spatiales de l'entrepreneuriat au Québec », in *Cahier de recherche* n° 97-09, Université du Québec à Chicoutimi.

Romer P. (1990), "Indigenous technological change", dans *Journal of Political Economy*, n° 98, vol. 5.

Romer P. (1994), "The origins of indigenous growth", dans *Journal of Economic perspectives*, n° 8, vol. 1.

Savy M. et Veltz P. (*1*995), *Economie globale et réinvention du local,* La Tour d'Aigues, Éditions de l'Aube

Sergot B. (2005), « Le rôle de la préférence pour les aires géographiques connues dans les décisions de localisation : Le cas des créations de nouveaux sites par les entreprises françaises », in Joffre P. et Lauriol J. (dir.), *Perspectives en Management Stratégique*, Tome XI, Editions Management et Société.

Schumacher E. F. (1973), *Small is Beautiful - Economics as if People Mattered.* Traduction en français : Small is beautiful, *Une société à la mesure de l'homme*, Seuil, coll. "Points", 1979.

Sierra C. (1997), « Proximité(s), interactions technologiques et territoriales : Une revue », dans *Revue d'Economie Industrielle*, N° 82.

Smith A. (1776), *Recherche sur les causes de la richesse des nations*, Ed. de 1843, Guillaumin, Paris.

Solow R. (1956), "A contribution to the theory of economic growth", dans *Quaterly Journal of Economics*, n° 70.

Swan T.W. (1956), "Economic growth and capital accumulation", dans *Economic Record*, n° 32, nov.

Tellier L. N. (1996), « Le Québec et ses régions à l'intérieur de la dynamique spatiale de l'économie mondiale », in Tellier, L.-N. (Ed.) *Le phénomène régional au Québec*, Les Presses de l'Université du Québec.

Thurstone L. (1927), "A Law of Comparative Judgment", dans *Psychological Review*, N° 34.

Tobler W. (1979), *Cellular geography*, Eds. Gale S. et Olsson, G. « Philosophy in Geography » Reidel, Dordrecht.

Touna Mama D. (1996), *Crise économique et politique de déréglementation au Cameroun*, L'Harmattan.

Torrès O. (1999), *Les PME*, Editions Flammarion. Paris.

ANNEXES

1. Matrices de corrélation des emplois et des activités économiques dans la ville de Douala

Tableau 17 : Matrice de corrélation entre les activités dans la ville de Douala.

	Administrations Publiques et Sécurité Sociale	Agriculture	Banque et assurance	Commerce	Construction	Education	Electricité eau et gaz	Elevage	Extraction	Immobilier	Industries alimentaire	Industries manufacturières	Pêche et pisciculture	Postes et télécommunications	Réparations	Restaurants et Hotels	Santé et Actions Sociales	Services à la collectivité et Services Sociaux	Services aux entreprises	Sylviculture	Transport
Administrations Publiques et Sécurité Sociale	**1**	**0,941**	**0,943**	**0,829**	**0,977**	0,406	**0,985**	-0,073	**0,935**	**0,971**	**0,880**	0,718	**0,953**	**0,840**	**0,806**	**0,920**	**0,927**	0,623	**0,989**	**0,916**	**0,957**
Agriculture	**0,941**	**1**	**0,992**	0,719	**0,985**	0,182	**0,975**	0,111	**0,976**	**0,989**	0,727	0,441	**0,988**	0,684	0,559	0,738	**0,852**	0,352	**0,949**	**0,996**	**0,991**
Banque et assurance	**0,943**	**0,992**	**1**	0,791	**0,988**	0,119	**0,976**	-0,009	**0,969**	**0,995**	0,694	0,457	**0,999**	0,714	0,572	0,745	**0,814**	0,347	**0,955**	**0,994**	**0,999**
Commerce	**0,829**	0,719	0,791	**1**	0,807	0,088	0,799	-0,603	0,724	0,810	0,590	0,694	0,815	**0,837**	0,748	**0,802**	0,595	0,522	**0,833**	0,724	**0,804**
Construction	**0,977**	**0,985**	**0,988**	**0,807**	**1**	0,230	**0,984**	-0,017	**0,983**	**0,997**	0,784	0,565	**0,991**	0,798	0,671	**0,829**	**0,883**	0,482	**0,988**	**0,975**	**0,991**
Education	0,406	0,182	0,119	0,088	0,230	**1**	0,322	0,211	0,172	0,202	0,771	0,736	0,135	0,347	0,709	0,619	0,616	0,760	0,318	0,092	0,161
Electricité eau et gaz	**0,985**	**0,975**	**0,976**	0,799	**0,984**	0,322	**1**	-0,014	**0,941**	**0,989**	**0,814**	0,606	**0,980**	0,745	0,707	**0,843**	**0,885**	0,483	**0,970**	**0,960**	**0,985**
Elevage	-0,073	0,111	-0,009	-0,603	-0,017	0,211	-0,014	**1**	0,093	-0,024	0,087	-0,380	-0,045	-0,341	-0,331	-0,219	0,200	-0,210	-0,073	0,085	-0,023
Extraction	**0,935**	**0,976**	**0,969**	0,724	**0,983**	0,172	**0,941**	0,093	**1**	**0,973**	0,748	0,475	**0,965**	0,784	0,587	0,771	**0,880**	0,448	**0,968**	**0,968**	**0,965**
Immobilier	**0,971**	**0,989**	**0,995**	**0,810**	**0,997**	0,202	**0,989**	-0,024	**0,973**	**1**	0,757	0,537	**0,997**	0,762	0,646	**0,805**	**0,858**	0,433	**0,977**	**0,984**	**0,998**
Industries alimentaire	**0,880**	0,727	0,694	0,590	0,784	0,771	**0,814**	0,087	0,748	0,757	**1**	**0,858**	0,707	0,795	**0,904**	**0,947**	**0,965**	**0,850**	**0,845**	0,663	0,721
Industries manufacturières	0,718	0,441	0,457	0,694	0,565	0,736	0,606	-0,380	0,475	0,537	**0,858**	**1**	0,490	**0,815**	**0,991**	**0,926**	0,722	**0,939**	0,671	0,379	0,497
Pêche et pisciculture	**0,953**	**0,988**	**0,999**	**0,815**	**0,991**	0,135	**0,980**	-0,045	**0,965**	**0,997**	0,707	0,490	**1**	0,734	0,602	0,766	**0,818**	0,374	**0,962**	**0,989**	**0,999**
Postes et télécommunications	**0,840**	0,684	0,714	**0,837**	0,798	0,347	0,745	-0,341	0,784	0,762	0,795	**0,815**	0,734	**1**	**0,858**	**0,919**	0,799	**0,825**	**0,875**	0,654	0,727
Réparations	**0,806**	0,559	0,572	0,748	0,671	0,709	0,707	-0,331	0,587	0,646	**0,904**	**0,991**	0,602	**0,858**	**1**	**0,968**	0,798	**0,923**	0,764	0,501	0,608
Restaurants et Hotels	**0,920**	0,738	0,745	**0,802**	**0,829**	0,619	**0,843**	-0,219	0,771	**0,805**	**0,947**	**0,926**	0,766	**0,919**	**0,968**	**1**	**0,904**	**0,872**	**0,899**	0,689	0,772
Santé et Actions Sociales	**0,927**	**0,852**	**0,814**	0,595	**0,883**	0,616	**0,885**	0,200	**0,880**	**0,858**	**0,965**	0,722	0,818	0,799	0,798	**0,904**	**1**	0,734	**0,917**	**0,802**	**0,830**
Services à la collectivité et Services Sociaux	0,623	0,352	0,347	0,522	0,482	0,760	0,483	-0,210	0,448	0,433	**0,850**	**0,939**	0,374	**0,825**	**0,923**	**0,872**	0,734	**1**	0,607	0,281	0,380
Services aux entreprises	**0,989**	**0,949**	**0,955**	**0,833**	**0,988**	0,318	**0,970**	-0,073	**0,968**	**0,977**	**0,845**	0,671	**0,962**	**0,875**	0,764	**0,899**	**0,917**	0,607	**1**	**0,930**	**0,962**
Sylviculture	**0,916**	**0,996**	**0,994**	0,724	**0,975**	0,092	**0,960**	0,085	**0,968**	**0,984**	0,663	0,379	**0,989**	0,654	0,501	0,689	**0,802**	0,281	**0,930**	**1**	**0,990**
Transport	**0,957**	**0,991**	**0,999**	**0,804**	**0,991**	0,161	**0,985**	-0,023	**0,965**	**0,998**	0,721	0,497	**0,999**	0,727	0,608	0,772	**0,830**	0,380	**0,962**	**0,990**	**1**

Significativité : $\alpha = 5\%$; les valeurs en gras sont des corrélations supérieures ou égales à 0,8

Tableau 18 : Matrice des valeurs de P associées au coefficient de corrélation des activités économiques de la ville de Douala.

	Administrations Publiques et Sécurité Sociale	Agriculture	Banque et assurance	Commerce	Construction	Education	Electricité eau et gaz	Elevage	Extraction	Immobilier	Industries alimentaire	Industries manufacturières	Pêche et pisciculture	Postes et télécommunications	Réparations	Restaurants et Hotels	Santé et Actions Sociales	Services à la collectivité et Services Sociaux	Services aux entreprises	Sylviculture	Transport
Administrations Publiques et Sécurité Sociale	**0**	**0,017**	**0,016**	0,083	**0,004**	0,497	**0,002**	0,907	**0,020**	**0,006**	**0,049**	0,172	**0,012**	0,075	0,100	**0,027**	**0,024**	0,261	**0,001**	**0,029**	**0,011**
Agriculture	**0,017**	**0**	**0,001**	0,171	**0,002**	0,770	**0,005**	0,859	**0,005**	**0,001**	0,164	0,458	**0,002**	0,203	0,328	0,155	0,066	0,561	**0,014**	**0,000**	**0,001**
Banque et assurance	**0,016**	**0,001**	**0**	0,111	**0,002**	0,849	**0,005**	0,989	**0,007**	**0,000**	0,194	0,439	**0,0001**	0,175	0,313	0,149	0,094	0,567	**0,012**	**0,001**	**0,0001**
Commerce	0,083	0,171	0,111	**0**	0,098	0,888	0,105	0,282	0,167	0,097	0,295	0,194	0,093	0,077	0,146	0,102	0,290	0,366	0,080	0,166	0,101
Construction	**0,004**	**0,002**	**0,002**	0,098	**0**	0,710	**0,002**	0,978	**0,003**	**0,000**	0,117	0,321	**0,001**	0,105	0,215	0,083	**0,047**	0,411	**0,002**	**0,005**	**0,001**
Education	0,497	0,770	0,849	0,888	0,710	**0**	0,597	0,734	0,782	0,744	0,127	0,156	0,829	0,568	0,180	0,266	0,269	0,136	0,603	0,883	0,795
Electricité eau et gaz	**0,002**	**0,005**	**0,005**	0,105	**0,002**	0,597	**0**	0,983	**0,017**	**0,001**	0,094	0,278	**0,003**	0,149	0,182	0,073	**0,046**	0,410	**0,006**	**0,009**	**0,002**
Elevage	0,907	0,859	0,989	0,282	0,978	0,734	0,983	**0**	0,882	0,969	0,890	0,528	0,943	0,574	0,587	0,724	0,748	0,734	0,907	0,891	0,970
Extraction	**0,020**	**0,005**	**0,007**	0,167	**0,003**	0,782	**0,017**	0,882	**0**	**0,005**	0,146	0,419	**0,008**	0,116	0,298	0,127	**0,049**	0,449	**0,007**	**0,007**	**0,008**
Immobilier	**0,006**	**0,001**	**0,000**	0,097	**0,000**	0,744	**0,001**	0,969	**0,005**	**0**	0,139	0,350	**0,000**	0,134	0,239	0,101	0,063	0,466	**0,004**	**0,003**	**0,000**
Industries alimentaire	**0,049**	0,164	0,194	0,295	0,117	0,127	0,094	0,890	0,146	0,139	**0**	0,063	0,182	0,108	**0,035**	**0,015**	**0,008**	0,068	0,071	0,223	0,169
Industries manufacturières	0,172	0,458	0,439	0,194	0,321	0,156	0,278	0,528	0,419	0,350	0,063	**0**	0,402	0,093	**0,001**	**0,024**	0,169	**0,018**	0,215	0,529	0,395
Pêche et pisciculture	**0,012**	**0,002**	**0,0001**	0,093	**0,001**	0,829	**0,003**	0,943	**0,008**	**0,000**	0,182	0,402	**0**	0,158	0,283	0,131	0,091	0,536	**0,009**	**0,001**	**0,0001**
Postes et télécommunications	0,075	0,203	0,175	0,077	0,105	0,568	0,149	0,574	0,116	0,134	0,108	0,093	0,158	**0**	0,063	**0,027**	0,105	0,085	0,052	0,231	0,164
Réparations	0,100	0,328	0,313	0,146	0,215	0,180	0,182	0,587	0,298	0,239	**0,035**	**0,001**	0,283	0,063	**0**	**0,007**	0,106	**0,025**	0,132	0,390	0,276
Restaurants et Hotels	**0,027**	0,155	0,149	0,102	0,083	0,266	0,073	0,724	0,127	0,101	**0,015**	**0,024**	0,131	**0,027**	**0,007**	**0**	**0,035**	0,054	**0,038**	0,198	0,126
Santé et Actions Sociales	**0,024**	0,066	0,094	0,290	**0,047**	0,269	**0,046**	0,748	**0,049**	0,063	**0,008**	0,169	0,091	0,105	0,106	**0,035**	**0**	0,158	**0,029**	0,103	0,082
Services à la collectivité et Services Sociaux	0,261	0,561	0,567	0,366	0,411	0,136	0,410	0,734	0,449	0,466	0,068	**0,018**	0,536	0,085	**0,025**	0,054	0,158	**0**	0,277	0,647	0,528
Services aux entreprises	**0,001**	**0,014**	**0,012**	0,080	**0,002**	0,603	**0,006**	0,907	**0,007**	**0,004**	0,071	0,215	**0,009**	0,052	0,132	**0,038**	**0,029**	0,277	**0**	**0,022**	**0,009**
Sylviculture	**0,029**	**0,000**	**0,001**	0,166	**0,005**	0,883	**0,009**	0,891	**0,007**	**0,003**	0,223	0,529	**0,001**	0,231	0,390	0,198	0,103	0,647	**0,022**	**0**	**0,001**
Transport	**0,011**	**0,001**	**0,0001**	0,101	**0,001**	0,795	**0,002**	0,970	**0,008**	**0,000**	0,169	0,395	**0,0001**	0,164	0,276	0,126	0,082	0,528	**0,009**	**0,001**	**0**

Significativité : $\alpha = 5\%$; les valeurs en gras significativités inférieures ou égales à 0,05

Coefficients de détermination (R^2) :

Variables	ıbliques	griculture	e et assı	ommerc	nstructi	ducatic	cité eau	Elevage	xtractio	mmobili	ies alim	s manufa	et piscic	élécomm	éparatio	rants et	Actions	ectivité et	aux ent	lvicultu	Transport
Administrations Publiques et Sécurité Sociale	1	0,885	0,890	0,687	0,954	0,165	0,970	0,005	0,874	0,942	0,775	0,516	0,907	0,706	0,650	0,847	0,858	0,389	0,978	0,839	0,916
Agriculture	0,885	1	0,984	0,517	0,969	0,033	0,951	0,012	0,952	0,979	0,529	0,194	0,976	0,468	0,312	0,544	0,727	0,124	0,901	0,991	0,982
Banque et assurance	0,890	0,984	1	0,626	0,977	0,014	0,952	0,000	0,939	0,991	0,481	0,209	0,998	0,510	0,328	0,555	0,663	0,120	0,911	0,989	0,997
Commerce	0,687	0,517	0,626	1	0,652	0,008	0,638	0,363	0,524	0,656	0,348	0,482	0,665	0,701	0,559	0,644	0,354	0,273	0,694	0,525	0,647
Construction	0,954	0,969	0,977	0,652	1	0,053	0,969	0,000	0,966	0,995	0,614	0,319	0,981	0,637	0,450	0,687	0,779	0,232	0,977	0,950	0,983
Education	0,165	0,033	0,014	0,008	0,053	1	0,104	0,044	0,030	0,041	0,595	0,541	0,018	0,120	0,503	0,383	0,379	0,577	0,101	0,009	0,026
Electricité eau et gaz	0,970	0,951	0,952	0,638	0,969	0,104	1	0,000	0,885	0,977	0,663	0,368	0,960	0,555	0,500	0,710	0,784	0,233	0,941	0,922	0,970
Elevage	0,005	0,012	0,000	0,363	0,000	0,044	0,000	1	0,009	0,001	0,008	0,145	0,002	0,117	0,109	0,048	0,040	0,044	0,005	0,007	0,001
Extraction	0,874	0,952	0,939	0,524	0,966	0,030	0,885	0,009	1	0,947	0,560	0,226	0,932	0,615	0,345	0,595	0,774	0,201	0,936	0,936	0,931
Immobilier	0,942	0,979	0,991	0,656	0,995	0,041	0,977	0,001	0,947	1	0,572	0,289	0,994	0,581	0,417	0,647	0,736	0,188	0,955	0,967	0,996
Industries alimentaire	0,775	0,529	0,481	0,348	0,614	0,595	0,663	0,008	0,560	0,572	1	0,735	0,499	0,632	0,817	0,896	0,931	0,723	0,714	0,439	0,520
Industries manufacturières	0,516	0,194	0,209	0,482	0,319	0,541	0,368	0,145	0,226	0,289	0,735	1	0,240	0,665	0,982	0,858	0,521	0,882	0,451	0,144	0,247
Pêche et pisciculture	0,907	0,976	0,998	0,665	0,981	0,018	0,960	0,002	0,932	0,994	0,499	0,240	1	0,539	0,362	0,587	0,669	0,140	0,925	0,978	0,999
Postes et télécommunications	0,706	0,468	0,510	0,701	0,637	0,120	0,555	0,117	0,615	0,581	0,632	0,665	0,539	1	0,736	0,844	0,639	0,681	0,765	0,428	0,528
Réparations	0,650	0,312	0,328	0,559	0,450	0,503	0,500	0,109	0,345	0,417	0,817	0,982	0,362	0,736	1	0,937	0,637	0,852	0,584	0,251	0,370
Restaurants et Hotels	0,847	0,544	0,555	0,644	0,687	0,383	0,710	0,048	0,595	0,647	0,896	0,858	0,587	0,844	0,937	1	0,818	0,760	0,808	0,475	0,596
Santé et Actions Sociales	0,858	0,727	0,663	0,354	0,779	0,379	0,784	0,040	0,774	0,736	0,931	0,521	0,669	0,639	0,637	0,818	1	0,539	0,840	0,643	0,688
Services à la collectivité et Services Sociaux	0,389	0,124	0,120	0,273	0,232	0,577	0,233	0,044	0,201	0,188	0,723	0,882	0,140	0,681	0,852	0,760	0,539	1	0,369	0,079	0,144
Services aux entreprises	0,978	0,901	0,911	0,694	0,977	0,101	0,941	0,005	0,936	0,955	0,714	0,451	0,925	0,765	0,584	0,808	0,840	0,369	1	0,864	0,926
Sylviculture	0,839	0,991	0,989	0,525	0,950	0,009	0,922	0,007	0,936	0,967	0,439	0,144	0,978	0,428	0,251	0,475	0,643	0,079	0,864	1	0,979
Transport	0,916	0,982	0,997	0,647	0,983	0,026	0,970	0,001	0,931	0,996	0,520	0,247	0,999	0,528	0,370	0,596	0,688	0,144	0,926	0,979	1

Tableau 19 : Matrice de corrélation entre les emplois par activités dans la ville de Douala.

	Administrations Publiques et Sécurité Sociale	Agriculture	Banque et assurance	Commerce	Construction	Education	Electricité eau et gaz	Elevage	Extraction	Immobilier	Industries alimentaire	Industries manufacturières	Pêche et pisciculture	Postes et télécommunications	Réparations	Restaurants et Hotels	Santé et Actions Sociales	Services à la collectivité et Services Sociaux	Services aux entreprises	Sylviculture	Transport
Administrations Publiques et Sécurité Sociale	**1**	**0,977**	**0,984**	**0,971**	**0,957**	0,150	**0,986**	-0,234	**0,984**	**0,993**	0,636	**0,802**	**0,986**	**0,994**	0,582	**0,980**	**0,979**	0,778	**0,997**	**0,926**	**0,981**
Agriculture	**0,977**	**1**	**0,990**	**0,963**	**0,996**	0,165	**0,991**	-0,193	**0,990**	**0,992**	0,756	**0,856**	**0,991**	**0,974**	0,616	**0,952**	**0,940**	**0,849**	**0,980**	**0,981**	**0,992**
Banque et assurance	**0,984**	**0,990**	**1**	**0,976**	**0,977**	0,046	**0,999**	-0,172	**1,000**	**0,997**	0,662	0,796	**1,000**	**0,983**	0,514	**0,939**	**0,936**	0,766	**0,993**	**0,963**	**0,999**
Commerce	**0,971**	**0,963**	**0,976**	**1**	**0,936**	-0,006	**0,969**	-0,377	**0,973**	**0,979**	0,578	0,691	**0,979**	**0,991**	0,567	**0,951**	**0,906**	0,768	**0,976**	**0,902**	**0,967**
Construction	**0,957**	**0,996**	**0,977**	**0,936**	**1**	0,203	**0,980**	-0,139	**0,977**	**0,977**	**0,807**	**0,889**	**0,977**	**0,949**	0,623	**0,930**	**0,923**	**0,866**	**0,960**	**0,993**	**0,982**
Education	0,150	0,165	0,046	-0,006	0,203	1	0,076	-0,018	0,052	0,100	0,582	0,560	0,057	0,091	0,702	0,282	0,308	0,531	0,086	0,169	0,066
Electricité eau et gaz	**0,986**	**0,991**	**0,999**	**0,969**	**0,980**	0,076	**1**	-0,151	**1,000**	**0,998**	0,678	**0,816**	**0,999**	**0,981**	0,522	**0,942**	**0,945**	0,773	**0,993**	**0,968**	**1,000**
Elevage	-0,234	-0,193	-0,172	-0,377	-0,139	-0,018	-0,151	1	-0,163	-0,208	0,022	0,120	-0,192	-0,321	-0,572	-0,370	-0,172	-0,376	-0,207	-0,038	-0,143
Extraction	**0,984**	**0,990**	**1,000**	**0,973**	**0,977**	0,052	**1,000**	-0,163	**1**	**0,997**	0,664	**0,802**	**1,000**	**0,982**	0,513	**0,939**	**0,939**	0,766	**0,993**	**0,964**	**1,000**
Immobilier	**0,993**	**0,992**	**0,997**	**0,979**	**0,977**	0,100	**0,998**	-0,208	**0,997**	**1**	0,670	**0,809**	**0,999**	**0,991**	0,561	**0,961**	**0,956**	0,790	**0,997**	**0,957**	**0,996**
Industries alimentaire	0,636	0,756	0,662	0,578	**0,807**	0,582	0,678	0,022	0,664	0,670	**1**	**0,925**	0,663	0,609	0,743	0,659	0,653	**0,906**	0,623	**0,822**	0,684
Industries manufacturières	**0,802**	0,856	0,796	0,691	**0,889**	0,560	**0,816**	0,120	**0,802**	**0,809**	**0,925**	**1**	0,796	0,752	0,665	0,798	**0,849**	**0,853**	0,787	**0,896**	**0,816**
Pêche et pisciculture	**0,986**	**0,991**	**1,000**	**0,979**	**0,977**	0,057	**0,999**	-0,192	**1,000**	**0,999**	0,663	0,796	**1**	**0,986**	0,531	**0,946**	**0,940**	0,775	**0,994**	**0,961**	**0,999**
Postes et Télécommunication	**0,994**	**0,974**	**0,983**	**0,991**	**0,949**	0,091	**0,981**	-0,321	**0,982**	**0,991**	0,609	0,752	**0,986**	**1**	0,593	**0,978**	**0,955**	0,783	**0,993**	**0,914**	**0,977**
Réparations	0,582	0,616	0,514	0,567	0,623	0,702	0,522	-0,572	0,513	0,561	0,743	0,665	0,531	0,593	**1**	0,720	0,620	**0,914**	0,535	0,556	0,516
Restaurants et Hotels	**0,980**	**0,952**	**0,939**	**0,951**	**0,930**	0,282	**0,942**	-0,370	**0,939**	**0,961**	0,659	0,798	**0,946**	**0,978**	0,720	**1**	**0,975**	**0,845**	**0,963**	**0,880**	**0,935**
Santé et Action Sociale	**0,979**	**0,940**	**0,936**	**0,906**	**0,923**	0,308	**0,945**	-0,172	**0,939**	**0,956**	0,653	**0,849**	**0,940**	**0,955**	0,620	**0,975**	**1**	0,775	**0,965**	**0,888**	**0,937**
Services à la collectivité et services sociaux	0,778	**0,849**	0,766	0,768	**0,866**	0,531	0,773	-0,376	0,766	0,790	**0,906**	**0,853**	0,775	0,783	**0,914**	**0,845**	0,775	**1**	0,755	**0,833**	0,773
Services aux entreprises	**0,997**	**0,980**	**0,993**	**0,976**	**0,960**	0,086	**0,993**	-0,207	**0,993**	**0,997**	0,623	0,787	**0,994**	**0,993**	0,535	**0,963**	**0,965**	0,755	**1**	**0,936**	**0,991**
Sylviculture	**0,926**	**0,981**	**0,963**	**0,902**	**0,993**	0,169	**0,968**	-0,038	**0,964**	**0,957**	**0,822**	**0,896**	**0,961**	**0,914**	0,556	**0,880**	**0,888**	**0,833**	**0,936**	**1**	**0,972**
Transport	**0,981**	**0,992**	**0,999**	**0,967**	**0,982**	0,066	**1,000**	-0,143	**1,000**	**0,996**	0,684	**0,816**	**0,999**	**0,977**	0,516	**0,935**	**0,937**	0,773	**0,991**	**0,972**	**1**

Significativité : $\alpha = 5\%$ **; les valeurs en gras sont des corrélations supérieures ou égales à 0,8.**

Tableau 20 : Matrice des valeurs de P associées au coefficient de corrélation des emplois par activités économiques de la ville de Douala.

	Administrations Publiques et Sécurité Sociale	Agriculture	Banque et assurance	Commerce	Construction	Education	Electricité eau et gaz	Elevage	Extraction	Immobilier	Industries alimentaire	Industries manufacturières	Pêche et pisciculture	Postes et télécommunications	Réparations	Restaurants et Hotels	Santé et Actions Sociales	Services à la collectivité et Services Sociaux	Services aux entreprises	Sylviculture	Transport
Administrations Publiques et Sécurité Sociale	**0**	**0,004**	**0,003**	**0,006**	**0,011**	0,810	**0,002**	0,704	**0,002**	**0,001**	0,249	0,103	**0,002**	**0,001**	0,303	**0,003**	**0,004**	0,121	**0,000**	**0,024**	**0,003**
Agriculture	**0,004**	**0**	**0,001**	**0,009**	**0,000**	0,791	**0,001**	0,756	**0,001**	**0,001**	0,139	0,064	**0,001**	**0,005**	0,268	**0,013**	**0,017**	0,069	**0,003**	**0,003**	**0,001**
Banque et assurance	**0,003**	**0,001**	**0**	**0,005**	**0,004**	0,942	**0,0001**	0,782	**0,0001**	**0,000**	0,223	0,107	**0,0001**	**0,003**	0,375	**0,018**	**0,019**	0,131	**0,001**	**0,008**	**0,0001**
Commerce	**0,006**	**0,009**	**0,005**	**0**	**0,019**	0,993	**0,007**	0,532	**0,005**	**0,004**	0,307	0,196	**0,004**	**0,001**	0,319	**0,013**	**0,034**	0,129	**0,004**	**0,036**	**0,007**
Construction	**0,011**	**0,000**	**0,004**	**0,019**	**0**	0,744	**0,003**	0,823	**0,004**	**0,004**	0,099	**0,044**	**0,004**	**0,014**	0,262	**0,022**	**0,025**	0,058	**0,009**	**0,001**	**0,003**
Education	0,810	0,791	0,942	0,993	0,744	**0**	0,904	0,977	0,933	0,873	0,303	0,327	0,927	0,884	0,186	0,646	0,614	0,358	0,891	0,786	0,916
Electricité eau et gaz	**0,002**	**0,001**	**0,0001**	**0,007**	**0,003**	0,904	**0**	0,808	**0,0001**	**0,000**	0,209	0,092	**0,0001**	**0,003**	0,367	**0,017**	**0,016**	0,125	**0,001**	**0,007**	**0,0001**
Elevage	0,704	0,756	0,782	0,532	0,823	0,977	0,808	**0**	0,794	0,738	0,971	0,848	0,757	0,598	0,314	0,540	0,782	0,533	0,738	0,952	0,818
Extraction	**0,002**	**0,001**	**0,0001**	**0,005**	**0,004**	0,933	**0,0001**	0,794	**0**	**0,000**	0,221	0,103	**0,0001**	**0,003**	0,377	**0,018**	**0,018**	0,131	**0,001**	**0,008**	**0,0001**
Immobilier	**0,001**	**0,001**	**0,000**	**0,004**	**0,004**	0,873	**0,000**	0,738	**0,000**	**0**	0,216	0,097	**0,0001**	**0,001**	0,325	**0,009**	**0,011**	0,112	**0,000**	**0,011**	**0,000**
Industries alimentaire	0,249	0,139	0,223	0,307	0,099	0,303	0,209	0,971	0,221	0,216	**0**	**0,024**	0,222	0,276	0,150	0,226	0,233	**0,034**	0,262	0,088	0,203
Industries manufacturières	0,103	0,064	0,107	0,196	**0,044**	0,327	0,092	0,848	0,103	0,097	**0,024**	**0**	0,107	0,142	0,220	0,106	0,069	0,066	0,114	**0,040**	0,092
Pêche et pisciculture	**0,002**	**0,001**	**0,0001**	**0,004**	**0,004**	0,927	**0,0001**	0,757	**0,0001**	**0,0001**	0,222	0,107	**0**	**0,002**	0,357	**0,015**	**0,018**	0,123	**0,001**	**0,009**	**0,0001**
Postes et Télécommunication	**0,001**	**0,005**	**0,003**	**0,001**	**0,014**	0,884	**0,003**	0,598	**0,003**	**0,001**	0,276	0,142	**0,002**	**0**	0,292	**0,004**	**0,012**	0,117	**0,001**	**0,030**	**0,004**
Réparations	0,303	0,268	0,375	0,319	0,262	0,186	0,367	0,314	0,377	0,325	0,150	0,220	0,357	0,292	**0**	0,170	0,265	**0,030**	0,353	0,330	0,373
Restaurants et Hotels	**0,003**	**0,013**	**0,018**	**0,013**	**0,022**	0,646	**0,017**	0,540	**0,018**	**0,009**	0,226	0,106	**0,015**	**0,004**	0,170	**0**	**0,005**	0,071	**0,008**	**0,049**	**0,020**
Santé et Action Sociale	**0,004**	**0,017**	**0,019**	**0,034**	**0,025**	0,614	**0,016**	0,782	**0,018**	**0,011**	0,233	0,069	**0,018**	**0,012**	0,265	**0,005**	**0**	0,124	**0,008**	**0,044**	**0,019**
Services à la collectivité et services sociaux	0,121	0,069	0,131	0,129	0,058	0,358	0,125	0,533	0,131	0,112	**0,034**	0,066	0,123	0,117	**0,030**	0,071	0,124	**0**	0,140	0,080	0,125
Services aux entreprises	**0,000**	**0,003**	**0,001**	**0,004**	**0,009**	0,891	**0,001**	0,738	**0,001**	**0,000**	0,262	0,114	**0,001**	**0,001**	0,353	**0,008**	**0,008**	0,140	**0**	**0,019**	**0,001**
Sylviculture	**0,024**	**0,003**	**0,008**	**0,036**	**0,001**	0,786	**0,007**	0,952	**0,008**	**0,011**	0,088	**0,040**	**0,009**	**0,030**	0,330	**0,049**	**0,044**	0,080	**0,019**	**0**	**0,006**
Transport	**0,003**	**0,001**	**0,0001**	**0,007**	**0,003**	0,916	**0,0001**	0,818	**0,0001**	**0,000**	0,203	0,092	**0,0001**	**0,004**	0,373	**0,020**	**0,019**	0,125	**0,001**	**0,006**	**0**

Significativité : $\alpha = 5\%$ **; les valeurs en gras significativités inférieures ou égales à 0,05.**

Coefficients de détermination (R^2) :

Variables	bliques	griculture	e et ass	ommer	onstructi	Educatio	icité eau	Elevage	xtractio	mmobili	ies alims	manufa	et pisci	Télécom	éparatio	rants et t	Action	lectivité et	aux ent	ylvicultu	Transport
Administrations Publiques et Sécurité Sociale	1	0,954	0,967	0,942	0,915	0,022	0,971	0,055	0,969	0,986	0,404	0,643	0,973	0,987	0,339	0,960	0,959	0,606	0,994	0,857	0,963
Agriculture	0,954	1	0,979	0,926	0,992	0,027	0,983	0,037	0,979	0,984	0,571	0,733	0,982	0,949	0,380	0,906	0,884	0,720	0,960	0,962	0,983
Banque et assurance	0,967	0,979	1	0,952	0,954	0,002	0,999	0,030	1,000	0,995	0,438	0,634	0,999	0,965	0,264	0,881	0,876	0,587	0,986	0,928	0,999
Commerce	0,942	0,926	0,952	1	0,876	0,000	0,939	0,142	0,947	0,958	0,334	0,478	0,959	0,982	0,321	0,904	0,821	0,590	0,953	0,814	0,936
Construction	0,915	0,992	0,954	0,876	1	0,041	0,961	0,019	0,955	0,955	0,651	0,791	0,955	0,901	0,388	0,864	0,852	0,750	0,922	0,985	0,965
Education	0,022	0,027	0,002	0,000	0,041	1	0,006	0,000	0,003	0,010	0,339	0,313	0,003	0,008	0,493	0,079	0,095	0,282	0,007	0,028	0,004
Electricité eau et gaz	0,971	0,983	0,999	0,939	0,961	0,006	1	0,023	0,999	0,995	0,459	0,666	0,998	0,962	0,273	0,887	0,892	0,598	0,987	0,937	0,999
Elevage	0,055	0,037	0,030	0,142	0,019	0,000	0,023	1	0,027	0,043	0,001	0,014	0,037	0,103	0,327	0,137	0,030	0,141	0,043	0,001	0,021
Extraction	0,969	0,979	1,000	0,947	0,955	0,003	0,999	0,027	1	0,995	0,441	0,642	0,999	0,964	0,263	0,882	0,881	0,586	0,987	0,930	0,999
Immobilier	0,986	0,984	0,995	0,958	0,955	0,010	0,995	0,043	0,995	1	0,449	0,654	0,997	0,982	0,315	0,924	0,913	0,624	0,994	0,915	0,993
Industries alimentaire	0,404	0,571	0,438	0,334	0,651	0,339	0,459	0,001	0,441	0,449	1	0,855	0,440	0,371	0,552	0,434	0,426	0,820	0,388	0,675	0,468
Industries manufacturières	0,643	0,733	0,634	0,478	0,791	0,313	0,666	0,014	0,642	0,654	0,855	1	0,634	0,566	0,443	0,637	0,720	0,727	0,619	0,803	0,666
Pêche et pisciculture	0,973	0,982	0,999	0,959	0,955	0,003	0,998	0,037	0,999	0,997	0,440	0,634	1	0,973	0,282	0,895	0,883	0,601	0,989	0,924	0,997
Postes et Télécommunication	0,987	0,949	0,965	0,982	0,901	0,008	0,962	0,103	0,964	0,982	0,371	0,566	0,973	1	0,351	0,957	0,911	0,613	0,986	0,835	0,955
Réparations	0,339	0,380	0,264	0,321	0,388	0,493	0,273	0,327	0,263	0,315	0,552	0,443	0,282	0,351	1	0,518	0,384	0,835	0,286	0,309	0,267
Restaurants et Hotels	0,960	0,906	0,881	0,904	0,864	0,079	0,887	0,137	0,882	0,924	0,434	0,637	0,895	0,957	0,518	1	0,950	0,714	0,928	0,775	0,874
Santé et Action Sociale	0,959	0,884	0,876	0,821	0,852	0,095	0,892	0,030	0,881	0,913	0,426	0,720	0,883	0,911	0,384	0,950	1	0,601	0,931	0,788	0,879
Services à la collectivité et services sociaux	0,606	0,720	0,587	0,590	0,750	0,282	0,598	0,141	0,586	0,624	0,820	0,727	0,601	0,613	0,835	0,714	0,601	1	0,570	0,694	0,598
Services aux entreprises	0,994	0,960	0,986	0,953	0,922	0,007	0,987	0,043	0,987	0,994	0,388	0,619	0,989	0,986	0,286	0,928	0,931	0,570	1	0,876	0,981
Sylviculture	0,857	0,962	0,928	0,814	0,985	0,028	0,937	0,001	0,930	0,915	0,675	0,803	0,924	0,835	0,309	0,775	0,788	0,694	0,876	1	0,944
Transport	0,963	0,983	0,999	0,936	0,965	0,004	0,999	0,021	0,999	0,993	0,468	0,666	0,997	0,955	0,267	0,874	0,879	0,598	0,981	0,944	1

2- La régression logistique multinomiale

Tableau 21 : Résultats de la régression logistique multinomiale.

Multinomial Logistic Regression Results						
Localisation	**Variables**	**Modalités**	**Coef,**	**t-stat,**	**Odds Ratio**	**Marginal Effect**
Douala 1	Âge du promoteur	[25-35 ans[	0,34	1,01	1,40	0,080
		[35-60 ans[	0,75*	2,26	2,11	0,134
		plus de 60 ans	0,94	1,88	2,55	0,151
	Sexe du promoteur	Masculin	0,54***	4,14	1,72	0,067
	Diplôme du promoteur	Primaire	-0,49	-1,73	0,67	-0,034
		Secondaire	-1,05***	-4,78	0,349	-0,072
		Supérieur	-0,85**	-2,88	0,43	0,006
	Nationalité	Étrangère	1,84***	3,36	6,32	0,086
	Forme juridique	Société Individuelle	-0,14	-0,39	0,87	-0,106
		Autres	-0,61	-1,14	0,55	-0,158
	Type d'entreprise	Petite Entreprise	-0,61	-1,56	0,54	-0,028
		Très Petite Entreprise	-0,06	-0,14	0,95	0,0003
	Nature de l'entreprenariat	Reprise d'activités	1,24***	4,35	3,45	0,204
	Nature de l'établissement	Magasins de vente	1,27***	7,69	3,56	,0760
		Bureau d'études	2,01***	4,98	7,47	0,316
		Complexes spécialisés	0,14	0,31	1,15	-0,085
		Autres	0,78	0,85	2,17	0,176
	Type d'imposition	Régime réel/base/simplifié	0,56*	1,99	1,75	0,055
	Chiffre d'affaires	[15 - 50 millions[	-0,73*	-2,57	0,48	-0,036
		[50 - 100 millions[	-0,20	-0,72	0,82	0,035
		[100 - 500 millions[	-0,001	-0,01	0,996	0,094
		plus de 500 millions	14,27	0,01	1569332	0,103
	Âge de l'entreprise	[10 - 20 ans[	0,35*	1,98	1,41	0,081
		Plus de 20 ans	0,47	1,64	1,59	0,079
	Constante		-0,68	-1,13	0,51	
Douala 2	Âge du promoteur	[25-35 ans[	-0,51	-1,45	0,60	-0,050
		[35-60 ans[	-0,04	-0,13	0,96	-0,022
		plus de 60 ans	0,36	0,66	1,44	0,0160
	Sexe du promoteur	Masculin	0,78***	4,64	2,18	0,055
	Diplôme du promoteur	Primaire	-0,78**	-3,12	0,46	-0,073
		Secondaire	-1,34***	-5,50	0,26	-0,077
		Supérieur	-2,48***	-5,03	0,08	-0,158
	Nationalité	Reste du monde	2,69***	4,24	14,77	0,206
	Forme juridique	Société Individuelle	1,47	1,96	4,39	0,096
		Autres	0,43	0,44	1,54	0,026
	Type d'entreprise	Petite Entreprise	-1,41	-1,67	0,25	-0,061
		Très Petite Entreprise	0,19	0,29	1,21	0,028
	Nature de l'entreprenariat	Reprise d'activités	0,54	1,53	1,72	-0,015
	Nature de l'établissement	Magasins de vente	2,55***	13,61	12,83	0,217

		Bureau d'études	1,58	1,79	4,87	0,037
		Complexes spécialisés	1,23	1,63	3,42	0,055
		Autres	-11,34	-0,01	0,00001	-0,063
	Type d'imposition	Régime réel/base/simplifié	0,42	1,09	1,52	0,004
	Chiffre d'affaires	[15 - 50 millions[	-1,57***	-4,97	0,21	-0,092
		[50 - 100 millions[	-1,10***	-3,45	0,33	-0,077
		[100 - 500 millions[	-0,92*	-2,07	0,40	-0,064
		plus de 500 millions	-2,46	-0,00	0,19	-0,167
	Age de l'entreprise	[10 - 20 ans[	-0,20	-0,83	0,82	-0,030
		Plus de 20 ans	0,12	0,34	1,13	-,010
	Constante		-2,58**	-2,65	0,08	
Douala 3	Âge du promoteur	[25-35 ans[	-0,31	-1,32	0,74	-0,063
		[35-60 ans[	-0,33	-1,43	0,72	-0,107
		plus de 60 ans	-0,57	-1,13	0,57	-0,171
	Sexe du promoteur	Masculin	-0,05	-0,46	0,95	-0,064
	Diplôme du promoteur	Primaire	-,06	-0,27	0,94	0,042
		Secondaire	-0,76***	-3,47	0,47	-0,024
		Supérieur	-1,08***	-3,33	0,34	-0,075
	Nationalité	Reste du monde	0,82	1,18	2,27	-0,108
	Forme juridique	Société Individuelle	0,37	0,84	1,44	0,044
		Autres	0,50	0,88	1,64	0,120
	Type d'entreprise	Petite Entreprise	-0,50	-1,03	0,60	-0,030
		Très Petite Entreprise	-0,32	-0,68	0,73	-0,065
	Nature de l'entreprenariat	Reprise d'activités	-0,03	-0,08	0,97	-0,108
	Nature de l'établissement	Magasins de vente	0,27	1,60	1,32	-0,138
		Bureau d'études	0,18	0,30	1,19	-0,170
		Complexes spécialisés	0,71	1,46	2,03	0,048
		Autres	0,06	0,04	1,06	-0,027
	Type d'imposition	Régime Réel/base/simplifié	0,07	0,21	1,07	-0,053
	Chiffre d'affaires	[15 - 50 millions[	-0,20	-0,68	0,82	0,059
		[50 - 100 millions[	-0,32	-1,01	0,72	-0,013
		[100 - 500 millions[	-0,81	-1,91	0,45	-0,010
		plus de 500 millions	14,65	0,01	2307315	0,255
	Âge de l'entreprise	[10 - 20 ans[	-0,08	-0,44	0,92	-0,029
		Plus de 20 ans	0,03	0,11	1,04	-0,026
	Constante		0,79	1,23	2,20	
Douala 4	Âge du promoteur	[25-35 ans[	0,07	0,13	1,07	0,007
		[35-60 ans[	0,19	0,38	1,21	0,003
		plus de 60 ans	0,73	1,01	2,07	0,029
	Sexe du promoteur	Masculin	0,04	0,20	1,05	-0,012
	Diplôme du promoteur	Primaire	0,43	0,98	1,54	0,029
		Secondaire	-0,27	-0,62	0,77	0,019
		Supérieur	0,09	0,17	1,09	0,045

	Nationalité	Reste du monde	1,70*	2,17	5,48	0,011
	Forme juridique	Société Individuelle	0,45	0,88	1,57	0,013
		Autres	0,52	0,83	1,69	0,030
	Type d'entreprise	Petite Entreprise	-0,30	-0,57	0,74	0,008
		Très Petite Entreprise	0,21	0,40	1,23	0,013
	Nature de l'entreprenariat	Reprise d'activités	0,96*	2,34	2,62	0,020
	Nature de l'établissement	Magasins de vente	1,60***	6,48	4,95	0,036
		Bureau d'études	1,62**	2,73	5,03	0,027
		Complexes spécialisés	2,07***	3,86	7,90	0,124
		Autres	-13,19	-0,01	1,88e-06	-0,037
	Type d'imposition	Régime réel/base/simplifié	1,21**	3,12	3,34	0,059
	Chiffre d'affaires	[15 - 50 millions[	-1,78**	-2,75	0,17	-0,041
		[50 - 100 millions[	-0,62	-1,39	0,54	-0,015
		[100 - 500 millions[	-0,73	-1,47	0,48	-0,019
		plus de 500 millions	14,66	0,01	2335092	0,057
	Age de l'entreprise	[10 - 20 ans[	-0,21	-0,67	0,81	-0,013
		Plus de 20 ans	-0,01	-0,02	0,99	-0,010
	Constante		-3,17***	-3,46	0,04	
Douala 5	**Base outcome**					
Statistics	Number of observations	2675				
	LR chi²	1020,79				
	Prob> chi²	0,0000				
	Log likelihood	-3467,9719				
	Pseudo R²	0,1283				
	Aic	7135,9438				
	Bic	7725,1143				
Legend	***p<10%; **p<5%; ***p<1%**					

Source : INS (2010) : RGE, 2009 et traitement de l'auteur.

TABLE DES ILLUSTRATIONS

TABLE DES CARTES

TABLE DES ENCADRÉS

TABLE DES GRAPHIQUES

TABLE DES PHOTOS

TABLE DES SCHÉMAS

TABLE DES TABLEAUX

TABLE DES MATIÈRES

Le Cameroun aux éditions L'Harmattan

Dernières parutions

DÉFAITISME (LE) DES JEUNES CAMEROUNAIS
Ngayou Tchoupe Gaël
Le défaitisme et l'inertie qui caractérisent depuis peu la jeunesse camerounaise sont les principaux défauts que l'auteur reproche à ses jeunes compatriotes. Mais eux qui ne trouvent plus de gêne à tout mettre sur la tête du gouvernement et à se définir comme les victimes sont aussi les principaux acteurs du changement qui fera de leur pays une nation comme ils en rêvent. Pour l'auteur, les jeunes doivent être auteurs d'une révolution qui leur permettra de prendre en main la gestion de la cité.
(Coll. Harmattan Cameroun, 27.00 euros, 268 p.)
ISBN : 978-2-343-04848-2, ISBN EBOOK : 978-2-336-36745-3

CAMEROUN, LES ORPHELINS DE LA RÉPUBLIQUE
ou la trahison des héritiers
Ngono Antoine Marie
Ce livre est une diatribe contre les élites dirigeantes du Cameroun, dont l'action égoïste a conduit, non pas à l'émergence d'un pays auquel la nature a tout donné, mais à celle d'une classe sans cesse croissante de laissés-pour-compte, les orphelins de la République, qu'il faut considérer comme une véritable bombe à retardement.
(Coll. Émergences africaines, 33.00 euros, 318 p.)
ISBN : 978-2-343-04468-2, ISBN EBOOK : 978-2-336-36803-0

GÉOPOLITIQUE (LA) DE L'EAU AU CAMEROUN
Ebogo Frank - Préface de Joseph Vincent Ntuda Ebode
La problématique actuelle des changements climatiques a précipité l'insertion et l'inscription de l'eau dans l'agenda politique national et international des États. En tant que deuxième province hydrologique et aquifère du continent africain, le Cameroun est au cœur des batailles de positionnement entre les différents acteurs intervenant dans son champ hydropolitique. Il est question dans ce livre de déconstruire les modèles figés qui ont été faits sur l'eau pour parvenir à une reconstruction des différents modes de gestion de l'eau.
(Coll. Émergences africaines, 46.00 euros, 466 p.)
ISBN : 978-2-343-04783-6, ISBN EBOOK : 978-2-336-36777-4

FESTIVALS DE DANSE TRADITIONNELLE AFRICAINE ET DÉVELOPPEMENT
Kamga Sofo Dominique
Préface de Pierre Fonkoua
L'Afrique est le continent par excellence des danses ancestrales. On remarque aujourd'hui dans le paysage culturel camerounais une effervescence et un déploiement extraordinaire des festivals de danse patrimoniale en son sein. N'y a-t-il pas, au-delà de cette mobilisation des foules, de sérieux mobiles qui sous-tendent l'agglutination humaine ainsi observée autour des festivals ? Si oui, de quelle nature sont-ils ? Peuvent-ils être d'ordre politique, économique ou tout simplement culturel ?
(Coll. Études africaines, 14.00 euros, 128 p.)
ISBN : 978-2-343-03843-8, ISBN EBOOK : 978-2-336-36605-0

COLLECTIVITÉS (LES) TERRITORIALES DÉCENTRALISÉES (CTD) AU CAMEROUN
Pour un développement de convergence rapide et efficace
Babagnak Gabin
Préface de Désiré Avom
Cet ouvrage indique l'ultime prix à payer pour un développement endogène, rapide, efficace et durable au Cameroun. Il s'attaque aux causes fondamentales de son sous-développement et apporte des solutions étayées par un ensemble de prédispositions et de valeurs éthiques et morales telles que le culte du travail, la méritocratie, la spécialisation, la division du travail, la mutualisation, la coopération, le partage des efforts, des risques et des bénéfices engendrés.
(Coll. Harmattan Cameroun, 14.50 euros, 138 p.)
ISBN : 978-2-343-04144-5, ISBN EBOOK : 978-2-336-36717-0

LEXIQUE DE 30 000 MOTS DUALA-FRANÇAIS
Ekotele ya 30 000 la biala ba duala frensi
Ebele Ekuala
Préface d'E. Ewombè Moundo
La langue duala est principalement parlée par les Sawa, qui constituent la communauté ethnique autochtone de la plaine côtière du Cameroun. D'après certains patriarches, tout Camerounais dont l'ancêtre patrilinéaire résidait sur le territoire allant de Campo à Mamfé, avant la signature du traité de 1884, peut se prévaloir Sawa. Ces communautés tribales revêtiraient aujourd'hui près de 6 millions d'âmes.
(Coll. Harmattan Cameroun, 25.00 euros, 236 p.)
ISBN : 978-2-343-03496-6, ISBN EBOOK : 978-2-336-36724-8

PROVERBES BÀSÀA DU CAMEROUN
Màngèn ma bàsàa ba Kamèrûn
Prix Kadima 2013 - Livre entièrement en bàsàa
Association pour les cultures vivantes et la précieuse nature - CUVIPREN Préface de Henri Marcel Bot ba Njock
Les proverbes bàsàa présentés dans ce livre exaltent des valeurs, mais peuvent aussi servir à l'éclosion et à l'élaboration d'idées généreuses dans les domaines les plus divers, en même temps qu'ils modèlent le comportement de l'individu. La langue maternelle, premier réceptacle de la culture, doit être l'objet de la plus grande attention de la part des populations africaines dont les identités culturelles sont insidieusement et gravement menacées.
(Coédition OIF, 12.00 euros, 96 p.)
ISBN : 978-2-343-05410-0, ISBN EBOOK : 978-2-336-36802-3

THEATRE PRODUCTION AND ARISTIC DIRECTING : LESSONS FROM BUBBLES THEATRE TROUPE
Tanyi-Tang Anne
«Tested on Bubbles Theatre Troupe in theatre practice and theory, this book vividly portrays Anne Tanyi-Tang's invaluable insight into the responsabilities of a theatre producer and artistic director. It will serve as a reference book on theatre production processes». Patrick Tata
(Coll. Harmattan Cameroun, 15.50 euros, 152 p.)
ISBN : 978-2-343-04315-9, ISBN EBOOK : 978-2-336-36496-4

CONTRÔLE (LE) DE GESTION DES SOCIÉTÉS D'ASSURANCE
Le cas de la CIMA
Fotso Jean-Marie - Préface de Roger Jean-Raoul Dossou-Yovo
À travers cet ouvrage, l'objectif de l'auteur est de participer au débat sur l'amélioration du management des entreprises, dans le cadre de la mondialisation des services en cours depuis la fin du XXe siècle. Il s'intéresse particulièrement aux entreprises d'assurance qui évoluent dans un secteur d'activité très réglementé, du fait de leur sensibilité sur les plans économique et social.
(Coll. Harmattan Cameroun, 39.00 euros, 396 p.)
ISBN : 978-2-343-04838-3, ISBN EBOOK : 978-2-336-36403-2

ESPACE (L') D'UNE VIE
Entre la naissance et la mort, les contingences de la trajectoire humaine
Ndjitoyap Ndam Elie Claude
Cet ouvrage aborde les fondements spirituels et temporels du vécu. L'auteur y énonce des idées provenant d'une quête inlassable des «profondeurs» de l'homme et aborde des questions essentielles qui ont vocation à régir les idées et le comportement social. Il fait «reliance» entre la vie et la mort par une appropriation pensée du temps, s'intéresse aux enjeux de la création et de la procréation ou encore à la problématique de l'euthanasie.
(Coll. Harmattan Cameroun, 16.00 euros, 156 p.)
ISBN : 978-2-343-04785-0, ISBN EBOOK : 978-2-336-36363-9

BAMILÉKÉ (LES) DE L'OUEST-CAMEROUN
Vaillance et dynamisme
Tiani François Kéou - Préface de Paul-Gérard Pougoue
Les Bamiléké sont un peuple qui vit à l'ouest du Cameroun, connus pour leur dynamisme. Ce livre présente un point de vue nouveau sur leur dynamisme, objet de nombreuses controverses ; pour cela, il s'efforce de le relire sous l'angle d'un contexte d'insécurité, à partir de la «Préférence sociale pour la vaillance» (PSV). Il se veut être un instrument de développement durable de cette société, ainsi que de la promotion du tourisme culturel à l'ouest du Cameroun.
(Coll. Harmattan Cameroun, 18.00 euros, 172 p.)
ISBN : 978-2-343-04563-4, ISBN EBOOK : 978-2-336-36139-0

SUCRERIES DE CANNE EN AFRIQUE SUBSAHARIENNE
Procédés et métiers
Kapseu César, Ahmed Ali, Mingo Ghogomu Paul, Mbofung Carl, Ndong Essengue Guy Martial
Préface de Louis Yinda ; Postface de Paul Heni Amvam Zollo
Cet ouvrage dresse un état complet des connaissances sur la sucrerie de canne et ses métiers, un processus qui permet de produire du sucre à partir de la canne mais également de produire de l'énergie sous forme de cogénération à partir de la bagasse. Il traite de tous les aspects fondamentaux des opérations unitaires, technologiques et des métiers. Une large place y est consacrée au génie des procédés.
(Coll. Harmattan Cameroun, 27.00 euros, 264 p.)
ISBN : 978-2-343-04564-1, ISBN EBOOK : 978-2-336-36080-5

MÉDECINE (LA) CHEZ LES PEULS DU CAMEROUN SEPTENTRIONAL 1754-2013
Mengue Me Ndongo Jean Paulin
Préface de Hamadou Adama
Voici mis au jour plusieurs aspects de la société peule d'hier et d'aujourd'hui. Cette société jouissant d'un grand équilibre ne peut être réduite aux activités pastorales. Elle regorge de connaissances endogènes autant dans ce domaine que dans ceux de la pharmacopée et de la médecine traditionnelle ou historique.
(Coll. Harmattan Cameroun, 47.00 euros, 480 p.)
ISBN : 978-2-343-02680-0, ISBN EBOOK : 978-2-336-35735-5

ESSAIS (LES) DE MONGO BETI : DÉVELOPPEMENT ET INDÉPENDANCE VÉRITABLE DE L'AFRIQUE NOIRE FRANCOPHONE
Esquisse d'analyse de contenu
Owono-Kouma Auguste - Préface de Lucien Ayissi
Cette étude s'intéresse à la principale condition du développement en Afrique noire francophone selon Mongo Beti : bouter la France dehors, mais aussi à ses propositions en vue de la sortie du sous-continent francophone de l'impasse dans laquelle l'a installé l'ancienne puissance coloniale. Le rapport de la tutelle française au sous-développement durable en Afrique noire francophone est, en effet, l'un des thèmes dominants des essais de Mongo Beti.
(Coll. Harmattan Cameroun, 22.00 euros, 212 p.)
ISBN : 978-2-343-03876-6, ISBN EBOOK : 978-2-336-35779-9

BREVET (LE) D'INVENTION AU CAMEROUN
Les tares du contentieux civil
Tankeu Mathieu
L'annexe I de l'ABR (Accord de Bangui Révisé) a créé un contentieux civil du brevet d'invention qui, tout en étant régi par une procédure spéciale, relève paradoxalement de la compétence des juridictions civiles de droit commun. Alors, se pose le problème de la loi de procédure applicable par une juridiction ordinaire saisie d'un litige relatif au brevet d'invention. L'auteur propose des pistes de solutions pour mettre un terme à cette insécurité juridique avérée.
(Coll. Harmattan Cameroun, 14.00 euros, 128 p.)
ISBN : 978-2-343-03943-5, ISBN EBOOK : 978-2-336-35755-3

CLERGÉ (LE) CAMEROUNAIS
Naissance, évolution et promotion 1935-1982
Kana Bella Madeleine-Gertrude
Préface de Mgr Léopold Bayemi Matjei
Postface du professeur Daniel Abwa
L'auteur dresse une fresque historique qui aide à comprendre le contexte dans lequel la question de la formation du clergé autochtone a été abordée et réalisée au Cameroun, à partir d'une documentation riche et variée. Le livre apporte des éclairages sur ce que certains observateurs appellent le «miracle camerounais», faisant allusion aux progrès rapides de l'évangélisation du Cameroun.
(Coll. Églises d'Afrique, 38.00 euros, 364 p.)
ISBN : 978-2-343-00381-8, ISBN EBOOK : 978-2-336-35939-7

DIDÁCTICA DE LENGUAS EXTRANJERAS
Orientaciones teóricas en español
Manga André-Marie - Prólogo de Justo Bolekia Boleká
¿Quién aprende, qué aprende, cómo y dónde se desarrollan dichas actividades ? Éstas son algunas cuestiones fundamentales que preocupan a los que se dedican a la enseñanza/aprendizaje de una lengua extranjera. El propósito de esta reflexión es poner al alcance de los docentes y los alumnos unos aspectos de suma trascendencia en el proceso didáctico de una lengua extranjera.
(Coll. Emergences africaines, 17.50 euros, 164 p.)
ISBN : 978-2-343-04263-3, ISBN EBOOK : 978-2-336-35724-9

CAMEROUN (LE) À L'ÉPOQUE DES ALLEMANDS (1884-1916)
Temgoua Albert Pascal
Si la présence allemande au Cameroun date de 1851, c'est en 1884 que se déclencha véritablement un processus d'exploitation systématique du pays à partir des ambitions de l'Allemagne. L'annexion sur le papier fut suivie par la conquête et l'occupation, et, en l'espace de trois décennies, les sociétés du Cameroun vécurent l'intrusion de nouvelles conduites politiques, de nouvelles forces économiques, d'une nouvelle religion et d'une nouvelle langue. Voici un éclairage sur cette période mal connue, tant dans ses méthodes que dans ses résultats.
(Coll. Harmattan Cameroun, 30.00 euros, 302 p.)
ISBN : 978-2-343-01398-5, ISBN EBOOK : 978-2-336-35665-5

LION'S (LE) SPIRIT
Et si les Lions Indomptables nous avaient révélé le genre de peuple que nous sommes ? Devenons profondément nous-mêmes
Tchaha Serge, Degaule Christophe
Le Cameroun est une jeune mais grande nation. Non seulement parce que ce pays se voit comme «l'Afrique en miniature», mais aussi car il a su démontrer à moult reprises «qu'impossible n'est pas camerounais». Ce sont les lions indomptables du football qui ont donné chair à cette «vérité». Cependant un examen approfondi de ce peuple laisse entrevoir, au-delà des seuls footballeurs, d'autres Lions Indomptables Éternels. Qui sont-ils ? Qu'est-ce qui les rassemble ? Le Lion's Spirit...
(Coll. Points de vue, 25.00 euros, 238 p.)
ISBN : 978-2-343-02831-6, ISBN EBOOK : 978-2-336-35630-3

L'HARMATTAN ITALIA
Via Degli Artisti 15; 10124 Torino

L'HARMATTAN HONGRIE
Könyvesbolt ; Kossuth L. u. 14-16
1053 Budapest

L'HARMATTAN KINSHASA
185, avenue Nyangwe
Commune de Lingwala
Kinshasa, R.D. Congo
(00243) 998697603 ou (00243) 999229662

L'HARMATTAN CONGO
67, av. E. P. Lumumba
Bât. – Congo Pharmacie (Bib. Nat.)
BP2874 Brazzaville
harmattan.congo@yahoo.fr

L'HARMATTAN GUINÉE
Almamya Rue KA 028, en face
du restaurant Le Cèdre
OKB agency BP 3470 Conakry
(00224) 657 20 85 08 / 664 28 91 96
harmattanguinee@yahoo.fr

L'HARMATTAN MALI
Rue 73, Porte 536, Niamakoro,
Cité Unicef, Bamako
Tél. 00 (223) 20205724 / +(223) 76378082
poudiougopaul@yahoo.fr
pp.harmattan@gmail.com

L'HARMATTAN CAMEROUN
BP 11486
Face à la SNI, immeuble Don Bosco
Yaoundé
(00237) 99 76 61 66
harmattancam@yahoo.fr

L'HARMATTAN CÔTE D'IVOIRE
Résidence Karl / cité des arts
Abidjan-Cocody 03 BP 1588 Abidjan 03
(00225) 05 77 87 31
etien_nda@yahoo.fr

L'HARMATTAN BURKINA
Penou Achille Some
Ouagadougou
(+226) 70 26 88 27

L'HARMATTAN SÉNÉGAL
10 VDN en face Mermoz, après le pont de Fann
BP 45034 Dakar Fann
33 825 98 58 / 33 860 9858
senharmattan@gmail.com / senlibraire@gmail.com
www.harmattansenegal.com

L'HARMATTAN BÉNIN
ISOR-BENIN
01 BP 359 COTONOU-RP
Quartier Gbèdjromèdé,
Rue Agbélenco, Lot 1247 I
Tél : 00 229 21 32 53 79
christian_dablaka123@yahoo.fr

633408 - Décembre 2015
Achevé d'imprimer par
1livre.com
du rêve à la réalité !

www.ingramcontent.com/pod-product-compliance
Lightning Source LLC
LaVergne TN
LVHW011303061026
849535LV00005B/1384